推倒

阻碍思维的墙

余力 编著

北京工业大学出版社

图书在版编目（CIP）数据

推倒阻碍思维的墙 / 余力编著 . —北京：北京工业大学出版社，2012.7

ISBN 978-7-5639-3133-0

Ⅰ . ①推… Ⅱ . ①余… Ⅲ . ①思维方法 Ⅳ . ① B804

中国版本图书馆 CIP 数据核字（2012）第 104767 号

推倒阻碍思维的墙

编　　著：余　力
责任编辑：姜　山
装帧设计：久合方略
出版发行：北京工业大学出版社
（北京市朝阳区平乐园 100 号 100124）
010-67391722（传真）bgdcbs@sina.com
出 版 人：郝　勇
经销单位：全国各地新华书店
承印单位：三河市元兴印务有限公司
开　　本：787 mm × 1092 mm　1/16
印　　张：17
字　　数：289 千字
版　　次：2012 年 7 月第 1 版
印　　次：2021 年 1 月第 2 次印刷
标准书号：ISBN 978-7-5639-3133-0
定　　价：32.00 元

前　言

现实生活中，许多人总是爱问同样一个问题：为什么同样是人，有的人大有作为，而有的人却一生碌碌无为?

到底是什么在决定一个人的命运呢? 是身高、长相、家庭背景或学历吗?

显然不是的。

前面所说的一切表面上看来都在决定我们一生的命运，但实际上这些对我们的影响远没这么大。全世界有太多的成功人士，他们既没有良好的家庭背景，又没有极高的学历，甚至长相也不尽如人意，但是他们却获得了成功，拥有了财富、名誉、地位，为社会作出了伟大的贡献。

固然，导致他们获得成功的因素有很多，但有一点是不容忽视的，那就是他们对人对事均有着正确的思考方式。

其实，人之为人，与动物最大的区别就在于我们自身的思考。为什么人们经常说思路决定出路呢？这是因为每个人的思维都会存在一定的盲区，难以跳出固有的窠臼。成功的人，则会突破自己的思维瓶颈，另辟蹊径，用一般人想不到的方法来解决问题，找到出路。而不成功的人，大多数不是因为能力不够或努力不够，而是因为缺乏突破性思考方式，人生观和价值观出现了偏差。所以，无论如何努力，只要思路得不到改变，一切都是白费。

这就是本书所要讲述的主旨要义。本书以独到的眼光、深入浅出的笔触告诉人们，只有推倒隐藏在思维里的一堵堵无形的“墙”，你才可以获得成功、快乐和幸福。

衷心希望本书能对你的人生有所裨益。

目　录

第一章　思路一变天地宽

惯性思维是前进途中的一个羁绊

一家报纸举办过一项高额奖金的有奖征答活动。题目是：在一个充气不足的热气球上，载着三位关系人类兴亡的科学家，热气球即将坠毁，必须丢出一个人减轻载重。三个人中，一位是环保专家，他的研究可拯救无数生命因环境污染而身陷死亡的噩运；一位是核专家，他有能力防止全球性的核战争，使地球免遭毁灭；另一位是粮食专家，他能够使不毛之地长出谷物，让数以亿计的人们脱离饥饿。

奖金丰厚，应答信件众说不一。巨额奖金的得主却是一个小男孩，小男孩的答案是——把最胖的科学家丢出去。

这个故事带给人们深刻的启示。有时，复杂的不是问题，而是看问题的眼睛。人们在考虑问题的同时，把自己生平积累的所有经验和知识加了进去，殊不知，这不只是一个人的思维惯性，而且是人的包袱。

自然界里最后能生存下来的物种，并不是那些最强壮的物种，也不是那些最聪明的物种，而是那些最能适应环境变化的物种。

人是惯性的动物，抗拒改变是自然反应，也是必然的过程。不是每一个人都能立即全心全意地接受改变。接受新事物意味着放弃旧东西，意味着改变旧有生活模式。人类天生是拒绝改变的，所以抗拒改变出于人的本能。我们今天用惯了电话，没有电话已经无法正常地工作和生活，要知道贝尔刚发明电话时，人们嘲笑说人是不可能对着一个装满电线的匣子说话的。

如果你只想保持眼前舒适顺畅的生活而毫不思变，很可能是因为习惯了，或害怕失败，反对任何新的尝试。

"大家都是这样做的"、"我做这一行以来，从没听说过这种事……"一旦自我设限，只会墨守既有规则时，有趣的新组合以及打破规则的创新就永无出头的机会。不管怎样，抗拒改变的心态会牵绊你前进的脚步。

有这样一个故事：

一位年轻有为的炮兵军官上任不久，到下属的部队检查炮兵操练的情况。他在几个部队发现相同的情况：在一个操练单位中，总有一位士兵始终站在大炮的炮管下面，一动不动。军官实在想不通怎么回事，就上前询问，得到的回答是：操练条例是这样要求的。军官觉得奇怪，回去查阅条例，终于搞清楚了。

在非机械化时代，是用马车运载大炮到前线的，站在炮管下面的士兵的任务是负责拉住马的缰绳，以便在大炮发射后调整由于后坐力产生的距离偏差，缩短再次瞄准的时间。现在大炮已经机械化和自动化了，不再需要拉马缰绳了，操练条例却没有及时调整，因此出现了不拉马缰绳的士兵。长期以来，炮兵的操练条例始终坚持着原来那个时代的规则。

其实在我们的生活中，这种"不拉马缰绳的士兵"到处都是，惯性思维真的是前进途中的一个羁绊。

成功属于最先打破常规的人

有个教徒在祈祷时，烟瘾来了，他问在场的神甫祈祷时可不可以抽烟，神甫回答"不行"。另一个教徒也想抽烟，他问神甫在抽烟的时候可不可以祈祷，神甫回答："当然可以。"

同样是抽烟加祈祷，要求祈祷时抽烟，那似乎意味着对耶稣的不尊重；而要求抽烟时祈祷，则可以表示在休闲时也想着神的恩典，神甫当然没有反对的理由。

我们通常都会犯同一个错误——在同一面墙上撞来撞去，直到撞得头破血流。从相反的角度去观察你所要解决的问题，你也许会找到你想要的答案。

两个儿子大了，富翁老了。这些日子富翁一直在苦苦思索，到底让哪个儿子继承遗产？富翁想起自己白手起家的青年时代，忽然灵机一动，找到了考验他们的好办法。

富翁锁上宅门，把两个儿子带到一百里外的一座城市里，然后给他们出了个难题，谁答得好，就让谁继承遗产。他交给他们一人一串钥匙、一匹快马，看他们谁先回到家，并把宅门打开。

马跑得飞快，所以兄弟两个几乎是同时回到家的。但是面对紧锁的大门，两个人都犯愁了。

哥哥左试右试，苦于无法从那一大串钥匙中找到最合适的那把；弟弟呢，则苦于没有钥匙，因为他刚才光顾了赶路，钥匙不知什么时候掉在了路上。

两个人急得满头大汗。突然，弟弟一拍脑门，有了办法，他找来一块石头，几下子就把锁砸了，他顺利进去了。

自然，继承权落在了弟弟手里。

人生的大门往往是没有钥匙的，在命运的关键时刻，人最需要的不是墨守成规的钥匙，而是一块砸碎障碍的石头！

一位农夫在美国佛罗里达州买下一片农场。买下以后，他觉得非常颓丧。那块地坏得使农夫既不能种水果，也不能养猪，能生长的只有白杨树及响尾蛇。然而，农夫却想到了一个好主意，要把他所拥有的变做一种资产——他要利用那些响尾蛇。

农夫的做法使每一个人都很吃惊，因为他开始做响尾蛇肉罐头。每年来参观他的响尾蛇农场的游客差不多有两万人。他的生意做得非常大。由他养的响尾蛇中所取出来的蛇毒，运送到各大药厂去做蛇毒的血清；响尾蛇皮以很高的价钱卖出去做女人的鞋子和皮包；装着响尾蛇肉的罐头送到全世界各地的顾客手里。

抱着旧观念、旧框框去看待新情况，必然是行不通的。在取舍、是否之间很容易形成“定而不移”之势。唯一可行的解除定式的办法，就是极大地开阔我们的视野，改变我们既有的思维方式，时刻警惕陷入“经验”中去。

墨守成规并非万全之策

这个世界上有穷人和富人之分。有时候，穷人之所以穷，是因为他们一直循规蹈矩地生活在贫穷之中，从来没有“出圈儿”的念头。即使面临新的机遇，建立在以往经验和知识基础之上的心理定式，也会产生消极影响，成为他们思考和行动的障碍。只有充分认识到思维世界里存在的这个死角，才能逐渐超越旧有思维模式，走出思维惯性，进行创造性思维。

人脑是一个制造模式的系统，按照最简单的原则行事，它依赖于早年形成的模式，置模式外的信息于不顾，所以人脑最易趋向习惯。一个人的日常活动，90%已经通过不断地重复某个动作，在潜意识中，转化为程序化的惯性。也就是不用思考，便自动运作。这种自动运作的力量，会把人们拘禁于一个谨小慎微的牢笼之中。

心理学家做过这样一个实验：

把6只猴子关进一个房间，在房间里放一个可达屋顶的梯子，然后在梯子顶端挂上一串香蕉。当第一只猴子爬上梯子，伸手几乎要碰到香蕉的时候，实验人员就用冰冷的高压水枪冲击这只猴子，直到猴子最终放弃去拿香蕉。如此一段时间之后，所有的猴子都放弃了尝试。

接下来，实验人员用外面另一只猴子替换了房间中原有6只猴子中的一只。当这只猴子进入房间后，发现了香蕉，于是一下子冲了过去。这时发生的情况很奇怪：没等这只新进来的猴子上去，另外5只猴子就把它按倒痛打，直至它放弃那个念头。

接着另一只新猴子被放进来，换走了第一批中的另一只猴子。同样的事发生了，只不过打这只新猴子最狠的，是刚才那只先一步进来并挨打的猴子。如此继续实验，直到房间中的猴子全部换成了没有被水枪击中过的 6 只新猴子。

接着实验人员拆除了水枪，可是这些没有挨过高压水枪的猴子居然没有一只试着去吃屋顶的香蕉。

情况往往就是这样的，人们因为失败了多次，从此就望而却步。不少人，不仅自己不去踩这个雷区，也反对其他人去干同样的事情。这是很可悲的。很多时候，人不是没有能力去做这件事情，而是没有去做这件事情的愿望。

并不是所有的穷人都一无是处，他们可能是很有才华、很有学识的人。穷人和富人的差别，最根本的还是心态的问题。富人做生意认为风险是正常的，赚钱是努力的结果，赔钱也是情理之中的事情，因为他认为只要过程不出现失误，结果也不会出人意料，这样他才敢投资，投资的方向往往不会错。

穷人做生意特别注重结果，把成败得失看得比什么都重要，怀着想赚怕赔的心态战战兢兢的，做哪一件事情都是如履薄冰，背着沉重的心理包袱。也正因为穷人有这样的心态，想赚钱又害怕风险，想投资又害怕赔本，很多时候还是选择放弃。

有一个小村庄，世世代代都种玉米，按玉米市场价 1 千克 0.8 元，如果在当地卖，一亩地的收成仅仅是 800 元左右，去掉成本也就是 200 元左右的利润。一个农民经营 5 亩地，一年全部的收入才 1000 元左右。

当地有的人收购玉米，运到离家不是很远的某个城市，每 500 克能赚一角钱，每次运 2500 千克的话，他能赚 500 元钱。从家乡到某市两天跑一次，那么这个人在四五天之内所得到的利润就是一个农民全年的收入。

但是这个村里的人，为什么自己不把玉米运到某市去卖？他们说自己没有车，如果雇车，去掉车费加上吃住也不赚钱，还不如在当地卖，这样既省力又省心。那么为什么不买一台车？他们说没钱。村子里共有一百户人家，一家拿一百元钱是不成问题的，买一台农用拖拉机也就是几千元钱，为什么不联合起来买台车把全村的粮食运到外面卖呢?

他们说他们谁也不相信谁，运完粮食怎么办，半路上出车祸怎么办，税收及修车费谁拿，全村每家玉米有多有少，怎样付钱才算公平……反正问题特别多。

正因为这样，全村每年都要失去10万元的利润。10万元对于这里的人来说，是个天文数字。因为许多不值一提的问题，宁可把这天文数字送给别人也不留给自己。

这个故事听起来像一则寓言，也许你会以为现实中没有如此胆小怕事、面对近在眼前的肉都不敢吃的人。其实在生活中，抱有类似思想的人比比皆是。在一些穷人之中，流行过所谓的“三不主义”路线：不积极、不缺席、不迟到的生活方式。表面看起来，这是最太平、最安全的处世方法。这样的处世路线，在变化速度还不算太快的时代，可使一个人平安度过他的一生。但随着社会竞争的日趋激烈、变化速度日趋加快，新的生活方式必将取代旧的生活方式。

两颗相同的种子一起被抛到了地里。

一颗这样想：我得把根扎进泥土，努力地往上长，要走过春夏秋冬，要看到更多美丽的风景……

于是，它努力地向上生长。几年后，变成一棵枝繁叶茂的大树。

另一颗却这样想：我若是向上长，可能碰到坚硬的岩石；我若是向下扎根，可能会伤着自己脆弱的神经；我若长出幼芽，可能会被蜗牛吃掉；若开花结果，可能被小孩连根拔起。还是躺在这里舒服、安全。

于是，它瑟缩在土里。一天，一只觅食的公鸡过来，三啄两啄，便将它啄到了肚子里。

在慨叹两颗种子迥然不同的命运时，我们惊讶地发现这样简单的道理：越是想安于现状，越不能安于现状，因为各种偶然的因素使你的周围充满风险。相反，坚定地树起奋发向上的信念，敢于冒险，敢于承受岁月的风风雨雨，就一定会拥抱令人羡慕的成功。

据社会学专家们预测，未来的社会将变成一个复杂的、充满不确定性的高风险社会。今后的时代经营者要想发展，必须树立不怕失败的信念，果断地作出决定，投身于新的环境，去发挥全部才能。这种不怕失败，准备在万分紧迫的情况下发挥全部才能的态度，反而有可能防止更大的失败，并大大提高自己的才干。

看过摔跤比赛，你就会有这样一个印象：尽管比赛双方抱缠摔打，场面激烈，但绝少有人遭受到意外的致命伤。这是因为在平时练习时，经历了经常遭受轻伤的锻炼。同样，平时倾注全力认真作出决断的人，不但不会遭受意外的致命打击，反而能从微小的失败中学到许多教训，养成刚毅大胆的气质。

墨守成规，这是一种看似安泰其实却充满潜在危机的生存方式。在风险面前缺乏勇气的人，迟早会被时代所抛弃。而那些一心向前的人，以攻为守，将自己的根扎得无比牢固，足以抵挡世间的风云变幻。

跳出“非此即彼”的思维怪圈

公司招聘职员，有一道试题是这样的：

一个狂风暴雨的晚上，你开车经过一个车站，发现有三个人正苦苦地等待公交车的到来：第一个是看上去濒临死亡的老妇，第二个是曾经挽救过你生命的医生，第三个是你的梦中情人。你的汽车只能容得下一位乘客，你选择谁?

每个人的回答都有他的理由：选择老妇，是因为她很快就会死去，我们应该挽救她的生命；选择医生，是因为他曾经救过你的命，现在是你报答他的最好机会；选择梦中情人，是因为如果错过这个机会，也许就永远找不回她（他）了。

在200个候选人中，最后获聘的一位答案是什么呢?

“我把车钥匙交给医生，让他赶紧把老妇送往医院；而我则留下来，陪着我心爱的人一起等候公交车的到来。”

我们常常会被“非此即彼”的思维模式所限，自己“从车上下来”，抛开思维的固有模式，我们可以获得更多。

法国著名女高音歌唱家玛·迪梅普莱有一个美丽的私人园林。每到周末，总会有人到她的园林摘花，拾蘑菇，有的甚至搭起帐篷，在草地上野营野餐，弄得园林一片狼藉，肮脏不堪。

管家曾让人在园林四周围上篱笆，并竖起“私人园林，禁止入内”的木牌，但均无济于事，园林依然不断遭践踏、破坏。于是，管家只得向主人请示。

迪梅普莱听了管家的汇报后，让管家做一些大牌子立在各个路口，上面醒目地写明：如果在林中被毒蛇咬伤，最近的医院距此 15 公里，驾车约半小时即可到达。

从此，再也没有人闯入她的园林。

“私人园林，禁止入内”和“如果在林中被毒蛇咬伤……”有什么不同？——有时成败只在于一个观念的转变。

作家毛姆成名之前，生活清苦。为求文章有价，有一次写完一部小说后，毛姆在报纸上刊登了这样一份征婚启事：

“本人喜欢音乐和运动，是个年轻又有教养的百万富翁，希望能和毛姆小说中女主角完全一样的女性结婚。”

几天之后，毛姆的小说被抢购一空。

应当说，毛姆开了现代畅销书炒作的先河。只不过，今天的这些文人炒作手法比毛姆要差远了。

在美国西部，一个乡下青年要去参加斗牛赛，可他穷得除了一条破裤子，再也没得换了。事先，他曾想借一条裤子，可朋友们说，他要去参加斗牛赛，回来时，好裤子可能又成了破裤子。于是，谁都不肯借给他。

青年只好穿着露了膝盖的破裤子到了赛场。没想到，他竟奇迹般地得了第一。他上台领奖时，破裤子使他很难为情。台下十几名摄影记者却不管不顾地为他拍照，他简直无地自容。

谁想，他的相片被登在报上后，他的破牛仔裤，竟然成了当时许多年轻人效仿的款式。几天之后，大街小巷，到处都是穿着破裤子的青年。这一景象一直流传到今天。

事情发生了总会有解决的方法的——换个角度思考问题，通常就会使一些困扰我们的问题迎刃而解。

不要总是直线思索

苏轼的《题西林壁》一诗中有这样的名句：横看成岭侧成峰，远近高低各不同。看来，原本同样的事物或问题，只要选择不同的角度去观察分析，就可能得出大相径庭的结果。

梁启超说："变则通，通则久。"知变与应变的能力反映的是一个人的素质问题，同时也是现代社会办事能力高下的一个很重要的考查标准。办事时要学会变通，不要总是直线思考，放弃毫无意义的固执，这样才能更好地办成事情。

一位老母亲养育了两个可爱的女儿。婚后，大女儿做雨伞生意，二女儿经营鞋店，两家的日子过得相当幸福。可做母亲的总盼望着孩子们能够过得更好，她既希望大女儿的雨伞生意好，也不愿意看到二女儿的布鞋生意差。

于是，每遇阴雨连绵，老人家就担心二女儿的布鞋生意；每逢晴空万里，她又发愁大女儿的雨伞生意。真是可怜天下父母心，老母亲因为过度忧虑而染疾在床，虽然女儿多方求医问药，可最终仍不见病情有所好转。

一位智者听说此事后，登门给了这位老母亲几句忠告。几天后，老人家竟然容光焕发，全然一个健康无恙的完人。智者只是让老母亲学会转换角度思考问题，把原来的担忧反过来，转化成晴天二女儿布鞋生意好，雨天大女儿雨伞生意好。如此一来，无论晴天或雨天，老母亲的心中总是庆幸和欢慰。

在生活中，有很多事情都不能总是直线思考，而是需要转换一个角度去重新审视和思考。遇到困难，逢上苦闷，也不要唉声叹气、蹉跎不前，或许这正是磨炼我们心志的难得机会。一种角度就会有一种截然不同的结果，总有一种是我们最终期待的……

有许多满怀雄心壮志的人很有毅力，但是由于不会进行新的尝试，因而无法成功。请你坚持你的目标吧，不要犹豫不前，但也不能太生硬，不知变通。如果你的确感到行不通的话，就尝试另一种方式吧。

很久以前，人们听说有位大师几十年来练就一身移山大法。

一天，有人找到这位大师，央其当面表演一次。大师在一座山的对面坐了一会儿，就起来跑到山的另一面，然后说表演完毕。

人们大惑不解，大师微微一笑说："事实上，这世上根本就没有什么移山大法，唯一能够移山的方法就是，山不过来，我就过去。"

这个故事启示我们：不要迷信有什么成功秘诀和捷径，更没有什么神秘的力量，灵活处理随时出现的各种情况，这才是秘诀中的秘诀。

著名思维学家、"创新思维之父"德·博诺认为，通常人的思维是"纵向思维"，就是主要依托逻辑，沿着一条固定的思路走下去。为此，他提倡"平面思维法"，以多条思路进行思考。

那些百折不挠、牢牢掌握目标的人，已经具备了成功的要素。下面两个建议一旦和你的毅力相结合，你期望的结果便更易于获得。

1. 告诉自己"总会有别的办法可以办到"

每年有几千家新公司获准成立，可是五年以后，只有一小部分能够继续营运。那些半路退出的人会这么说："竞争实在是太激烈了，只好退出为妙。"他们遭遇障碍时，只想到失败，因此才会失败。

你如果认为困难无法解决，就会真的找不到出路。因此一定要拒绝"无能为力”的想法。

2. 先停下，然后再重新开始

我们时常钻进牛角尖而不能自拔，因此看不出新的解决方法。成功办事的秘诀是随时检查自己的选择是否有偏差，合理地调整目标，放弃无谓的固执，轻松地走向成功。

做人要随机应变

俗话说：“树挪死，人挪活。”种子落在土里长成树苗后最好不要轻易移动，一动就很难成活。而人就不同了，人有脑子，遇到了问题可以灵活地处理，用这个方法不成就换一个方法，总有一个方法是对的。

做人就是要学会变通，随机应变，不可太死板，要具体问题具体分析。前面已经是悬崖了，难道你还要跳下去吗？执著很重要，但盲目的执著是不可取的。不要被经验束缚了头脑，要冲出习惯性思维的樊笼。

随机应变、灵活变通是一种智慧，这种智慧让人获益匪浅。

孙膑是我国古代著名的军事家，他的《孙膑兵法》中处处蕴涵着变通的哲学。孙膑本人也是一个善于变通的人。

孙膑初到魏国时，魏王要考查一下他的本事，以确定他是否真的有才华。

一次，魏王召集众臣，当面考查孙膑的智谋。

魏王坐在宝座上，对孙膑说：“你有什么办法让我从座位上下来吗？”

庞涓出谋说：“可在大王座位下生起火来。”

魏王说：“不行。”

孙膑说：“大王坐在上面嘛，我是没有办法让大王下来的。不过，大王如果是在下面，我却有办法让大王坐上去。”

魏王听了，得意扬扬地说：“那好。”说着就从座位上走了下来：“我倒要看看你有什么办法让我坐上去。”

周围的大臣一时没有反应过来，也都嘲笑孙膑不自量力，等着看他的洋相呢。这时候，孙膑却哈哈大笑起来，说："我虽然无法让大王坐上去，却已经让大王从座位上下来了。"

这时，大家才恍然大悟，对孙膑的才华连连称赞。

魏王也对孙膑刮目相看，孙膑很快就得到魏王的重用。

在处理问题时，我们总是习惯性地按照常规思维去思考。如果我们能像孙膑那样，学会灵活变通，那么就会发现"柳暗花明又一村"。

秦国孙阳精通相马，无论什么样的马，他一眼就能分出优劣。他常常被人请去识马、选马，人们都称他为伯乐。

有一天，孙阳外出打猎，一匹拖着盐车的老马突然向他走来，在他面前停下后，冲他叫个不停。孙阳摸了摸马背，断定是匹千里马，只是年龄稍大了点。老马专注地看着孙阳，眼神充满了期待和无奈。孙阳觉得太委屈这匹千里马了，它本是可以奔跑于战场的宝马良驹，现在却因为没有遇到伯乐而默默无闻地拖着盐车，慢慢地消耗着它的锐气和体力，实在可惜！孙阳想到这里，难过得落下泪来。

这次事件令孙阳深有感触。他想，这世间到底还有多少千里马被庸人所埋没呢？为了让更多的人学会相马，孙阳把自己多年积累的相马经验和知识写成了一本书，配上各种马的形态图，书名叫《相马经》。目的是使真正的千里马能够被人发现，尽其所才，也为了自己一身的相马技术能够流传于世。

孙阳的儿子看了父亲写的《相马经》，以为相马很容易。他想，有了这本书，还愁找不到好马吗？于是，就拿着这本书到处找好马。他按照书上所画的图形去找，没有找到；又按书中所写的特征去找，最后在野外发现一只癞蛤蟆，与父亲在书中写的千里马的特征非常像，便兴奋地把癞蛤蟆带回家，对父亲说："我找到一匹千里马，只是马蹄短了些。"父亲一看，气不打一处来，没想到儿子竟如此愚蠢，悲伤地感叹道："所谓按图索骥也。"

这就是成语"按图索骥"的由来，出自明朝杨慎的《艺林伐山》。这个寓言生动地说明了一味地按照老方法办事，不知变通，是成不了事的。

美国威克教授曾经做过一个有趣的实验：把一些蜜蜂和苍蝇同时放进一只平放的玻璃瓶里，使瓶底对着光亮处，瓶口对着暗处。结果，那些蜜蜂拼命地朝着光亮处挣扎，最终气力衰竭而死，而乱窜的苍蝇竟都溜出细口瓶颈逃生。这一实验告诉我们：在充满不确定性的环境中，有时我们需要的不是朝着既定方向的执著努力，而是在随机应变中寻找求生的路；不是对规则的遵循，而是对规则的突破。我们不能否认执著对人生的推动作用，但也应看到，在一个经常变化的世界里，灵活机动的行动比有序的衰亡好得多。

只知道执著的蜜蜂走向了死亡，知道变通的苍蝇却生存了下来。执著和变通是两种人生态度，不能单纯地说哪个好哪个不好。单纯的执著与单纯的变通，都是不完美的。只有二者相辅相成才能取得最后的成功，我们要学会执著与变通二者兼顾。

不仅为人处世要这样随机应变，在工作上也应该这样。与领导相处的时候尤其要注意灵活变通。领导为什么能成功？其中一个重要因素就是灵活变通，故而跟在他身边的下属，必定要懂得弹性处理法则。

所谓灵活变通与弹性处理，跟滑头性格与做事没有原则是不相同的。因时制宜，在某种特殊特定环境之内，配合需求，设计出最好的可行方案，这就是所谓弹性处理。分明已经改了道，此路不通，还偏偏要照旧时那个法子把车开过去，这不是坚持原则，而是蛮干。

大家都喜欢凡事肯变通、会适应的人。遇事多思考，解决问题求新求变，这才是圆润做人、精明处世的硬道理。

旁敲侧击达到目的

有一天中午，大文豪苏东坡去拜访佛印。佛印正忙着做菜，刚把煮好的鱼端上桌，就听到小和尚禀报：东坡居士来访。

佛印怕把吃鱼的秘密暴露，情急生智，把鱼扣在一口磬中，便急忙出门迎接客人。两人同至禅房喝茶，苏东坡喝茶时，闻到阵阵鱼香，又见到桌上反扣的磬，心中有数了。因为磬是和尚做佛事用的一种打击乐器，平日都是口朝上，今日反扣着，必有蹊跷。

佛印说："居士今日光临，不知有何见教？"

苏东坡有意开老和尚玩笑，装着一本正经的样子说："在下今日遇到一难题，特来向长老请教。"

佛印连忙双手合十说："阿弥陀佛，岂敢，岂敢。"

苏东坡笑了笑说："今日友人出了一对联，上联是：向阳门第春常在。在下一时对不出下联，望长老赐教。"

佛印不知是计，脱口而出："居士才高八斗，学富五车，今日怎么这么健忘，这是一副老对联，下联是：积善人家庆有余。"

苏东坡不由得哈哈大笑："既然长老明示庆（磬）有余（鱼），就请让我来大饱口福吧！"

为人处世中，有些事情如果直说，一来可能会让别人难堪，二来可能给自己增添不必要的麻烦，这时候，旁敲侧击不失为一种巧妙的方法，这样还能使得局面有所突破。

"旁敲侧击"是人们常用的一种思想工作艺术，它借助语言，不是直接说出某一件事物、某一个人、某一种观点，而是仅说出与它们有关联的方面，让对方猜测言下之意，最终达到说服人的目的。"言有尽而意无穷，余意尽在不言中"，间接、隐蔽地给人以启示、教育，这正是"旁敲侧击"的特点。从社会心理学的角度看，这是为了尊重别人、避免刺激，在无对抗条件下，用含蓄、间接的方法对人的心理和行为产生影响。

1972 年，正在莫斯科访问的美国总统尼克松将去苏联其他城市访问。苏共总书记勃列日涅夫到莫斯科机场送行。正在这时，飞机出现故障，一个引擎怎么也发动不起来。机场地勤人员马上进行紧急检修。尼克松一行只得推迟登机。

勃列日涅夫远远看着，眉头越皱越紧。为了掩饰自己的窘境，他故作轻松地说："总统先生，真对不起，耽误了你的时间！"一面说着，一面指着飞机场上忙碌的人群问："你看，我应该怎样处分他们？"

“不，”尼克松说，“应该提升！要不是他们在起飞前发现故障，飞机一旦升空，那该多么可怕啊！”

尼克松的话里有辛辣的讽刺、涩涩的挖苦、无声的指责，而这些却是以貌似夸奖的话传达出来的。听了这话，除了苦笑，还真什么也说不出来：人家可没有任何难听的话，何必落个“自作多情”、“神经过敏”的把柄呢？

一位顾客坐在一家高级餐馆的桌旁，把餐巾系在脖子上。大堂经理很尴尬，叫来服务员说：“你让这位‘绅士’懂得，在我们的餐馆里，那样做是不允许的，但话要说得尽量好听些。”

服务员来到那人的桌旁，很有礼貌地问：

“先生，你是刮胡子，还是理发？”

话音一落，那位顾客立即意识到自己的失礼，赶快取下了餐巾。

服务员没有直接指出客人的失礼之处，却幽默地问两件与餐馆服务项目毫不相干的事（刮胡子和理发）。表面上看来，似乎服务员问错了，而实际上他是通过这种风马牛不相及的方式来提醒这位顾客。既使顾客意识到自己失礼之处，又做到了礼貌待客，不伤害客人的面子。服务员用的正是旁敲侧击的技巧。

试想，如果服务员直接指出顾客的不对，顾客必定会很尴尬，可能就头也不回地走了，餐馆也就失去了一位顾客。

在谈判中，也可以运用旁敲侧击法回击或反驳对手的一些观点。由于运用旁敲侧击法时，谜底被深深地埋藏在话语下面，所以，要在谈判中运用这种技巧并取得一定的效果，就要在己方发言之后，留给对手一个短暂的回味时间，对手才能体会到话语和谜底之间微妙的联系。因此，在谈判中我们不但要自己善于运用这种技巧，而且还要善于领悟对手的这种说话的技法。谈判的时候，当需要批评或提醒对手而又不便直接向对方提出时，便可考虑使用这种幽默风趣的旁敲侧击法。从侧面提出一些看似与谈判主题无关的话题，以此来达到启示、提醒、警告等目的。

在写作上，旁敲侧击表现为不直接落笔，不正面勾画，而是进行侧面、间接的描写，这种写法能使描写对象更突出、更鲜明，使笔下的人物更具吸引力。为人处世中，当有话不能直说的时候，我们可以采取拐弯抹角的办法达到目的，这样更委婉更能达到目的，相比于直言直语的效果要好多了。

不要一条道儿走到黑

很多人会告诉你，做事要有恒心，要有韧劲，这没错。但是，很多时候，你会因此而固执己见，不知不觉中，一条道儿走到黑。事实上，坚持一个方向走到底是不太现实的，就像你开车，不可能总是方向不变，而是不时地调整方向。有时候，环境变化得太厉害，你还不得不另辟新路，不然，你定然会栽跟头。

美国人布曼和巴克先生同在一家广告公司工作，负责调查业务。由于不愿长期寄人篱下，他们俩商量自己做老板，开一家饮食店，专营汉堡包。

当时汉堡包店鳞次栉比，竞争激烈，如何才能在竞争中立于不败之地呢？他们开始作市场调查，结果发现，大多数饮食店为争取顾客，均争相出售大型汉堡包。而美国人近年流行减肥和健美，一些怕肥胖的人不敢多吃，常常将吃剩的汉堡包扔掉，造成极大的浪费。一些店想通过制作多种口味的面包来争取顾客，效果也不理想。

于是，布曼和巴克决定改变汉堡包的规格来赢得顾客，结果他们一举成功。原来他们生产的汉堡包，体积仅有其他大汉堡包的1/6，称之为迷你型汉堡包。这种汉堡包适应了人们少吃、减肥的需要，一时成为热销食品，使他们二人获得丰厚的利润，5年后，饮食店已扩展为饮食公司，有10家分店。

踏在别人的脚印里走，你永远都不会走快、走远，因而，失败的人应该多多思考，走出老框框，创出新特点。

美国纽约国际银行在刚开张之时，为迅速打开知名度，曾做过这样的广告：

一天晚上，全纽约的广播电视正在播放节目，突然间，全市的所有广播，都在同一时刻向听众播放一则通知：听众朋友，从现在开始，播放的是由本市国际银行向您提供的沉默时间。紧接着，整个纽约市的电台就同时中断了 10 秒钟，不播放任何节目。一时间，纽约市民对这个莫名其妙的 10 秒钟议论纷纷，于是“沉默时间”成了全纽约市民最热门的话题，国际银行的知名度迅速提高，很快家喻户晓。

国际银行的广告策略的巧妙之处在于，它一反一般广告手法，没有在广告中播放任何信息，而以全市电台在同一时刻的 10 秒“沉默”；引起了市民的好奇心理，从而不自觉地去问出根底，使国际银行的名声人人皆知，达到了出奇制胜的效果。

一条道儿走到黑的人，自然见不到光明。

一条路不适合自己，就改换另一条路

如果一条路不适合自己，那么就必须重换一条新路才行。在老地方徘徊，只能是停滞不前。

一名作家，他在某一段时期，感到有着非常强烈的创作欲望，能不断地写出脍炙人口的作品来。在写作时，他会觉得思路顺畅，文字像是从脑海里蹦出来一样。这时候他写的东西就会优美感人，人物形象栩栩如生，使人读起来爱不释手。有一天，在他付出艰辛的努力终于写完一个长篇作品以后，他感到浑身轻松，然后预备写下一个长篇小说。但他突然发现自己怎么写也写不出东西来，尽管挖空心思，却收效甚微，写出来的作品连自己也看不过去。作家忽然找不到感觉了，但却不明白这是什么原因。

实际上，这是他的状态出现了问题。当然，这同受外界的诱惑而导致的松懈完全不同，而这种状况又往往令人不明白，难以找到具体的原因。

但这并非绝对不可扭转的，关键是不论在何种状况下，我们都应该对自己的环境、心态、工作性质及周围的人等因素有个明确的了解，适当调整自己的情绪，改变一成不变的工作方法。这样，才有可能扭转颓势，使自己重新找到良好的状态，保持不断进取的势头。

这位作家就是因为投入紧张的工作和后来的突然松懈形成的反差，形成心理上的疲软和过度紧张。这时候，他只要走出家门，放松自己，去大自然走一走，在一段时间中完全不想写作上的事。当再次提笔时，他会发现自己的灵感恢复如初，写作起来也异常顺利。

这是调整状态的一种方法，即转移注意力。我们在连续工作和过度紧张的情况下，就容易造成工作效率及心理情绪的低下，因此有必要转移注意力，让自己的身体和心灵都得到休息、恢复。

我们经常形容那些顽固不化的人，常说他们是“一条路上跑到底，不撞南墙不回头”。这些人有可能一开始方向就是错误的，他们注定不会成大事。南辕北辙、背道而驰固然不行，方向稍有偏差，也会差之毫厘，谬以千里。还有一种可能是当初他们的方向是正确的，但后来环境发生了变化，他们没有适时地调整方向，结果只能是失败。

“拐弯抹角”有效果

魔术是假，功夫是真。一味戴着面具，以变魔术的方式去处世，必被人所不齿；相反，处处袒露自己，做一个实在人，也容易被刺蜇伤。一般来说，大凡老实巴交的人，都没有广泛的社会交往；相反，懂得变通的人在社会上更能吃得开。

主要的原因在于，前者为人处世太直白，不善于改变自己，即使想说句场面话，不是脸红脖子粗，就是前言不搭后语。这样的人在处世方面很被动。

1. 想说不同意见，用糖衣包起来

有位棒球教练在纠正选手时，不说“不对，不对”，而说“大致上不错，但如果再纠正一下……结果会更好”。他并非否定选手，而是先加以肯定再修正。也就是说，先满足对方的自尊心，然后再把目标提高。如果只是纠正、警告的话，只会引起选手的反感，不会有任何效果可言。

2. 想求人办事，先亲近着点

如果别人不想帮你的忙，你会不会纠缠不休呢？相信所有人都不会。那么，你就无法完成一件事。但是反过来想一想，变戏法是不是人人都会呢？当然不是，有些人你就是给他一块布，也变不出什么玩意儿来。其中的关键在于技巧。

一位演说家想请他人为自己写一篇演讲稿，但被一一拒绝了，理由很充分："我很忙。"后来他改变了求人思路，一次，他找到了一个人，对方也说自己很忙。没想到演说家却说："正因为你忙，我才找你啊。"乍一听，这话有些不对劲儿。接着他解释说："你的工作忙，正说明你的才华得到了人们的认可，正因为如此，我才来找你。"对方听后，心里挺高兴，于是愉快地答应了。

3. 想亲近他人，先爱上他的"狗"

这样的场景不难见到：一位阔太太拉着一条名犬溜达，突然见到一位熟人，通常，这位熟人不急于与其拉家常，而是先要赞美对方的爱犬是如何如何的好。这是一种处世技巧，在生活中非常有用。当你想亲近某个人时，不妨先夸奖他身边的人与事。

例如，当你想拜访某位老板时，如果开口便谈正题，难免让人觉得有些唐突，这时，你可以选择一两个对象来表示你的好感。比如，你可以说："这个房间真气派，这是我见到的最好的办公室。"或者说："你的员工很敬业。"如此，对方定会对你产生些许好感，那么接下来，双方的谈话就会变得更融洽。

换一个地方也许更适合你

在人的一生中，每个人都不能保证工作顺利，也许被解雇是一件难免的事。面对失业，很多人往往是痛苦不堪，为失去工作而烦恼。其实，被解雇不一定是坏事，只要树立信心，肯定会有柳暗花明又一村的新景象，许许多多的人正是由于被解雇才使自己获得更大的发展空间。

小江是一个很有事业心的人，他在A公司跟着老板一干就是8

年，从一个刚毕业的大学生一直做到了分公司的总经理职位。在这8年里，A公司逐渐成为同行业中的龙头企业，小江也为A公司付出了许多，他很希望通过自己的努力将企业带入一个更加成功的境况。然而就在他兢兢业业拼命工作的时候，小江发现老板变了，变得不思进取、“牛”气十足，对自己渐渐地不信任，许多做法都让人难以理解，而小江自己也找不到昔日干事业的感觉。

为了激活自己的工作欲，小江跳槽到了B科技发展公司，当时这个公司正好承担了一个省级开发项目，有政府提供的资金和技术支持，但是因为管理者缺少相关经验，所以B公司希望通过小江的加入，得到管理方面的完善。

就这样,小江得到了行政总监一职。对于这个职位小江并不惊喜,他更看重的是这个职位所面临的工作挑战，这使他很有工作的冲动。上任伊始，他熬了好几个通宵给公司设计了一套比较完整的日常工作管理制度，并且为该制度的顺利推行花了很多力气。一个月下来，成绩十分明显：光是公司的办公费用一项就减少了30%，折合成现金大约是1.5万元，这对于一个办公费用开销庞大的公司来说的确是一个管理上的进步。

在B公司工作了一年多时间以后，领导渐渐地看小江不顺眼，说小江的举动使他们的工作进展不顺利，有点碍手碍脚。不久，他们合计，把小江解雇了。

从B公司出来后，小江并没有气馁，对自己的工作能力还是充满了信心。不久，小江发现有一家大型企业C公司正在招聘一名业务经理，于是将自己的简历寄给了这家企业，没过几天他就接到面试通知，然后便是和老总面谈，最终顺利拿下了这一职位。工作了大约一个月时间，小江觉得自己十分欣赏该公司总经理的气魄和工作能力。同时，他也感到总经理同样十分赏识他的才华与能力。在工作之余，总经理经常约他一起去游泳、打保龄球或者参加一些商务酒会。

在工作中，小江发现C公司的企业图标设计相当烦琐，虽然有美感，但却缺乏应有的视觉冲击力，便大胆地向总经理提出更换图标的建议，没想到其实总经理也早有此意，总经理把这件事安排给他去完成。为了把这项工作做好，小江亲自求助于图标设计方面的专业人士，从他们设计的作品中选出了比较满意的一件。当他把设计方案交给总经理的时候，总经理大加赞赏，立马升小江为公司副总，薪水增加一倍。

是的，被解雇并不是一件坏事，小江面对两次解雇，一样凭借着才能找到了更适合自己的工作，而且得到了一位真正的“伯乐”的赏识。

其实路正在脚下，被解雇了我们并不用去计较，走过去，前面也许有更光明的一片天在等着我们。

思路决定财路

谁都想有钱，但是，许多人认为只有“钱生钱”才能赚到钱。其实这种思维是不正确的。要想赚到钱，钱不多没有关系，没有钱也没有关系，最重要的是必须有个好思路。有了好思路，付出艰辛努力，就能走上致富之路。

人们都知道卡特是一位很有魄力的美国总统，然而他在从政之前是位卖花生的农民这件事却是鲜为人知。他不墨守成规，敢于突破思维定式，因此，他成为了当地十分有名的人物。

卡特从海军退役之后，接手了刚去世的父亲手中的花生业务。这时候，他看到收获季节的原野上到处都是花生堆。照一般人的思路，是让花生在太阳下暴晒，待干燥后，再送去榨油或者装袋运到市场。天气晴朗时，花生干得十分快，一旦遭遇连阴雨，农民则会感到痛苦，许多花生会在雨水中霉烂。对这种常见的现象，几乎所有的农民都坦然接受了，没想出解决此问题的方法。然而卡特却不能容忍这种靠天吃饭的习惯，他想，要让花生干燥，为什么只依靠太阳呢？换个思路同样可以。于是，他反复思索、考虑，最终想到了用瓦斯烘干花生的方法。此后，他生产的花生，就不用在地里堆着等太阳晒了，而是将其运到自己的仓库中，用瓦斯将花生烘干。可以想象，当别人看着自己的花生在雨水中发霉而没有办法时，卡特的花生却在仓库中慢慢烘干了，因此，他比别人多赚了更多的钱。

后来，卡特又革新了花生壳的加工回收处理工艺，这种新方法，能够回收炭、瓦斯甚至油。这些改革方法使卡特的花生买卖不断做大，财富也越积越多。

世界上有许多事物和现象没被人类认识和利用，一些事业成功者由于善于观察和思考，很快就掌握了这些现象的规律及作用，并使其为自己所用，从而为社会、为自己带来了财富。

日本汽车“推销大王”椎名保久发现，在生意场合，人们经常用火柴替对方点烟，然后将火柴留给对方。

于是，他便向火柴厂定制了一种大火柴，在盒上印上自己的名字、公司电话号码和地图，然后将其送给自己的顾客。

一盒火柴共有20根，每点一次香烟，电话号码和地图就会出现一次，而一般的吸烟者经常是在困惑或兴奋时抽烟，习惯凝视着火柴思索问题。这种“无意识的注意”为人们留下深刻的印象。

椎名保久认为，一盒小火柴虽然不起眼，但发挥的作用却十分大。假设一个地方放上20盒火柴，那么自己的名字、公司的电话号码和地图也就有机会出现四百次。

正是从这小小的火柴上做文章，椎名使汽车的销售额大幅上升，获得了财富。事实上，很多从他那里购买汽车的顾客都是看到火柴盒上的电话号码，通过打电话询问，才激发购买意向的。

财富的源头，是以思考的形式出现的，财富的形成始于思想中对成功的渴望。天下并没有什么新鲜事，你想得到，别人不见得想不到，甚至想得比你更周到。一个人要想成功赚钱，就需要有好的、独特的思路。

日本的万字酱油厂，起初是一间家庭小作坊。第二次世界大战后，该厂厂主发现有些美国人不管吃日本菜还是西式菜，都乐意以酱油调味，于是便研究如何才能将酱油打入美国市场。

万字酱油厂派人去美国调查、研究美国人的生活习惯，发现美国人的食品构成和烹调方法与东方人差异很大，酱油虽然是他们喜欢的调味品，但还是没有被广大美国居民接受。万字酱油厂创立了美国居民接受的新形象，让它以西方食物调味品的姿态，出现在美国各大广告媒介上，其设计包装全部改为西方式的，并在电视广告上宣传该酱油味道独特。这样一来，美国的千家万户便对酱油有了深刻的印象。

经过一段时间的试销，万字酱油厂决定在美国设厂经营。1957年,该酱油厂在旧金山投资开设了第一间分厂。第二年在洛杉矶设厂，接着还在纽约、芝加哥等各大城市设置分厂,生意十分兴旺。1988年，万字酱油厂的营业额达到7000万美元。

万字酱油厂的经营是从发现美国人喜欢吃酱油，到深入美国研究其消费方式和生活习惯，从而改变了产品形象以适应美国人的需求，后通过试销觉得有利润可图，于是投资开办工厂，使企业办好的。万字酱油厂凭借良好的思路，最终使不易被接受的产品成为畅销货。

经商赚钱有没有捷径可走？一般而言，答案是否定的，因为走捷径似乎代表着不切实际。然而，不可否认的是，有些商人却比别人成功得快些、轻松一些。他们似乎找到了一条通往成功的捷径，其实这条捷径就是以创造性的思路打开经营局面，成功创造财富。

第二章　打破“规则”方能成就大事

画地为牢是愚蠢的行为

希伯来人有一句古老的祷告：“给我坚韧，去接受我不能改变的事。给我勇气，去改变我能改变的事。并给我智慧去区分它们的不同。”要想不受规则束缚，首先要学会区分出自己该在何处使力，该在何处适可而止。

那些愤怒地跟一切限制过不去的人，经常会遇到挫折，从而变得尖酸刻薄。他们怀有不真实的理想，把一生都花在无力改善或只能有限改善的事情上。经常的失败会把他们打垮，使他们失去自信。

事情总是这样，那些愚蠢的人不是走这一个极端，就是走另一个极端。与怀有“不可能的构想”相反的另一个极端就是画地为牢。历史上最伟大的成就往往在开始时都会遭遇这种情形。“这是绝对不可能的”这样的观点，有时候不仅会给自己带来束缚，而且还会渗入其他想有突破，但却意志不坚定的人的意识中，阻碍他们发展。

有一位名叫莱特的主教，有一次和他的朋友一起吃晚饭。席间，主教认为耶稣很快会再度降临，原因是一切事情的本质都已被发现，而且所有可能的发明都已经被发明。他的朋友不同意，他认为在未来50年中还会有许多意想不到的发明，比如人类会飞上天去。

“胡说八道！”莱特主教说，“只有天使可以飞。”

听到这样肯定的话，这位朋友的意志动摇了，他开始怀疑自己的主张，觉得自己可能已经背离了上帝，于是回到家中战战兢兢地忏悔去了。

然而，“不可能”只能限制那些意志力薄弱的人，对于有着强烈突破欲望的人，它是没有力量的。这位主教有两个儿子，就是日后制造出世界上第一架飞机的莱特兄弟，是他们将父亲所认为的“不可能”变成了现实。

许多年来，运动家、教练、医生都认为，一个人不可能在不到4分钟的时间内跑完1英里（1英里≈1609.3米）。这种说法导致很多优秀的运动员丧失了打破纪录的信心，他们觉得，既然这是人类的极限，再怎么努力也是无济于事的。然而到了1954年，一个名叫罗杰·班尼斯特的人打破了这一断言，之后，许多运动员都能在不到4分钟内跑完1英里，这的确令人震惊。然而，更令人震惊的是，这样的历史还在世界上各个领域不断地重演着。

“我对我真正想做的事，实在是没有什么信心……”这种话听起来不是很耳熟吗？是的，这是现实生活中最常见的一种抱怨了。有许多人为这种想法感到困惑，但是他们却从来没有坐下来，好好地问自己一些最简单的问题，而这些问题的答案，往往会立即解决他们的困惑。当人们抱怨不知道什么才是他们一生中最想做的事的时候，很明显，他们已经耗费了那么多岁月，来压制自己的热望,来忽视自己心里面的那一个自我。只是为了满足别人的期望，为了和别人认为正确的生活方式取得一致，他们已经忘记自己究竟是谁。

他人的意见或自疑经常会削减一个人对自己能力的信心。自信有时不过是一种感觉，但如果以肯定的态度去反映这种感觉，久而久之就会变成一种实在的行动。能突破规则的人懂得先去尝试,纵使失败,也比什么都不做要好。而且尝试得越多，他们就越会了解到自己的限制为何，同样，他们的选择也会越来越容易，越来越自然。

冒险免不了失败，但不冒险就一定失败

世界上大多数人不敢冒险，因为这些人的胆子很小，他们熙来攘往地拥挤在平平安安的大路上，四平八稳地走着。这条路虽然平坦安宁，但距离人生成功的风景线却非常遥远。他们永远也领略不到奇异的风情和壮美的景致，只能平平庸庸、清清淡淡地过上一辈子，直到人生的尽头，也不会享受到真正成功快乐和幸福的滋味。

所以，生命运动从本质上说就是一次探险，如果不是主动地迎接风险的

挑战，便是被动地等待风险的降临。唯有带着沉重的风险意识，敢于怀疑和打破以往的秩序，通过冒险而取得胜利后，才能享受到人生的最大喜悦。有志向的人应该追求这种境界，而不应该安于平平常常、千篇一律的生活现状。

理想的生活方式就涵盖在现实的生活之中，只有具备探险的勇气才能发现它。在你的身上，本来具有打破旧的生活格局、迎来新生活格局的巨大潜能，可是它往往被现实平庸的作为掩盖着。只有具备风险意识，勇于探索和实践，人的潜能才会充分发挥出来，进而实现自己的人生目标，才能领略到人生的欢愉。

冒险就免不了有失败。成功只是无数次失败之中的一个分子。正常的规律是，无数次的失败换来一次成功，无数人的失败换来一人的成功。成功的那一次、成功的那个人是幸运的，而此前无数人无数次的失败也同样是伟大的，同样具有不可磨灭的价值，其价值的具体体现便是发展与进步。

吉姆·伯克晋升为约翰森公司的新产品部主任后，第一件事就是要开发研制一种儿童所使用的胸部按摩器。然而，这种产品的试制却失败了，伯克心想，这下可要被老板炒鱿鱼了。然而，伯克被召去见公司的总裁时，却受到了意想不到的接待。

总裁罗伯特·伍德·约翰森问道："你就是那位让我们公司赔了大钱的人吗？好，我倒要向你表示祝贺。你能犯错误，说明你勇于冒险。如果你缺乏这种精神，我们的公司就不会再有发展了。"数年后，伯克成了约翰森公司的总经理，他仍牢记着前总裁的这句话。

勇于冒险，你就能使自己的平淡生活变成激动人心的探险经历，这种经历会不断地向你提出挑战，不断地激励你，也会不断地使你恢复活力。

相反，惧怕失败，不冒风险，求稳怕乱，平平稳稳地过一辈子，虽然可靠、平静，也可以保住一个"比上不足比下有余"的生活，但那的确是一个悲哀而又无聊的人生。其最为痛惜之处在于：你自己葬送了自己的潜能。你本来可以摘取成功之果，分享成功的最大喜悦，但是你却甘愿把它放弃了。

孟子说："生于忧患，死于安乐。"一个人如果长期处于安逸舒适的环境中，勇气、意志、雄心就会被逐渐消磨掉，失去战斗力，一旦环境发生变化，这种平平淡淡的安乐生活也过不久了。人们必须随时注意磨炼自己的意志，激发自己的勇气。

一般来讲，失败能使人从安乐的状况中清醒过来，激发战胜失败的勇气，在战胜失败的过程中使自己的意志更加坚不可摧。当失败到来时，首先需要你拿出战胜失败的勇气，以顽强的意志抵御消极情绪的侵袭。人们面对失败，本能地会产生一些消极情绪，但这并不要紧，重要的是不要让这些消极情绪长久地占据你的心灵。要告诉自己，勇敢一点。失败既已成事实，就没什么好害怕的，一切的一切都已过去，让我们重新开始。其次，需要冷静地分析失败的原因，并且从中吸取经验和教训。

有人说："一失足成千古恨，再回头已百年身。"这句话的目的在于，劝说人们做事之前要三思而后行，坚持正确的原则，尽量不要失败，并不是说一点风险都不能冒。

俗话说：天有不测风云。世事难料，一旦失败，只要有足够的勇气，就一定会找到新的出路。正所谓"失败是成功之母"，没有失败，没有挫折，就无法成就伟大的事业。所以，人要正视失败，用自己的胆识与魄力战胜失败，取得事业的成功。

故步自封只会自取灭亡

有许多颇有才华的人，只是因为观念的陈旧，又不肯去改变，终于落伍于这个时代，并在平庸中湮没了自己。

有这样一位造诣精深、名望很高的老画家，他作画时力求完美，精益求精。他对于种种非常细致琐碎的地方，也画得极其工整，惟妙惟肖。他对人说，他画中种种细微的地方，即便拿放大镜来仔细察看，也没有一点漏洞。起初，他的画的确负有盛名，得到了人们的普遍赞誉。但是到了后来，印象派开始兴起了，野兽派也开始出现了，未来派也随之崛起。但这位老画家却不肯对这些画派下工夫去研究一番，不仅如此，他还说他们粗野浅薄。结果，由于没有跟上时代，不追求改变，他自己终于走到了古董画的坟墓里，后来再也没有人去请教他了。这位老画家的生活就日益艰苦起来，结果在穷困潦倒中离开了人世。

只有那些一味朝后看、故步自封的人，才会一成不变地采用那些被人抛弃的旧方法、老古董。他们终有一天会发现，思想陈腐、观念保守、不思求变的人相当于患了半身不遂之症，几乎一动也动弹不得了。

他们当然也会看到，那些保持时时进取的姿态、具有敢于独创的勇气，追求变化，永远跑在时代最前面的人，一个个都走向了成功。

一个能够赶上时代的人，与那些尽管资格很老、一度叱咤风云，但思想已经落后于时代的人相比，不知道要强过多少倍。比如许多人认为，经商只要有谋略、反应敏捷、干事迅速，就必定可以成功，可是现在光有这些条件已经不够了。在现代社会，一个人要想获得成功，就必须能够顺应时代的潮流，不断接受先进的事物，掌握先进的知识。只有这样才能除旧迎新，伴着时代前进。

从古到今，世界上不知道有多少人的宝贵精力都白白地耗费在没有任何意义的守旧工作中，这称得上人类文明史上最大的损失。一个最善于利用自己精力的人，一定会迅速地抓住潮流、赶上时代，你总留恋过去的岁月有什么用呢？留恋过去对你现在的生活没有一点帮助。你所要把握的是当今的世界和未来的世界，你所要考虑的是如何把时代向前推进。

有许多故步自封的人好像整天生活在19世纪，他们总以为今不如昔，而现代世界仿佛做人再也没有什么生趣了，时代绝不会再进步了。

他们说出了一句自以为很聪明的话，但别人听了却会笑掉大牙，在别人眼里，他简直成了一个呆头呆脑的老古董了。

一个雄心勃勃的人最要紧的就是赶上时代，不要让别人说你是一个“落伍者”。无论是谁只要求变善变，赶得上潮流，就会在不知不觉中得到巨大的进步。

冒险是一种对自我的突破

俗话说，险中有夷，危中有利。冒险常常是与收获结伴而行的。一个人，要想有卓越的成绩就要敢于冒险。许多成功人士不一定比你“会”做，重要的是他比你“敢”做。

1990年，在英国温布尔登举行的网球公开赛女子组半决赛中，16岁的南斯拉夫女选手塞莱丝与美国女选手津娜·加里森对垒。随着比赛的进行，人们越来越清楚地发现，塞莱丝的最大对手并不是加里森，而是她自己。赛后，塞莱丝垂头丧气地说：“这场比赛中，双方的实力太接近了，因此，我总是力求稳扎稳打，只敢打安全球，而不敢轻易向对方进攻，甚至在加里森第二次发球时，我还是不敢反击求胜。”

与塞莱丝相反，加里森却敢于冒险，赛后她谈道：“即使失了球，我至少也知道自己是尽了力的。”结果，加里森在比赛中先是领先，继而胜了第一局，后来又胜了一局，最终赢得了全场比赛。

当遇到严峻形势时，人们习惯的做法是小心谨慎，保全自己，而不是考虑怎样发挥自己的潜力。正像塞莱丝的经历一样，这种人大都会以失败而告终。

任何领域的领袖人物，他们之所以能够成为顶尖人物，正是由于他们勇于面对风险。美国传奇式人物、拳击教练达马托曾经说过：“英雄和懦夫都会恐惧，但英雄和懦夫对恐惧的反应却大相径庭。”

也许我们大家都曾遇见过一些所谓的老前辈，他们似乎“什么世面都见过”，因此总对我们讲一些不可做这不可做那的理由。你产生了一个好主意，话还没说完，他就像消防队员灭火一样向你泼冷水。这种人总能记起过去某时曾有某个人也产生过类似想法，结果惨遭失败，他们总是极力劝你不要浪费时间和精力，以免自寻烦恼，并且最后还强调：这是经验！

美国一家大印刷公司的经理曾回忆起他与公司一位会计员的谈

话，这位会计员的理想是要成为他公司的审计长，或者创办她自己的公司。虽然她连中学都没毕业，但她却毫不畏惧。于是，公司经理提醒她："你的会计能力是不错，这一点我承认，但你应该根据自己的受教育程度，把目标定得更加切合实际些。"经理的话使她大为恼火，她毅然辞职追寻自己的理想去了。后来，她成立了一个会计服务社，专为那些小公司和新移民提供服务。现在，她在加州的会计服务社已经发展到了五个办事处。

其实，我们谁也不知道自己的能力到底有多大，尤其是在怀有激情和理想，并且能够在困难和障碍面前不屈不挠时，这种时候，任何阻碍都是多余的。

所以，无论做任何事情，最为重要的是不要让那些总爱唱反调的人破坏了你的理想。这世界上爱唱反调的人真是太多了，他们随时随地都可能列举出一千条理由，来说明你的理想不可能实现。你一定要坚定立场，相信自己的能力，努力实现自己的理想。

有时，当面临某一新情况时，人们往往会回忆过去的失败，从而花太多的时间往坏处想。一位女律师第一次出庭为人辩护，因此，她感到特别的紧张不安。有人问她希望给陪审团留下个什么印象，她回答说："我不要被人看做无经验，太年轻，或是太幼稚，我不要他们怀疑到我这是第一次出庭为人辩护，我不要……"这位女律师掉进了"不要"的陷阱里。"不要"是一种消极的目标，"不要"会使你不想怎样却偏会怎样，因为你的大脑里已经产生了一些不好的图像，并对其作出反应。

香港商人陈玉书在他的自传《商旅生涯不是梦》里写道："致富秘诀，在于大胆创新，眼光独到。譬如说，地产市场我看好，别人看坏，事实证明是好，我能发大财；反之，我看好，别人看坏，事实证明是坏，我便要受大损失，甚至破产；如果大家都看好，我也看好，事实证明是对了，则也仅仅能糊口而已。"

精明的人能谋算出冒险的系数有多大，同时作好应对风险的准备。世界的改变、生意的成功，常常属于那些敢于抓住时机，适度冒险的人。有些人很聪明，对不测因素和风险看得太清楚，不敢冒一点险，结果聪明反被聪明误，永远只能"糊口"而已。事实上，如果能从风险的转化和准备上进行谋划，则风险并不可怕。

作为现代人，一方面要通过学习和实践不断增长智慧，另一方面也要永远保持冒险精神。自卑自忧、谨慎小心并不是“现代人”的品质；裹足不前、举棋不定，也只能在当今瞬息万变的社会中被淘汰出局。

勇于向权威挑战

创新是这个时代的特征。一个人在进行创新时往往会遇到一只拦路虎，那就是权威。

迷信权威是创新的大敌，一流的人才总是勇于向权威挑战。

1. 创新的“小草”可以挑战权威的“巨石”

当你有一个很不错的创意，但是却不入权威的“法眼”时，你会怎么办呢？

毫无疑问，绝对不要放弃你的创意。权威之所以不认可你，不仅仅是由于你人微言轻，而且还可能是由于他们早就形成了自己的“思维定式”。

而有创新精神的人，不仅不怕别人轻视自己，而且更勇于向权威的思维定式挑战。

2005 年风靡中国的《大长今》中的主人公长今就是一个勇于挑战，总是会有超出常规想法的人，也正因如此，她才能从一个被放逐的罪人做到皇帝最信任的御医。

《大长今》中有这样一段背景：

百本对人体的药效极好，几乎所有的汤药之中都要加入百本。早在燕山君时代，百本种子就被带回了朝鲜，其后足足耗费了 20 年的时间，想尽各种办法栽培，可是每次都化为泡影。当时多栽轩的御医告诉长今，因为朝鲜的土壤并不适合种植百本。

但是得知百本的价值以后，长今决定要成功种植百本。

多栽轩的人听后说：

“百本种植了 20 年，都没有成功，你怎么可能种植成功呢？”

但是长今心中却存在着疑问：朝鲜真的不适合种百本吗？没有

试过怎么知道不可以呢？

于是她开始了不断的尝试和探索。她不仅一遍遍地用不同方法种植，而且开始翻阅所有关于百本与种植方面的书。

经过不懈努力，长今终于成功地种植出了百本，创造了种植百本的方法，攻破了这个20年来都没有人攻破的难题。

长今的成功，是因为她没有盲目接受颇为资深的御医的思想。所有关于百本的惯性思维，在她这里停止，并拐了一个180度的弯。

你会发现，所有具备创新力的人，总是那些“不合常规”的人，即便是权威的定论，他们也要先打个问号再说。他们的思想很多时候是“逆行”的。

通过上述的故事，我们得出了一个结论：权威建立起来的错误壁垒，并不是不能推倒的。只要你勇于创新，那些一时看起来很顽固的壁垒，也同样能够被击破。

换言之，如果你是一棵敢于创新的小草，你就可以挑战权威的巨石。

2. 更加实事求是，更能挑战权威

权威，以其专业性、正确性和影响力被大众所推崇和信任。有时，权威代表了标准和规范，正因为如此，很多时候我们会盲从于权威，认为只要是权威的指导和决定就是正确的。

但是，这种绝对化的思想会导致一种认识上的错误。某些权威机构和人物，由于多年来感觉自己太权威了，往往在对问题分析和处理时，越来越偏离具体情况，结果其得出的“权威”结论和方案并不适用，或者让人吃力不讨好。

这时候，勇于创新的人假如能够强调具体情况具体分析，更加实事求是地解决问题，就拥有了挑战权威的基础。

2002年秋季，在中国移动的强力阻击下，中国联通CDMA的销售在全国范围内陷入了历史性低谷。从5月份进入福州市场，到11月份CDMA销量才2万多用户，其中数千部还是靠员工担保送给亲朋好友的。

与国内其他城市相比，这个成绩实在是拿不出手。联通本来是委托全球著名的一家专业咨询策划公司做的策划方案，但是根据这一方案，在近一年内投进去的大量广告费都未起作用。

当时杨少锋所在的广告公司接手为福州联通做策划方案。当杨少锋看过那家全球著名策划公司的方案后，得出了四个字——“不切实际”。

被他评述为“不切实际”的公司成立于20世纪20年代，在全世界拥有70多家分支机构，被美国《财富》杂志誉为“世界上最著名、最严守秘密、最有声望、最富有成效、最值得信赖和最令人仰慕的”企业咨询公司。

年仅24岁、大学刚毕业两年的杨少锋，竟然斗胆否定了这家公司的方案！因为他自己已经有了一套完整周密的营销计划。中国联通福建省公司的领导经再三权衡后还是接受了他的计划。

杨少锋计划的最重要一步，就是提高CDMA在福州的认知度。他认为，通过媒体重新对CDMA进行包装是最好的渠道。

11月12日，就在联通福建省公司总经理最后同意杨少锋的策划方案的当晚7点，杨少锋向《海峡都市报》、《福州日报》和《福州晚报》发出了新闻通稿。

由于《海峡都市报》在当地的巨大影响力，这条消息成为当地的新闻焦点，联通的咨询服务热线电话量猛增。《福州晚报》和《福州日报》的编辑部也接到大量电话，咨询CDMA的有关事宜。

联通领导接受了杨少锋的建议，在《海峡都市报》上投放了大量的广告，与新闻宣传配合，收到了很好的效果。

第一轮的新闻战过后，CDMA具备了极高的知名度。

趁热打铁，杨少锋迅速地开始了他营销计划的第二步。

杨少锋在全国首次公开提出了“手机不要钱”的概念。他把这个重磅炸弹又扔向媒体，果然报纸上对“手机不要钱”的概念进行的报道和质疑又持续了一段时间。

“手机不要钱”在媒体上热炒了近一周，赚足了眼球，读者的胃口也被充分吊起来的情况下，杨少锋认为正式启动市场的时机已经成熟了。于是，当天各大媒体公布了CDMA手机的“白送”方案。

在赠机方案开始实行的第一天上午，承担放号任务的银行网点门口一早就被前来的市民围得水泄不通，当天有数千人到银行排队。

仅这次新促销方案推行的第一天，就有800多台CDMA手机被送出，另有2000多人预约登记。联通赠机初战告捷。

杨少锋又在最短的时间内和联通一起迅速整合各种资源，建立了基本上涵盖所有银行、证券公司的CDMA战略联盟体，迅速推出银行存款、信用卡担保、证券质押、集团担保等方式送手机。

短短的一个多月时间，从联通的一个战略合作伙伴手上出去的手机就有一万多部，而且此批月消费平均达300元的用户成为中国联通真正的黄金用户。

因为根据用户与联通签订的协议，这批用户两年内将给联通带来将近7000万元的话费收入。

福建通信市场的格局被彻底改变了。

别再迷信权威，只要你更加实事求是，你就能挑战权威！

3. 挑战权威也是帮助权威

你的上级因其资历深厚在行业内里堪称权威，你的老师因其知识渊博成为某个领域的泰斗，那么你是否会因为他们的地位而不敢对他们的错误加以指出呢？

权威当然也会犯错误，所以权威也需要帮助。而能够帮助他们最好的办法就是指出他们的错误。

世界著名的IBM公司，是由老托马斯·沃森一手缔造的。“一战”结束后，计算机市场初露端倪，IBM充当先锋，率先攻占计算机市场。

可以说如果没有老沃森，可能会出现完全不同的计算机——一种运算的工具而不是技术，所以他被人称为“计算机之父”。

但是，虽然IBM在老沃森的手中壮大并取得了一系列的成绩，可是在瞬息万变的计算机行业，新的技术正在悄然兴起，可IBM在这个领域内并没有太多发展。

当时在业内非常出名的是雷明顿－兰德——一家由两个专业研

究人员成立的公司。1946年，该公司成功研制了世界上第一台电子计算机，命名为“埃尼亚克”，计算速度比IBM的快了许多。

面对如此强大的竞争对手，IBM是发展前景莫测的电子计算机，还是继续经营收益可观的穿孔卡片机呢？IBM内部展开了激烈的争论。

以老沃森为首的一派认为，尽管电子计算机能够解决所有重要的科学计算问题，但是价格昂贵，几乎没有人肯出钱买这样一台机器，其前途是很渺茫的，用途不是很广。

老沃森的儿子小托马斯·沃森却不以为然，他深信到了一定时候，电子计算机将具有巨大的市场。

作为IBM的副总裁，小沃森敏锐地发现电子计算机必然是未来计算机的发展方向。他一直试图说服父亲，穿孔卡片机的时代已经结束了，公司应该向更远更新的地方发展。

而老沃森的固执也是常人所不及的。父子俩时常因此而争论不休。

正在这时，市场传来了反馈意见：穿孔卡计片机出现严重滞销。

面对现实，老沃森终于意识到，先进的电子计算机时代已经到来。

1949年，老沃森正式任命儿子小沃森为执行副总裁，放手让年轻人去干新兴行业。

小沃森接手IBM后，当即对研究机构进行革新。在公司发展方向上实施了根本性的改革，IBM开始跨越传统。

1955年是老沃森生命中最完美的一年，公司在儿子的领导下收益7亿美元，几乎是战后1946年的6倍，20世纪80年代后，IBM一度成为世界上最大的工业公司。

所以如果说谁最需要帮助，那就是权威，因为他们承担了更多的压力。不要因为缺乏勇气而不敢向权威挑战，你的挑战也许对权威正是一种帮助！

4. 借助权威的阻力成功

俗话说：艺高人胆大。

对于那些自信的人，不仅不怕权威给自己阻力，而且还会借助权威的阻力来帮助自己成功。因为当你的创造已经在“权威”的能力范围以外，那么你的成功就是不言而喻的了。

海湾战争之后，一种被称为MIA2型坦克开始装备美军。这种坦克的防护装甲是当时世界上最坚固的，它可以抵抗单位破坏力超过13500公斤的破坏力量。

那么，这种品质优异的防护装甲是如何研制成功的呢？

乔治·巴顿中校是美国陆军最优秀的坦克防护装甲专家之一，他接受了研制MIA2型坦克装甲的任务。

如何才能使自己研制的坦克坚固无比呢？巴顿中校拽来了一位“冤家”做搭档——著名破坏力专家迈克·舒马茨工程师。

他俩每人各带一个研究小组开始工作，所不同的是，巴顿所带的研制小组负责研制防护装甲；舒马茨带的则是破坏小组，专门负责摧毁巴顿研制出来的防护装甲。

如果自己研制的坦克连破坏专家都不能破坏，那不就是最坚固的吗？

刚开始，舒马茨总是能轻而易举地把巴顿研制的坦克炸个稀巴烂。但随着时间的推移，巴顿一次次地更换材料，修改设计方案。终于有一天，舒马茨使尽浑身解数也未能破坏这种新式装甲。

于是，世界上最坚固的坦克在这种近乎疯狂的“破坏”与“反破坏”的试验后诞生了。

挑战权威的目的就是要获得成功。巴顿主动找来一个权威，在一次次失败的积累后，使权威再也无计可施，所以他成功了。

权威的阻力可以使你达到一个更高的境界，这是毋庸置疑的。关键是你要有足够的自信和实力。

打破常规，就是创造机会

对于成功者来说，规则只能用来参考，不能作为一切行动的准则。要想成大事，就要养成用多种思维方式来思考问题的习惯，也就是学会在思考中不断突破规则。只有这样，才能在事业上有所成就。

盼盼集团的前身是营口市金属制品厂，是韩召善背着86万元债务，带领十几名工人创办起来的。经过将近十年的努力，他们终于将一个只做些零件的小工厂发展成为有自己品牌的企业。20世纪90年代初，工厂已有八百多人，年产值1700万元，实现利税三百多万元，这对镇办小厂来说已是相当可观了，但韩召善却感到铁皮柜市场已经基本饱和，不会有大作为，商场如同战场，企业要生存、要发展就必须研制出新的、好的产品。

这一年，适逢我国刮起旧城市改造之风，建筑业十分火热。经过一段时间的考察，韩召善发现防盗门的市场前景不错，便提出转产防盗门。但是，韩召善的这一提议却遭到了大多数成员的反对，他们认为，眼下维持好铁皮柜的生产就可以了，如果再折腾，弄不好还会把这几年积攒下来的老本儿都搭上。

企业的兴衰成败，关键要看企业领导人的战略决策是否正确。韩召善经过长期的观察后发现：乡镇企业在走过初期的一段繁荣后，便进入漫长的低谷期，要么衰落，要么勉强维持现状，如不尽快迈上新的台阶，很快就会被市场所淘汰。于是，韩召善对员工们说："继续坐在老产品上，不思进取，不思开拓，其结果是不言而喻的。"经过一段时间的讨论，韩召善终于力排众议，把大家的思想统一了起来，新产品如期上马。

韩召善同时也十分重视广告的重要作用。他认为做广告就像搞储蓄，到头来总会有效益的，投入1元钱会得到3元钱的回报。盼盼集团每年都要拿出销售额的6%～8%做广告，从1992年到1997年，广告费共支出4700万元，仅1997年一年的广告费就达到2600万元。他们先后在中央电视台、辽宁电视台等几十家新闻媒体为"盼盼"投入大量广告费。果然，广告给集团带来了更多的商机。随着广告力度的加大，经济效益也随之大增，就"盼盼"防盗门的专业生产看，以每年产值、利润翻一番的速度递增，产品的市场份额达到20%，库存量为零。

盼盼集团将过去过于杂乱的CI设计统一起来，很快就被市场接受。与国际流行设计接轨，并将集团企业形象识别系统进行计算机管理。不久，盼盼集团在同行业中率先推出了品牌形象。这主要是为了树立一种名牌意识。一个知名企业不应光盯着眼前，名牌意识往往要在几代人的身上体现。比如可口可乐，现在无论大人、小孩都对它非常熟悉。因此，盼盼希望自己的品牌也能够影响一代甚至几代人。

售后服务是市场竞争发展到一定程度的必然手段，是商战的重要组成部分。产品的质量再好，也总不会完全满足客户的需要。防盗门最重要的功能就是保障安全，给"盼盼"上保险会彻底消除消费者的顾虑，盼盼与保险公司签订了保险协议，给每个防盗门交纳有关保险费。在保险期内，因产品质量原因被撬，或者有明显的盗窃痕迹，致使用户遭受家财损失的，由保险公司在3000元限额内按实际损失负责赔偿。投保后的"盼盼"胸戴PICC标志，身携"产品质量保险卡"，销量大增。正是由于韩召善的一系列措施，使得盼盼的形象日益深入人心。

"盼盼"之所以取得令人瞩目的成就，可以说韩召善不拘一格的散射式思维帮了大忙。假如当初只固守铁皮柜市场，不迅速转入防盗门市场，也许今日的"盼盼"还是乡镇小厂，也许早就垮掉了。

成功的创业者，一定要有从全局观察，有从大处着眼的气度与能力，绝不能拘泥于小范围或局部。同时，要养成思考创新的习惯，不要拘泥于常规，当旧的经验或规则不再适应已经变化了的现实时，一定要有打破它的勇气，而不要被它来束缚住自己。

不要让传统的想法冻结你的心灵

在人生中有许多事情，皆因角度不同而看法各异。比方说，在高速公路上开车，牛是危险的障碍物。但是对以牛为中心的游牧民族来说，牛则带给他们生活上很大的帮助与恩惠。

许多经验丰富的护士指出，左右患者生死大权的，除医生的医术之外，患者的求生意志也很重要，两者的重要性几乎相等。一项调查显示，接受外科手术的病人中，认为自己无法顺利动完手术，而实际亦如此的比例相当高；而生存意志力强的患者，则大都能使手术成功。

我们应该认识到这种积极的思考方式所具备的力量，并以其作为自己重要的武器。成功的创意者也正因有此认识，才能将现状与问题以积极明朗的观点解决。对他们而言，杯子里有半杯水是“还有半杯”，而不是“只有半杯”。

有这样一个例子。

杰生·罗察斯特因撰写克雷格公司的电脑说明书，而成为收入丰厚的企业家。当初他完全可以说：“我没有能力做这项工作，因为我对程序设计完全不懂。”但他并没有这样说，他靠自己的人际关系与学习能力，找到优秀的程序设计师，学会了工作所需的必要技术，不仅将这份工作顺利完成，而且还做得有声有色。

传统的想法会冻结你的心灵，阻碍你的进步，干扰你的发展。要对抗传统性思考，就要乐于接受各种创意，并且摒弃“不可行”“办不到”“没有用”“那很愚蠢”等思想渣滓。还要有实验精神。废除固定的例行事务，去尝试读新的书籍、去新的戏院以及与新的朋友交往，或是采取跟以前不同的上班路线，或过一个与往年不同的假期，或在这个周末做一件与以前不同的事情，等等。

成功的人喜欢问：“怎样做才能做得更好？”

想一想，如果公司的经理们总是想：“今年我们的产品产量已经达到极限，进一步是不可能的。因此，所有工程技术的实验以及设计活动都将永久性地停止。”用这种态度进行管理，即便是很强大的公司，也会很快衰败下去。

成功的人就像成功的企业一样，他也总是带着问题而生存的。“我怎么才能改进我的表现呢？我如何才能做得更好？”做任何事情，总有改进的余地，成功者能认识到这一点，因此他们总在探索一条更好的道路。

突破常规不仅要求打破传统思维，建立理性的思维，还要求人们敢于幻想。

事实证明，想象力丰富的人，好奇心会比平常人强一倍。

一个人如果缺乏好奇心，却想做一位出色的实业家，那是相当困难的。好奇心强烈的人，不但对吸收新知识抱有高度的热忱，而且经常搜寻处理事务的新方法。因此，一个人如果没有了好奇心，就不可能花心思研究新事物，只是遵循前人的步伐原地踏步，更不用说创造惊人的成就了。

福特于1863年7月生于美国密歇根州。他的父亲是个农夫，觉得孩子上学根本就是一种浪费，因而让他的儿子留在农场做帮手，而不是去念书。自幼在农场工作，使福特很早便对机器产生了兴趣，而他那用机器去代替人力和牲畜的想象与欲望便早露端倪。12岁的时候，他已经开始构想要制造一部“能够在公路上行走的机器”。这个想法，深深地扎在他的脑海里，日日夜夜萦绕着他。

旁人都“劝导”福特，让他放弃那“奇怪的念头”，认为他的想象是不切实际的。老福特希望儿子做农场助手，但少年福特却希望成为一位机械师。终于，还是少年福特的意志力强，他用一年多的时间，完成了人家需要三年的机械师培训。从此，老福特的农场便少了一位助手，但美国却多了一位伟大的工业家。

从12岁的构想至36岁第一辆汽车诞生，在这24年的生命历程里，亨利·福特为他的梦想投注了多少心力，进行了多少反复的想象和实验是常人无法估算的。作为一个敢于寻梦的人，他最终达成了自己的心愿。

福特的事例告诉我们：创造力无所不在，只要善于学习，你也能像“天才精英”一样富有创意。

做别人想不到的事

时代在前进，社会在进步，昨天当成真理的东西在今天就有可能是谬误。观念要跟上时代，就得不断更新。如果一个人的躯体进入了信息时代，思维却在工业时代，就会像一个没有灵魂的躯壳，怎么会有大的发展？

20世纪50～60年代，人们相互留个通信地址；70～80年代，人们相互留个电话号码；90年代，人们相互留个BP机号、手机号；现在到了21世纪，人们相互留的则是个网址、E-mail、MSN、QICQ等。这就是时代的发展，只有跟上时代，你才能够赚大钱。

传说中，阿里巴巴用“芝麻开门”的秘语打开了装满金银财宝的神秘山洞，而现代人则需要用创新的思维方式来开启财富之门。有一位叫杨子明的打工仔就这样成功了。他利用广阔的QQ市场，做起了经营QQ号码的生意。现在，他每月的收入近万元。那么，他是怎样敲开财富之门的呢？

最初，杨子明从江西老家来到长沙一家家具厂做业务员，闲来无聊时，就随朋友到网吧玩。他在朋友的指点下申请了一个QQ号码，结果折腾了半天，只申请到了一个又长又不好记的号。

因为杨子明的QQ号太没吸引力，所以没有网友与他深聊。甚至朋友都嘲笑他：“这叫什么破号码？太难记了，你没有短一点的号码吗？”

这使杨子明深深感到：长而不好记的QQ号确实太不爽了。他决定去弄一个短一些的靓号。可是他申请了上百回，始终未能如愿。

后来，湖南大学两位学生到杨子明工作的家具厂作社会调查，杨子明与他们谈得很投机。说到QQ时，杨子明说到了自己没有靓号的苦恼。大学生听后笑了一下说：“你怎么不早点认识我们啊？我们什么都没有，但QQ号却太多了……”说完就给了杨子明一个靓号。

杨子明还得知，这些大学生们大都有七八个靓号，计算机系的人更多，有的人甚至拥有二三十个，而不少号码他们根本就用不着。

2001年年底，杨子明送了一个靓号给他的一个朋友。为此，该朋友花了300多元在长沙市赫赫有名的玉楼东酒店请他大撮了一顿，而且还不停地说：“值，太值了！”

这件事给了杨子明很大的启发，他心想，现在腾讯公司已基本上不再提供五六位的免费靓号了，而网民却希望拥有一个短位靓号，许多大学生手里握着一大批免费靓号而又不用，为什么不把那些号码收集起来，再出售给需要的人呢？

说干就干，杨子明马上走进湖南大学收购QQ靓号。当时，大学生们很少有人意识到QQ号码也可以作为一种商品，觉得这种东西放在手里也是浪费，见有人出钱买，也就不在乎什么价钱了。于是，杨子明很快就收购了一百多个QQ号码，其中还有不少是五六位的靓号。

杨子明把这一百多个QQ号按普通号和靓号定了价格：普通号5元一个，靓号50～200元不等。然后走进写字楼和单身公寓，一个房间一个房间去推销，不料只用了5天时间就卖出去了80多个号码，总共卖了5000元，除去各项成本900元，他在不到一个月的时间里净赚了4400元！

尝到甜头后，杨子明干脆辞去家具厂的工作，专做QQ号码的生意。他在长沙十余所高校总共收集到了260个QQ号，然后除到白领人士相对集中的写字楼、公寓楼上门推销外，还在星辰在线网站和《星城商讯》等媒体打了免费广告。

经过电视台报道后，杨子明的知名度大涨，生意也空前火暴。在短短一个月时间里，他的150多个靓号被抢购一空，其中有一个超级靓号甚至被炒到了2000元。这一次，杨子明整整赚了15000元。为了收购到足够多的靓号，杨子明把目光瞄向了邻近的湖北、江西以及广东，他委托熟人到这些地方的高校和大型电子企业、网络公司收购靓号。与此同时，他的销售市场也扩大了，每个月的收入都在5000元以上。为了工作方便，他还买了电脑和摩托车。

2003年3月，一个女孩打电话给杨子明，问他手头有没有号码为19790714的QQ，说只要有，价格高一点也无所谓。因为那女孩是1979年7月14日出生的，她想买一个由自己出生年月日组成的QQ号。杨子明当时没有这个号码，所以未做成这笔生意，但他却从中大受启发。他分析：有些号码，虽然对大部分人来说毫无意义，但对某个人而言却十分有意义，这个QQ号可能是他的生日号，也可能是结婚纪念日……

于是，杨子明在卖QQ号码时又加了一条广告语："特别的爱送给特别的你，你不想拥有一个特别的生日（婚庆）QQ号吗？"也许是受了杨子明的启发，许多以前没想到这一点的人也纷纷致电杨子明，说出他们想买的生日或婚庆QQ号，有些号码杨子明手头没有，他就上网申请，申请不到，他就向正在使用这些号码的网友购买或者交换。在杨子明的经营下，许多原本平淡无奇的号码因为卖给了特定的人，价格打着滚向上翻，本来只能卖2元钱的号码有可能卖2000元。

受此启发，杨子明不久又推出了车牌QQ号、手机QQ号和情侣QQ号（两个号码相连），杨子明一下子在有限的QQ市场，寻找到了无限的商机。生意越做越好，每月的收入最多时竟在8000元以上。

有记者采访杨子明："现在腾讯公司自身在经营QQ业务，且越做越大，越做越活，做QQ生意的个体也在增多，你不担心市场越来越小吗？"杨子明笑了一下说："任何市场就其本身而言都是有限的，但是，只要你善于在有限的市场里机智地延伸，有限的天地也会成为无限的空间。我现在主要在长沙这一片经营，相对于巨大的QQ市场，我仅仅是冰山一角，QQ市场里蕴藏着无限的商机，就算再多的人来经营，它的市场也不会变小，只会越来越大。"

做生意就是这样，只要你肯动脑筋，垃圾也能变成黄金。在看似狭小的市场里，却包含着无限的商机，只要我们有创新的思维、全新的观念，就会在有限的天地里创造出无限的财富和机遇！

改变观念才能改变命运

有人说，人的命天注定，于是放弃了希望，放弃了奋斗。这种行为是极其荒谬的，其实，命运不但可以由自己掌握，甚至有时候一个观念的转变，就会让自己的命运有一个翻天覆地的变化。

一家广告公司以年薪30万元招募一名总策划。考题是，任由应聘者在一张白纸上搞创意，然后撒出去，看这些落在大街上的纸品，谁的最抢手。于是，有的人在纸上写了诗歌、格言，有的画上漫画，还有的折成精美的纸艺品……但是，有一小伙子却什么也没写，什么也没画，只是在每张白纸上贴了一张100元的钞票扔了下去，路人当然争着抢这天上掉下来的钞票。最终，公司老板被他的创意折服了："好小子！你被聘用了，明天就来上班！"

小伙子的聪明告诉我们：成功与失败，富有与贫穷，只不过是一念之差。只要观念改变了，没有什么做不到的。

观念在任何时候都起着先导的作用。从只能捕捉几条小鱼的渔网到一网网尽天下的因特网，从嫦娥奔月的传说到杨利伟遨游太空的潇洒，说到底，还是思想进步、观念更新的结果。如果你的观念超前，能想他人之不敢想，发现他人之视而不见的机会。那么，成功必然会随之而来。所以说，观念是人生转变的基础和起点，是成功的先决条件。

中国人的传统观念就是勤俭持家、勤俭致富。勤俭是没有错的，但只是勤俭而没有新观念、新思路，那是发不了大财的。那些靠打工拿工资，用自己的汗水挣钱的人，工作二三十年，月工资也不过几千元。省吃俭用几十年，买个住房还要东挪西借。同样是头顶天脚踏地，一样的政策，一样的条件，为什么有人月赚万元乃至数十万元，有人却长期徘徊在温饱线上？这个道理是不言自明的。

还有人说，知识改变命运，但仅凭知识是改变不了命运的！一个富翁与穷人的收入相差可以成千上万倍，难道他们的知识也相差成千上万倍吗？何况，好多自诩才高八斗、学富五车的人，不照样穷困终身吗？相反，一个目不识丁的文盲照样能身价上亿。要问他们的钱从哪里来的，就是来源于头脑！正所谓：脑袋空空口袋空空，脑袋转转口袋满满。

同样，观念的更新也是一个国家、一个民族兴旺发达的不竭动力，思想解放、观念变革在任何时期都是经济发展的先声。

综观改革开放的历程，感受改革开放的成果，每一次巨变，每一项业绩，都来自于思想解放，观念更新，体制创新。当人们从集体化的思想中解放出来，实行家庭联产承包责任制，就使中国农村欣欣向荣；当人们从“盲目排外，闭关锁国”的思想中解放出来，打开国门，实行对外开放政策，就使中外交流生机勃勃；当人们从纯粹公有的思想中解放出来，实行多种经济成分共存的发展政策，就使经济领域百舸竞发、万紫千红；当人们从计划经济的思想中解放出来，实行社会主义市场经济政策，改变“统得过多，管得太死”的做法，就使城乡市场繁荣兴旺……

改革开放以来，一桩桩、一件件活生生的事实证明着一个朴素的真理：思路决定出路，观念决定贫富！

合理的规则很重要

有一家连锁店的老板，因为售货员过于消极、对顾客不闻不问而深感苦恼，于是请专家设计课程来改善员工的服务态度。经实地调查，专家发现该公司员工的确有这种毛病，但其根源却是出在老板自己制定的不合理规则上。这位老板说：“我要求主管以身作则，把三分之二的时间用于促销，其余三分之一的时间用于管理，结果他们的业绩确实不输给手下的售货员。”

真正的症结就在这里，这位老板心知肚明，只是不肯承认。专家费了不少唇舌，终于使他明白，主管不应与店员争利，薪酬制度也应调整。主管的奖金须以售货员的业绩为准，而不是自相残杀。

还有一位经理曾向专家抱怨，他手下有名主管业绩甚佳，考绩势必得到甲等，可是这位经理却心有不甘。

“为什么非给他甲等？”专家问。

“他有实际的业绩数字撑腰。”

“你为什么觉得他不够格？”

“他的做法令人无法苟同。他完全不顾别人，只知道打击对手，壮大自己，制造了不少纠纷。”

“你不妨与他约法三章：业绩只占考核标准的三分之二，其余三分之一由其他同事的观感来决定。”

“对，我相信这会使他不敢再目中无人。”

没有规矩不成方圆，作为个人要遵守规则，但前提是这个规则必须是合理的。在许多情况下，问题往往源于错误的制度，而不是人。恶劣的制度甚至会使那些非常愿意守纪律的人也望而却步。

在企业中，主管可以改变制度，使属下成为向心力强、生产力高的团队，从而足以与其他企业竞争。在学校里，老师可根据每个学生的努力与表现来评分，并鼓励学生相互帮助。在家庭中，父母不要鼓励子女互比高下，应当培养全家人一条心的理念。这些都是合理的规则，只有这样才能让你规范的对象好好地遵守。

哈佛大学法学教授费雪在《谈判要诀》一书中说：“以原则为重心比坚持立场更能制胜。”意思是说，以原则为重心的谈判对事不对人，注重双方的利益而非立场。目标虽在寻求彼此互利的解决途径，但不违背双方认同的一些原则或标准。这就是我们所说的合理的规则。

第三章　改变想法，就能改变活法

心态的改变就是命运的改变

生活在同样一个世界上，有的人过得幸福、快乐、富有，有的人却一直生活在苦恼和贫困之中。

这是为什么呢?

其实，人与人之间原本没多大区别，只是由于各自心态的不同而造成截然不同的结局。

曾经，有两个乡下年轻人外出打工。一个想去上海，一个要去北京。在候车厅等车时，听到邻座的人议论说："上海人精明，外地人问路都收费；北京人质朴，见了吃不上饭的人，不仅给馒头，还送旧衣服。"

想去上海的人听说北京人好，一想挣不到钱也饿不死，庆幸车没到，不然一到上海真掉进了火坑。

去北京的人想，上海好，给人带路都能挣钱，我幸亏还没上车，不然真失去一次致富的机会。

于是他们在退票处相遇了，并交换了车票。

去北京的人发现，北京果然好。他初到北京的一个月，什么都没干，竟然没有饿着。银行大厅里的太空水可以白喝，大商场里欢迎品尝的点心也可以白吃，他整天偷着乐。

去上海的人发现，上海果然是一个可以发财的城市，干什么都可以赚钱。带路可以赚钱，开厕所可以赚钱，弄盆凉水让人洗脸也可以赚钱。只要想点办法，再花点力气就可以赚钱。

凭着乡下人对泥土的感情和认识，第二天，他在建筑工地装了十包含有沙子和树叶的土，以“花盆土”的名义，向不见泥土而又爱花的上海人兜售。当天他在城郊间往返六次，净赚了50元钱。一年后，凭着“花盆土”他竟然在大上海拥有了一个小小的门面。

后来，他在常年的走街串巷中，发现一些商店楼面亮丽而招牌较黑，一打听才知道是清洗公司只负责洗楼而不洗招牌。他立即办起一个小型清洗公司，专门负责擦洗招牌。慢慢地他的员工发展到几百人，业务也由上海发展到杭州和南京。

数年后，他坐火车到北京考察清洗市场。在北京车站，一个捡破烂的人把头伸进软卧车厢，向他要一只空啤酒瓶。就在递酒瓶时，两人都愣住了，因为数年前，他们曾换过一次车票。

这个故事告诉我们：心态是一柄双刃剑，积极的心态成就人生，消极的心态则毁灭人生。

有一户人家的菜园里有一块大石头，到菜园的人不小心就会碰到那块大石头，不是跌倒就是擦伤。

儿子问：“爸爸，为什么不把那块讨厌的石头挖走？”

爸爸这么回答：“你说那块石头啊？从你爷爷那个时候就放在那里了，它那么大，不知道要挖到什么时候才能挖出来，没事无聊挖石头还不如走路小心一点。”

几年过去了，当年的儿子娶了媳妇，当了爸爸，那块大石头还在那里。

有一天，妻子气愤地对丈夫说：“菜园那块大石头把我绊倒过好几次，我们改天请人搬走吧？”

当年的儿子说：“算了吧。那块大石头很重的，要是那么容易搬走的话，我和爸爸早就搬走了，还等到现在？”

在一旁的老父亲也跟着说：“是啊，是啊。要是好搬，不用说和我儿子搬，我和我爸爸早就把它搬走了。”

媳妇心里非常不是滋味，那块大石头不知道让她跌倒了多少次。她决定自己试一试。一天早上，媳妇带着锄头和一桶水来到园子里。

她将整桶水倒在大石头四周。用锄头把大石头四周的泥土搅松。她原以为至少要挖一天，谁知不一会儿，石头就被挖出来了，看上去这块石头也没有想象的那么大，只是不少人当初被那个巨大的外表蒙骗了。

你觉得石头大、石头重，便不会有搬动它的信心，更不会有去搬它的行动。蒙骗人的不只是事物的外表，还有你消极的心态。要改变你的世界，首先必须改变你的心态。如果你的世界沉闷而无望，那是因为你自己沉闷无望。

其实，在我们的周围有很多这样的人，他们说："公司从成立开始就是这样，如果还能改进，那些老板、董事、经理人早就做过了，还轮得着我吗？"或者"天那么高，哪能上去啊，想都别想了，还是老实待在地上吧！"……如果大家都这样想，恐怕世界上就没有知名的企业，因为没有人敢改革，敢创新；世界上也不会有技艺精湛的厨师、技工、演员、作家，不会有天文学家，不会有飞机、火车、轮船的发明，因为一切都很困难，困难得让人不敢想。

另外，我们经常会听到有人抱怨，说上天对自己多么不公平，未能给自己提供一个良好的环境，从而导致自己一直碌碌无为。那么，人生的结局真的是由于外界环境所造成的吗？

当然不是。正如世界著名潜能学大师安东尼·罗宾所说："影响我们人生的绝不是环境，也不是遭遇，而是我们持什么样的心态。"

一个人能否成功，就看他的心态了。成功人士与失败者之间的差别是成功人士始终用最积极的心态支配和控制自己的人生。失败者则刚好相反，他们总是喜欢用消极的心态去看待和思考问题。

拿破仑·希尔曾说："播下一种心态，收获一种思想；播下一种思想，收获一种行为；播下一种行为，收获一种习惯；播下一种习惯，收获一种性格；播下一种性格，收获一种命运。"

由此可见，心态的改变，就是命运的改变。

朋友们，我们可千万不要因为心态而使自己成为一个失败者。让我们从现在起，无论在什么情况下都保持积极的心态，让整个身心都充满勇气和智能，把挫折与失败当成学习的机会。这样，我们就能早日战胜自我，超越自我，到达成功的彼岸！

无望的心态每时每刻都暗示你去失败，失败是你蓄意指示自己的结果。如果你的心态积极，你就会有热情、有信心、有智慧……有一切，自然也有成功。

人生失意不失态

在人生的道路上，失意总是不期而至。古龙先生生前最喜欢的两句歌词是：人生几许失意，何必偏偏选中我。一代武侠宗师竟然发出这样的悲叹，真是令人感伤。

人生，有诗意的精彩，有失意的悲哀。失意孕育诗意，苦中有乐，先苦后甜。诗意彰显失意，每一个成功的人士背后，均有一段不为人知的艰辛。认识失意，就是认识自己，也是认识生活；笑看失意，会让你的人生更精彩。

安徒生的童话，世界上很多人都喜欢，我们只看到他闪光的一面，可是谁知道他一生当中经受了多少屈辱？

> 安徒生出生于一个鞋匠家庭，14岁时就开始出去谋生。当时他一心想当演员，可是别人却认为他是个神经不正常的小乞丐。无奈之中，他到一家具店当学徒，受尽了欺凌。后来，他尝试写剧本，又有人百般地嘲笑他，说他只会吹牛。这些侮辱深深地刺伤了安徒生的心，但是他从来没有灰心丧气，更没有产生绝望的念头，而是自己更加努力，终于成为闻名于世的童话大王。

苏霍姆林斯基说过：“人生在世不总是一帆风顺和美妙动人的。”是啊！人生之路总是坎坎坷坷，人生之路总是荆棘丛生。在这不完美的世界里，谁能没有失意时呢？

失意的日子里，似心绞痛者的感觉，似乎什么都不想也不愿意去听。待安静下来时，沉沉的欲念依然会沿着昨日的希冀之梦频频演绎着，似乎有无数悲愤的话要冲口而出，但却无从发泄。惆怅独面斜阳，忽觉自己弱小而无助，连晚风也发出叹息声在嘲笑自己，心理往往无法平衡。由于一时的失意会让你联想到从前、现在和未来，不仅仅是黯然的惆怅，许多失败的经历也会历历在目，变得异常清晰，许多走过的坎坎坷坷也变得难以逾越，许多昨日藐视的困扰都蜂拥而至，想逃也逃不了。每次冥想都感到生存是如此的沉重，梦也变得黯然失色……失意的日子是黑暗的，失意又是人人必经受的。失意时候最需要的是人的开导，温馨的话会让你平复心海浊浪。然而，别人的开导只是辅助的，真正达到心平气和还需要我们进行自我调整。

人生，是失意还是诗意，并非取决于环境，更多地源于自己的观念。当年，苏东坡因为无中生有的“乌台诗案”而遭贬黄州，一个率真的诗人与秉直的官员，遭到了人生的重重打击！他对政治与人生充满厌倦，但没有颓废，一边寄情山水，一边冷静思考，终得了悟，并更加热爱与享受生命了。

“唯江上之清风，与山间之明月，耳得之而为声，目遇之而成色。取之无尽，用之不竭。是造物者之无尽藏也，而吾与子之所共适。”著名的《赤壁赋》，还有《念奴娇·赤壁怀古》就是在这个时期写就的。

面对人生的困境，却有着一颗蓬勃的诗心。这是何等超凡美妙的境界？林语堂先生评说他，“一生是载歌载舞，深得其乐，忧患来临，一笑置之”。这，正是我们孜孜以求的诗意人生。

人生再失意，也要多为自己保存一点天真。诗意的生活，不是上天的恩赐，不是你辛苦打拼就能换来的。它在于你心中有天地，眼中有大美，灵魂中有向善的追寻，性情里留有一份无所拘束的童真。只要你拥有这么一颗诗心，你便可以着手创造属于你的诗意人生。

生活，无论栖身哪里，都有一份诗意的存在！只要我们的心灵有着壮阔的向往，只要我们对生活秉持一份率真的情趣，那么，无论我们暂时身处怎样失意的境地，我们一样可以诗意地栖居！

今是而昨非，知过即改

在日常生活中，难免会将事情做过头。做过了头，就要采取补救措施。亡羊补牢，也是做人的道理之一。

“悟已往之不谏，知来者之可追”，生活中，我们常常感到今是而昨非，而今天的“是”恰恰是在对昨天的“非”的改进的基础上实现的。这种例子，古今中外都可找到。楚襄王力改过错，重整朝政则是古代的故事。

战国时，楚国国君楚襄王，起初是个典型的花花公子，每天只知道吃喝玩乐，将国家大事抛到脑后，眼睁睁把一个好好的国家弄得一团糟。有个叫庄辛的大臣，几次奋不顾身地规劝楚襄王要勤政治国，使国家富强起来。但楚襄王置之不理，还对他渐生反感，觉得这个人怎么这么不知趣！庄辛眼看自己一腔忠心一点效果也没有，反而遭到大王的怨恨，于是他就跑到别的国家去避难了。

庄辛走后不到五个月，西方的秦国见楚国一片混乱，襄王身边甚至没有一个有眼光、可靠的人，就乘虚而入，攻下了楚国的国都郢城，襄王被迫出逃。这时他才如梦初醒，看着自己管理下的国家江河日下，意识到以前庄辛对自己一次次警告是对的。想到这里，他便马上命令手下的人去请庄辛回国来。

庄辛见楚襄王确有悔改之意，很高兴地回到了楚国，毕竟国家的兴亡时时牵动着他的心。为了鼓励楚襄王重振旗鼓，他讲了这么一个故事：从前有一个人养了一圈羊，一天早上，他发现少了一只羊，原来自己的羊圈破了个洞，夜里狼钻进来，把羊叼走了。邻居劝他赶快把羊圈修一修。可是他觉得反正羊已丢了，再修羊圈有什么用！第二天，羊又少了一只，原来夜里狼又钻进来，又叼走了一只羊。这时候这个人才后悔没有听从邻居的劝告，赶紧堵上破洞，修好了羊圈。从此，再也没有丢过羊。

楚襄王把这则故事同自己曾经面临几乎亡国的惨痛经历联系起来进行认真思考，认识到对于别人正确的批评意见要认真听取。这还不够，只有切实改正自己的错误才是最可贵的，错误发生了，“亡羊补牢”未为晚。因此，楚襄王决心重新做人，首先除去身边的小人，重用庄辛那样对国家忠心耿耿的大臣，好好治理朝政。同以前相比，简直是变了一个人。

在国外，也有这样一则有趣的故事：

从前有一个国王，黩武扩张，征服了许多国家，杀了不少人。后来他逐渐醒悟，知道自己罪孽深重，就开始忏悔、改过，关心臣民，连对侍卫都和颜悦色。有一天，他微服私访，看到一个老人在沿街乞讨，便同情地上前询问情况，这才了解到这位老人孤苦伶仃，无依无靠，而国内像这样的孤老到处都有，因为他们的儿子都在前些年打仗阵亡了。

国王回宫后，马上发出一道命令，从国库中拨出一批银两，在各地建立敬老院，专门供养孤老。这一决定在满朝文武中引起了强烈的反响，群臣议论纷纷，弄不明白国王为什么要这样做。国王便向大臣们解释道："过去我只知扩张领土，连年用兵打仗，不知死了多少战士。现在这些牺牲者的父母成了沿街乞讨的孤老，这不是我造下的罪孽吗？"有个大臣便说："大王过去东征西讨，死了多少无辜的人！现在虽然开始做善事，为民积德，但建立敬老院等这些小事，怎么能弥补您过去那么深重的罪孽呢？"

国王明白，大臣们一方面对自己从前的所作所为还耿耿于怀，另一方面对自己现在的一言一行还难以理解。于是，他想了个启发大家的办法，对大臣们说道："你们替我架一口大锅，里面盛满水，点火烧上七天七夜，不得让火熄灭。"手下人按国王的命令去做了。到了第七天，国王将大臣们召集到沸水翻腾的大锅旁，随手将一枚戒指扔进了这口锅中，便问大家："诸位爱卿，谁能从热锅中将这枚戒指取出来？"

大臣们面面相觑，跪伏于地，谁也不敢吭声。国王显出不悦之色，连声催问："谁能从沸水中取出戒指？"有个胆子较大的大臣诚惶诚恐地说："仁慈的大王呵！您就是把所有的罪都加在我的头上，让我马上去死，我也无法从沸腾的热锅中取出戒指来。"国王的脸色缓和了些，问道："那么，你是否有什么妙计，可以从热锅中取出戒指？"这个大臣想了想回答："有个不成办法的办法，那就是熄掉锅子下面的火，往锅中加冷水，这样就会毫不烫手，轻而易举地从这口锅中取出戒指。"

国王听了大笑，因势利导地说道："诸位爱卿，你们的话都很有道理。过去我凶恶暴虐，就如同这口烧着沸水的热锅；现在我修善积德，就好比熄掉锅子下面的火、往锅中加冷水一样。‘熄火’和‘加冷水’，看上去都是微不足道的小事，但却能逐渐使热锅的温度降下来；敬重老人、关心穷人，看上去都是可做可不做的小事，年长日久，却能够使自己的本性越来越善良，从而使自己从根本上抵消罪孽。”大臣们听了国王这番话，才恍然大悟，认识了什么事都要从小事做起的道理，包括悔过、赎罪也不例外。

有时灵机一动，坏事就变成了好事，这种事例还真是并非绝无仅有。亡羊补牢的例子，在我们日常生活很常见，这也是我们中庸学中很实用的一条经验。在工作和学习中，难免会犯下这样或那样的错误，存在这样或那样的不足。只要我们敢于正视现实，亡羊补牢，是为时不晚的。

沙漠里也能找到星星

第二次世界大战期间，一位名叫玛莉的妇女随她的军官丈夫驻防在北非的埃及，住在靠近沙漠的营地里。

军营的条件是很差的。他们居住的木屋总是闷热难当，连阴凉一点的地方气温也在30℃以上，狂风裹挟着沙土总是呼呼地吹个不停。军营里没有几个家属，周围住的又全是不懂英语的土著居民，生活毫无色彩，日子实在难熬。

而且丈夫经常要出去执行各种各样的任务，这让一个人在家的玛莉总是感到非常寂寞。她给远在祖国的父亲写信倾诉，多少流露出要回家的意思。父亲的回信很快就收到了，信中写了这么一句话：“有两名罪犯从监狱里眺望窗外，一个看到的是高墙和铁窗，一个看到的是月亮和星星。”

玛莉拿着父亲的信看了又看，想了又想，觉得父亲说得很对。“好吧！”她振作起精神，“我这就找星星和月亮去。”于是她走到屋外，和邻近的土著人交朋友，并请他们教她烹饪当地的食品，用泥土做成陶器。交往的开始是有些艰难的，但他们很快就热情地接受了她，玛莉也开始融入当地人的生活之中，并且一步一步地迷上了这里的风土人情。不久之后，玛莉还开始研究起了曾经让自己无比厌烦的沙漠。很快，沙漠在她眼中成了神奇迷人的地方。她经常请土著朋友们引路深入沙漠的深处，听当地人讲沙漠的特点，还让远在伦敦的亲友帮她寄来了当时能找到的关于沙漠的所有著作，她都认真地阅读。而且她还将她对沙漠取得的点滴知识都写进了自己的日记，她的生活因此变得充实，甚至有些忙碌了。

第二次世界大战结束后，由于在中东、非洲的沙漠地区不断发现石油，人们对沙漠的认识和兴趣都大增，玛莉因为她的知识成为这个地区知名的沙漠专家。

几十年后，当有人向玛莉问起事业成功的经验时，她说到了月亮和星星的故事。她说："是父亲教给了我对生活的态度，这种态度是我事业的源泉，它使我终身受用。"

不错，玛莉女士找到了自己的"星星"，她不仅不再长吁短叹了，而且获得了很大的成功。那么我们呢？我们又该得到什么样的启示呢？

也许最大的启示就是，不要害怕寂寞和苦恼，只要我们能够摆正自己的心态，我们就一定能够战胜它们，我们就可以在沙漠中找到自己的星星。

自己的抉择自己掌握

人生的成败，全系于自己的抉择。具有坚强意志力的人，遇到任何艰难障碍，都能坚持自己的抉择，想方设法克服困难，消除障碍。

有这样一个人，他的父亲是一个赌徒，母亲是一个酒鬼。在这样的环境下，他的学业一无所成，不久就离开了学校，成了街头混混。直到20岁的时候，一件偶然的事刺激了他，使他醒悟反思："不能，不能这样做。如果这样下去，和自己的父母岂不是一样了吗？那样带给众人、留给自己的都是痛苦——不行，我一定要成功！”

他下定决心，要走一条与父母迥然不同的路，活出个人样来。但是做什么呢？他长时间思索着，找份白领工作几乎是不可能的。经商，又没有本钱……他想到了当演员——当演员不需要过去的清名，不需要文凭，更不需要本钱，而一旦成功，却可以名利双收。但是他显然不具备演员的条件，长相就很难使人有信心，又没有接受过任何专业训练，没有经验，也无“天赋”。然而，“一定要成功”的驱动力，使他认为这是他今生今世唯一的出头机会，最后的成功可能。在成功之前，绝不放弃！

于是，他来到好莱坞，找明星，找导演，找制片……找一切可能使他成为演员的人，四处哀求：“给我一次机会吧，我要当演员，我一定能成功！”

当然，他一次又一次被拒绝了。但他并不气馁，他知道，失败定有原因。每次被拒绝之后，他就把它当做是一次学习，然后想着一定要成功，痴心不改，又去找人……不幸得很，两年一晃过去了，钱花光了，他便在好莱坞打工，做些粗重的零活，这两年来他遭受到 1000 多次拒绝。

他暗自垂泪，痛哭失声。难道真的没有希望了吗？难道赌徒、酒鬼的儿子就只能做赌徒、酒鬼吗？当然不行，我一定要坚持下去，我要成功！他想到了换个方法试试。他想出了一个“迂回前进”的思路：先写剧本，待剧本被导演看中后，再要求当演员。幸好现在的他，已经不是刚来时的门外汉了，两年多耳濡目染，每一次拒绝都是一次口传心授、一次学习、一次进步。因此，他已经具备了写电影剧本的基础知识。

一年后，剧本写出来了，他又拿去遍访各位导演。“这个剧本怎么样，让我当男主角吧！”人们认为他的剧本挺好，但要让他当男主角是不可能的，他再一次被拒绝了。

他不断对自己说：“我一定要成功，也许下一次就行，再下一次，再下一次……”

在他一共遭到 1300 多次拒绝后的一天，一个曾拒绝过他 20 多次的导演对他说：“我不知道你是否能演好，但至少你的精神令我感动。我可以给你一次机会，就让你当男主角，看看效果再说。如果效果不好，你便从此断绝这个念头吧！”

为了这一刻，他已经作了三年多的准备，终于可以一试身手。机会来之不易，他自然拼尽全力，全身心地投入其中。

这部影片创下了当时全美最高票房纪录——他成功了！

现在，这个人是世界顶尖的电影巨星，他就是大家熟悉的史泰龙。

一个人无论做什么事，必须相信和坚持自己的抉择，一旦下了决心，就要不留后路，竭尽全力，向前进取，即使遇到千万困难，也不能退缩。如果抱着不达目的绝不罢休的决心，就会不怕牺牲，排除万难，去争取胜利，把犹豫、胆怯等全部赶走。在坚定的决心下，成功之敌必无藏身之地。

一个人有了决心，方能克服种种艰难，去获得胜利，这样才能得到人们的敬仰。所以，有决心的人，必定是个最终的胜利者。只有决心，才能增强信心，才能充分发挥才智，从而让人在事业上作出伟大的成就。

人生如此，我们生活中的每一天不也是这样吗？让我们相信并且掌握好我们自己人生的每一个抉择，相信那一定会是一个美好的人生！

每个人都会失败，不同的是对待失败的态度

失败，以及由此带来的耻辱、中伤、破灭感，也许并不像你想象的那么坏。比尔·盖茨喜欢雇用犯过错误的人，他说：“失败表明他们肯冒险，人们对待错误的方式是他们应变的指示器。”而他自己也常冒着失败的危险。

塞奥·捷曼的经历对那些畏惧失败、不敢创新的人来说是一针兴奋剂。

1984 年，可口可乐公司授权塞奥·捷曼扭转同百事可乐公司竞争引起销售下降的不利局面。捷曼的策略是改变可乐配方，以“新可乐”商标面世，并对此大肆宣传。然而，结果非但没有保住旧有

市场，反而损失了更多的客户。这次失败，某种程度上归咎于他的自负。

“新可乐”是继美国埃德思汽车在市场失利以来损失最严重的新产品。仅79天，旧配方的可口可乐又回到了超级市场的货架上。受挫的捷曼黯然离开了可口可乐公司。

捷曼是一位有勇气面对失败和挫折，又能东山再起的人。当他离开公司后，有14个月没与公司的任何人交谈过，但他并没有关闭门路，他和一位合伙人开创了一家咨询公司，在亚特兰大的地下室里，靠着一台计算机、一部电话和一台传真机开始运作。经过努力，他的客户发展到像微软公司这样的大公司。他的信条就是：不落俗套，敢于冒险。后来，可口可乐公司甚至也来寻求他的建议。这期间经历了七年。

人只要运动就难免摔跟头。沃尔特·迪士尼在工作初期曾被解雇过，亨利·福特在取得巨大成功之前曾经历过濒临破产的困境。

每个人都会遭遇失败，不同的是对待失败的态度。心理学家马丁·塞尔格曼教授曾对30多家企业的员工进行调查研究发现：能从失利中扳回优势的人是乐观主义者，他们确信“我的问题是暂时的”。而那些悲观主义者，他们把失败看成是永恒的，往往不能卷土重来。

伯尼·马科斯是新泽西州一个贫穷的俄罗斯人的儿子，亚瑟·布兰克生长在纽约州的中层街区。两人在洛杉矶一家硬件零售店工作时，被新来的老板解雇了。后来，一位从事商业投资的朋友建议他们自己办公司。现在，他们经营的家庭库房设备，在美国迅猛发展的家用设备行业中处于领先地位。马科斯说：“我问了55位成功的企业家：当你绝望时，有人生目标吗？40位都确切地回答：有。”

可以举的例子太多太多，它们都证明了一件事：不管你多么小心，只要运动就有可能摔跤。与其被动地摔，还不如放开手脚，想自己愿想的，做自己爱做的。假如你能坦然地对自己说：“我尽了最大的努力。”那么，无论结果如何，你都是成功的。

失败不可怕，可怕的是失败后错误的应对态度。

把困难当做人生的转机

碰到困难时，一部分人会陷入恐惧状态，另一部分人反而会利用这个机会取得成功。这种差别才是改变人生的决定性的差别。

丹麦的一名大学生，有一次到美国旅游。他先到华盛顿，下榻威勒饭店，住宿费已经预付。上衣的口袋放着到芝加哥的机票，裤袋里的钱包放着护照和现金。准备就寝时，他发现钱包不翼而飞，立刻下楼告诉旅馆的经理。

“我们会尽力寻找。”经理说。

第二天早上，钱包仍然不见踪影。他只身在异乡，手足无措。打电话向芝加哥的朋友求援？到使馆报告遗失护照？呆坐在警察局等待消息？

突然，他告诉自己：“我要看看华盛顿。我可能没有机会再来，今天非常宝贵。毕竟，我还有今天晚上到芝加哥的机票，还有很多时间处理钱和护照的问题。我可以散步，现在是愉快的时刻，我还是我，和昨天丢掉钱包之前并没有两样。来到美国，我应快乐，享受大都市的一天。不要把时间浪费在丢掉钱包的不愉快之中。”

他开始徒步旅游，参观白宫和博物馆，爬上华盛顿纪念碑。虽然许多想看的地方他没有看到，但所到之处，他都尽情畅游了一番。

回到丹麦之后，他说美国之行最难忘的回忆，是徒步畅游华盛顿。五天之后，华盛顿警局找到了他的钱包和护照，寄给了他。

许多人一陷入困境，就悲观失望，并给自己增加很重的压力，其实，应该告诉自己，困境是另一种希望的开始，它往往预示着明天的好运气。因此，你应该主动给自己减压。

只要放松自己，告诉自己希望是无所不在的，再大的困难也会变得渺小。此时，困境不再是阻碍，而是又一次成功的希望。

人生中有很多障碍或苦难，同时所有的苦难都藏着成长和发展的种子。但能够发现这种子，并好好培养出来的人，往往只有少数。这些人到底是怎样的人呢?

第一是决心要克服苦难的人。没有这种决心的话，不管再怎么说“苦难才是机会”，也只会变成以另一种苦难结束的悲剧。

第二是能够认为苦难才是机会的人。没有这种想法，苦难会带来更多的苦难。

我们应记住，不管怎样不利的条件，只要我们能正确处理，都可能把它转变为有利的条件。

在欢喜状态时，人们大都不会自我反省，也没有上进心。相反地，在苦恼或挫折面前，倒经常会进行自我反省，因此反而有得到真正的幸福和欢乐的机会。

那么，把痛苦变成机会，或者是变成恐慌状况，这种差别到底是从哪里来的呢？是由决心和态度决定的！

苦难是成功道路上的垫脚石

应该说，我们每个人从一出生就注定了要和苦难结缘，苦难是人生道路上一个不可或缺的要素，不管你愿意与否，都会与它不期而遇。面对苦难，人们大多有两种态度，一种是主动迎接，另一种是消极承受。于是这两种人便有着截然不同的结果，前一种人可能有“过五关斩六将”的辉煌，后一种则只能败在苦难的脚下，更加平庸。

面对着苦难的考验，也许有时候我们顺利通过了，但也许我们要承受更多的失败和难以接受的痛苦，不过千万不要把苦难当成人生中的不幸，如果我们把苦难当成黎明前的暴风雨，当成取得成功前必须承受的磨炼，那么苦难就会为我们带来一笔不菲的财富，更是一种宝贵的精神食粮。所以，苦难不是我们的绊脚石，相反的，它是我们人生道路上的垫脚石，我们要借着它才能走得更高更远，才能收获更多的幸福。

1. 苦难是通往成功的阶梯

不少人怨恨苦难，诅咒苦难，也有不少人感谢苦难，因为苦难让他们学会成长。苦难就像一把枪，它可以杀人，也可以救人，但是要看它掌握在谁的手中。高尔基曾说过："不幸是所最好的大学。"是的，其实苦难是一件宝物，如何让这件宝物最大限度地发挥它的功能，就要看你用什么样的心态去面对，如果端正了心态，苦难就会成为通往成功的阶梯。

在体会和感悟苦难的过程中，我们可以慢慢学会吃苦的精神，从而可以修正我们的人生观，锻炼我们的意志力，这不正是成功的人生所必备的条件吗？苦难好比是一把双刃剑，对于目光短浅、意志薄弱的人来说，它确实足以让他们措手不及，让他们美好的希望瞬间化为泡沫，甚至摧毁他们的一生。然而，苦难对于有着坚定信念的人来说，是一种强大的精神动力，借着这股动力，他们可以创造出更大的成功。大凡成功者，又有哪个不是历经苦难才到达目的地的呢？

路是靠自己走出来的，与其埋怨发泄，倒不如坦然地面对，也许这个过程既坎坷艰辛又刻骨铭心，但是我们乐于承受，在这个过程中我们才能发现自己肩上所负的重担，才能发现自己的人生价值。我们都熟悉的《孟子》中有一段话："天将降大任于斯人也，必先苦其心志，劳其筋骨，饿其体肤，空乏其身……"只有经受得住苦难的考验的人，才能担得起大任，才能踏上辉煌的前程，只有一个愈挫愈勇的人，才是一个成熟的人，才会有"梅花欢喜漫天雪"的难得品质。

所以，苦难是一种不幸，也是一种幸运，它让我们从是非曲直中端正自己，让我们可以通过苦难到达人生的理想王国。苦难照亮了我们的黑夜，让我们更有勇气去迎接即将初升的太阳，苦难让我们更加懂得珍惜，让我们获得无穷的力量，让我们懂得了生命的意义。它使我们的意志更加坚定，经历过一次次苦难，我们战胜了一场场凄苦风雨；经历过一次次苦难，我们就会多了一份创造奇迹的力量，便获得一次次人生的美丽绽放，我们的生活也将因此更加充满意义。

2. 战胜苦难，感谢苦难

苦难源于外界，战胜苦难的意志却源于内心。人的能力有高低之分，但只要坚强不屈、自强不息，时刻保持良好的精神状态和拼搏向上的进取精神，就拥有了战胜苦难的最好武器。要坚信自己能操控苦难并将它转变为成功的“垫脚石”，然后踏上它创造出属于自己的辉煌。所以，面对苦难，首先要有战胜它的信心，如果自己放弃了自己，那无论别人给予多少帮助，也挽回不了注定失败的结局。一个成功人士曾经讲过：大多数的失败者其实不是被苦难打败，而是自己先放弃了希望。只有一次次倒下又一次次站起来的人才能改变自己的命运，苦难让他们更加光芒四射。

每个人在遇到苦难的时候起初都可能感到十分沮丧，感到很无奈。其实一旦等到事情过去以后再回头看时才会发现，原来是自己把苦难扩大化了，实际上根本没有什么，只是自己少见多怪罢了。生活中本来就时时会有苦难来做客，我们只要微笑着招待它们，它们也就不会太为难我们。生活的乐趣也许就在于战胜了一个个大大小小的苦难，这样我们才不断会有成就感，如果没有了这些苦难做调味剂，生活岂不是很没意义吗？

在苦难面前，我们不能抱怨，更不能逃避，一个人要想有所作为，就必须经历比常人更多的苦难，抱怨苦难，只会让我们更显失落，愈加脆弱。命运掌握在我们自己的手中，能够改变命运的也只有我们自己，若能经受住种种苦难的考验，那么我们的人生不仅是亮丽的，而且还会发出神圣的光芒。成功地走过一个个苦难的历程，我们便会成为生命的强者。

所以，我们要对苦难说一声：谢谢！感谢我们成长过程中所有的苦难。有了苦难，我们稚嫩的双肩才变得更加有力量，才能承担起生活的重担；有了苦难，我们才有坚定的自信和执著的抗争，才让我们从幼稚走向成熟；有了苦难，我们才学会了坚强，学会了忍耐，学会了适应环境和改造环境。不经苦难，我们就感受不到成功的喜悦，实现不了辉煌的人生；不经苦难，我们就无法雕刻出坚贞不屈的性格，拥有不了灿烂的人生。没有苦难，我们的生活就不会有滋有味，我们也无法大笑着向所有人喊：我活得如此潇洒。是的，命运因苦难而显得坎坷，但也只有经历坎坷的人生才会更加精彩。

3. 正视苦难，活出精彩人生

不同的人用不同的心态与方式去面对苦难，消极无奈自然不是可取的方法。所谓正视苦难，就是把苦难看做是一种挑战，想要战胜挑战就必须有坚强的意志，不屈的勇气。并且我们要主动迎上，人生如逆水行舟，不进则退，所以我们不能等着苦难找上门来，要在我们感受到苦难即将来临的时候就要作好一切准备，就像人们生病一样，发现得早就更容易治好，一旦等到病毒侵入五脏六腑，想再痊愈恐怕就要费一番工夫了。

苦难像是一杯苦茶，不过越品越有味道；苦难像是一串音符，越听越陶醉其中；苦难又是一种境界，经历得越多人也就越超脱。可以说，苦难是智慧者的启迪，是锻造成功者的大熔炉，苦难，永远是成长最好的搭档。精彩的人生，需用苦难来装点，没有苦难的人生，就不是一个完整的人生。

绝不向困难低头

在我们的生活当中，其实失败和成功就在一线之间，有的人在遇到困难的时候选择了低头，可有些人在遇到困难的时候选择的是昂首挺胸地走下去，在你选择了不同的方法去面对困难时，你也就选择了自己的命运和自己的未来，也选择了成功或是失败。

其实成功并没有那么难，只要我们敢于去迎接挑战，绝不在遇到困难的时候选择放弃，要向前看，勇敢地走下去。在我们战胜一个个困难的时候，其实我们就已经在接近成功了。

有很多人把自己失败的原因归于运气、能力等其他的因素。他们永远都不会说自己懦弱，不会说自己没有办法战胜苦难，在遇到困难的时候他们就退缩了，所以找一大堆借口来掩盖自己的懦弱。能够取得成功的那些人，他们都有一颗坚强的心，不管遇到再大的麻烦他们都不会向困难低头，也不给自己找任何借口，他们认为在遇到困难的时候唯一可以做的就是坚强地战胜它。而不是找各种理由来掩盖自己的懦弱，那样只会让自己变得更加懦弱。

一些人怀着一身的才华和远大的理想，却一生都没有成就。一部分原因就是他们没有战胜困难的勇气。在每次遇到困难的时候他们都不能勇敢地去面对，就连尝试的勇气都没有。他们害怕失败，这些人觉得自己这样的优秀，一旦失败了那么就会招来别人的讽刺，就会失去原有的形象。所以他们连面对困难的勇气都没有，就更别说去战胜困难了。这样的人永远都不可能取得成功。我们不但要拥有面对困难的勇气，还要勇敢地去战胜困难，绝不在困难面前低头。

当我们面对困难的时候一定要拿出勇气积极地去面对，只有敢于面对困难的人才可能有机会战胜苦难，如果一个人每次遇到困难都选择逃避，那么他就连体验失败的机会都没有。我们不需要惧怕困难，有些时候困难只是出现在一件事情的表面。只要我们勇敢地面对它，不去在意周围环境给我们带来的任何影响，那么当你战胜困难的时候就会发现，其实它并不是一件可怕的事情，你完全有能力去战胜它。

有一处山势险恶的大峡谷，两面都是悬崖峭壁，下面是奔腾的水流。要想从这里通过，唯一的一条路就是峡谷上面的一座吊桥。这座桥看上去并不是很安全，只是用几块木板简单搭建而成的。两面是陡峭的悬崖，下面是奔腾的急流，想要从这座桥上通过，需要极大的勇气。

一个聋哑人和一个正常人同时来到了桥头，聋哑人因为听不见峡谷下面奔腾的水流和耳边呼啸大风的声音，所以并没有对这些感到恐惧。而那个正常人却不一样，他被水流声和呼啸的大风吓坏了，两条腿都有些发抖。可要想通过峡谷，眼前这座桥是唯一的出路，他们都有事在身没有别的选择。

聋哑人先走上了桥，他扶着旁边的铁链一步一步地往前走。没过一会儿他顺利到达了对岸，回头看了看那个正常人，就继续赶路了。

那个正常人一点点地靠近吊桥，他被吓得满头大汗，两手紧紧地抓着旁边的铁链，越靠近中间桥就晃得越严重，脚下的急流发出“轰隆隆”的声音，他被吓得两腿发软，再也没有办法前进一步了。他想回去可自己的脚根本就不听使唤，在一阵挣扎后他实在是坚持不住了，脚下一滑摔进了急流之中。

聋哑人能顺利地通过吊桥的原因是因为他听不见水流的声音，这样就减少了他的恐惧感，当他内心没有了恐惧，便很轻松克服了眼前的困难。这个正常人失败的原因就是他被表面的恐惧吓倒了。他没办法克服这样的恐惧最终导致他失去了生命。

在我们生活和工作中也是一个道理，有很多困难只存在于表面，如果你鼓足勇气去克服和战胜它们，就会发现其实你面对的困难并没有自己想象的那么可怕，你完全有能力去战胜它。

一味逃避只能使问题越积越多，积极面对才能解开人生的结点。

美国总统罗斯福在中年时患上了小儿麻痹，这时他做了参议员，在政坛上炙手可热，遭此打击，他差点心灰意冷，退隐乡园。开始时，他一点也不能动，必须坐在轮椅上，但他讨厌整天依赖别人把他从楼上抬上抬下，晚上就一个人偷偷练习。有一天他告诉家人说，他发明了一种上楼梯的方法，要表演给大家看。原来，他先用手臂的力量，把身体撑起来，挪到台阶上，然后再把腿拖上去，就这样一级一级艰难缓慢地爬上楼梯。他的母亲见状忙阻止他说："你这样在地上拖来拖去的，给别人看见了多难看。"罗斯福断然说："我必须面对自己的耻辱。"

自己的问题必须由自己来面对，因为只有勇敢地面对自己问题的人，才有可能战胜它，而一味地逃避，终不能解决问题。

人生就是一个解结的过程，所谓的"结"就是自身存在的性格上的缺陷、认识上的错误、习惯上的毛病，以及遇到的各种外部的困难、矛盾和挫折、不幸。不管存在什么样的"结"，你都要正视它，要积极行动，通过各种方法解决它。如果一味地逃避，那样不但不能够解决问题，反而会使问题越积越多，人生的"结"越结越多，最终害了自己。

一个女儿对父亲抱怨事事都那么艰难。她不知该如何应付生活，想要自暴自弃。她已厌倦抗争和奋斗，好像一个问题刚解决，新的问题就又出现了。

她的父亲是位厨师，他把她带进厨房。他先往三只锅里倒入一些水，然后把它们放在旺火上烧。不久锅里的水烧开了。他往第一只锅里放些胡萝卜，第二只锅里放入鸡蛋，最后一只锅里放入咖啡豆。他将它们浸入开水中煮，一句话也没说。

女儿咂咂嘴，不耐烦地等待着，想知道父亲在做什么。大约20分钟后，父亲把火关了，把胡萝卜捞出来放入另一个碗内，然后又把咖啡舀到一个杯子里。做完这些后，他才转过身问女儿，"亲爱的，你看见什么了？""胡萝卜、鸡蛋、咖啡。"她回答。

他让她靠近些并让她用手摸摸胡萝卜。她摸了摸，注意到它们变软了。父亲又让女儿拿一只鸡蛋并打破它。将壳剥掉后，她看到的是一只煮熟的鸡蛋。最后，他让她啜饮咖啡。品尝到香浓的咖啡，女儿笑了。

她怯声问道："父亲，这意味着什么？"

他解释说，这三样东西面临同样的逆境——煮沸的开水，但其反应各不相同。胡萝卜入锅之前是强壮的、结实的，毫不示弱，但进入开水后，它变软了，变弱了。鸡蛋原来是易碎的，它薄薄的外壳保护着它呈液体的内脏，但是经开水一煮，它的内脏变硬了。而咖啡豆则很独特，进入沸水后，它们倒改变了水。"哪个是你呢？"他问女儿，"当逆境找上门来时，你该如何反应？你是胡萝卜，是鸡蛋，还是咖啡豆？"

面对人生的诸多问题，是一味逃避，还是积极面对？不一样的对策，带来不一样的结果。问问自己是如何应对人生的诸多问题的。你是胡萝卜，是鸡蛋，还是咖啡豆？

在困难中磨炼自己

杰克是家里唯一的男孩，他还有两个姐姐。因为他从小就很聪明又是男孩，就处处得到爸爸妈妈的宠爱，家里所有的事情都会交给姐姐们去做。时间长了杰克变得好吃懒做不肯做任何事，整天游手好闲待在家里。爸爸妈妈慢慢地认识到了事情的严重性，如果继续这样下去他们会毁掉杰克的人生，于是他们便想了好多的办法去挽救自己的儿子，可是都没有使杰克振作起来。他们非常悔恨自己当初对杰克过于宠爱，导致他现在这个样子。爸爸妈妈为了能让杰克重新振作起来，到处寻求好的办法。一天，在出差的途中，杰克父母乘坐的飞机出了故障两人双双遇难，杰克以前安逸的生活便就此结束了。在生活的逼迫下他开始慢慢地步入社会，一点点地成熟起来。当遇到困难时已经没有爸爸妈妈帮他解决了，他必须学会自己克服，学会自己战胜困难，经过不懈的坚持和努力他终于有了自己的事业，再也不用依靠别人而生存了。

往往安逸的生活，会磨蚀人们的进取心，只有经历磨难不断挑战才能激发一个人的活力。

每一个成功人士都会经历不同的困难，当他们遇到困难的时候，都会选择不断地坚持，他们会在困难中磨炼自己，使自己变得更加成熟。

坚强的意志都是在困难当中磨炼出来的，我们不要因为一时看不见成功就放弃了坚持，虽然我们还没有成功，可是我们在失败当中学会了磨炼自己，增强了我们战胜困难的勇气。只要我们拥有了这种勇气，就一定能战胜所有困难，取得成功。

每个人都会遭受失败，其实失败一点也不可怕，可怕的是我们不能从每一次失败当中吸取教训。如果我们把失败看做一种磨炼自己的机会，那么我们经历的失败越多，内心就会变得越成熟。既然失败可以给我们带来好处，我们也就没必要去害怕它，要正确地认识它，学会在失败中磨炼自己。

美国作家布拉德·莱姆曾在《炫耀》中写道：“问题不是生活中你遭遇到了什么，而是你如何地对待它。”每一个胸怀大志的人，都不应该在面对困难的时候选择逃跑和放弃，而是应该在困难中得到磨炼，从而在失败中崛起、抗争，自强不息地走下去。

很久以前有一支军队出国远征，一次又一次的战斗后他们面对的都是失败，那个带队的将军也受了重伤。回到营房后他躺在病床上，非常痛苦，几乎已经失去了战斗的信心。可是他想到出征前所有人对他的支持，还是不愿意放弃一点点的机会。在养伤的期间，他仔细地回忆每一场战斗，慢慢地总结失败的经验，伤好之后他终于获得了胜利，昂首挺胸地回到了自己的国家，他也得到了国王的奖赏。

其实所有的失败和危机都是我们锻炼自己的一次机会，我们要从失败中找到事情成功的关键，努力地去解决它，只有这样我们才会战胜所有的困难。

在我们的人生中是没有真正的失败的，只是有些人在遇到困难的时候选择了逃避和放弃,这样他们才得到了失败。很多经历过失败的人都这样说："我已经尝试了，可不幸的是我失败了。"是的，在面对失败的时候，大多数人都会认为自己已经尽力了，只是运气不好，也就很坦然地接受了失败。可是我们有没有想过，一旦你接受了失败，就说明你已经放弃了你最初的理想，你之前所计划的一切都将白费了，一切都要重新开始，你需要重新打造自己的理想，如果所谓的运气，再给我们带来失败，我们又该怎么办呢？难道又一次选择放弃吗？人生又有几次选择的机会呢？如果你一次次地选择放弃，选择逃避，你就会发现，你已经老了，已经不是年轻的自己了，有很多你以前可以做到的事情，你现在已经做不了了。最后等待你的是死亡，那才是真正的失败。

如果我们在第一次失败的时候就选择坚持，选择总结，而不是一次次地放弃，那么我们就会得到宝贵的经验，会得到内心的成长。成功的路很长，如果我们能在困难中总结经验，那么当我们遇到同样困难的时候就会有准确的判断力，就不会再像以前一样，走那些错路和弯路了。

有两个一样大的年轻人，他们在一所学校里读书，一直都是很要好的朋友。一个喜欢安定的生活，不喜欢做麻烦的事情；另一个却喜欢挑战，每次有新鲜的事情，他总是第一个冲上去。

在大学毕业后，两个人分别被两家公司录用，他们所在的两家公司都很有实力。工作后，两人都非常地努力，没过多久都成了公司的部门主管。可他们都没有满足自己的现状，继续努力工作，各项业绩都获得了领导的好评，很快他们便又一次升职。当两人都成为经理的时候，喜欢挑战的那个年轻人主动辞了职，他希望能到外面多学一些经验，多磨炼一下自己，领导也批准了他。另一个年轻人却没有这样的想法，他对自己的工作很满意，可以得到不错的工资，因为工作出色领导也很认同他，而且还有上升的空间，他选择了留下。

很快5年过去了，两个年轻人的事业已经取得了不错的成就，他们在当地都有些名气，年纪轻轻都做到了总经理的职位。

然而事情没有那么顺利，一场困难到来了。由于经济危机的影响，许多公司都面临不同的麻烦，有的甚至已经倒闭了。这两个年轻人的公司也受到了很大的冲击。喜欢挑战的那个年轻人的公司，在他不懈努力下，终于稳定了局面，他的公司没有倒闭，而是稳稳地站住了脚跟。

再说那个最初没有离开公司的年轻人，在他经营下的公司遇到困难的时候没有良好的解决办法，在面对经济不景气的情况下，他们只有利用裁员和减薪来维持公司的生存。

两个年轻人，有着同样的学历、同样的权力、同样的能力，可为什么他们公司的处境却完全不一样呢？不同的地方就是一个拥有丰富的经验，一个则没有。起初选择离开公司的那个年轻人在过去的几年里，他先后进入了几家公司工作，在不同的公司里，他都掌握了不同的经验；在不同的环境里，他磨炼出了更加坚定的意志。这段时间的工作让他积累了很多宝贵的经验，他的能力有了更大的提升。所以在遇到困难的时候他根据自己这些年总结的经验，拿出了相应的解决发法，才使公司渡过了难关。

而另一个年轻人在遇到困难的时候，没有相关的经验，也没有更好的办法去化解困难，所以他没能帮助公司渡过难关。

由此可以看出，在工作当中需要的不仅仅是学历，更为重要的是经验，我们需要到各种不同的环境里去磨炼自己，让自己不断地进步获取更多不同的经验。这样当我们遇到麻烦的时候就不会迷失方向，我们会清楚地看清全局，战胜一切困难。

在日本有一个人，大家都称他为推销之神。想必了解他的人应该非常熟悉他的名字，没错，他就是原一平，在他成功的路上也一样充满了艰辛和困难。

原一平带着自己的简历，来到明治保险公司面试，负责的考官是木金次先生，他一脸的凝重，一边看着桌子上的文件一边对原一平说："推销保险的工作实在是太难了，每天都要完成很高的业绩，你一定不能胜任，还是到其他的公司去看看吧。"

原一平却没有放弃，他有着一股永不服输的勇气，在木金次先生说完这句话之后，他走上前去问道："好的！那请问我要完成多少业绩才能够进入贵公司呢？"

"每个人每月要达到一万元。"

"是每人每个月都要推销到一万元吗？"

"那是当然的了。"

原一平当时赌着气说道："那好吧，既然是这样，那我就每个月也推销一万元好了。"

考官看了他一眼心想：说大话的家伙，他怎么可能完成每个月的业绩。然后做出不理不睬的样子，还发出了一阵奇怪的笑声。

公司没有正式聘用原一平，仅仅同意试用他，在此期间，没有一分钱的工资，可他还是非常愿意在这里工作。他身上没有钱，为了节省开销，他只能在各个方面作出节省。他为了省钱，每天只吃一顿饭，出门的时候从来都不坐电车，住的地方也非常的简陋，他租了一间很小的房子，房间非常的小，只能容下一个人睡觉。

然而就是在这样非常困难的环境中，原一平也没有一点的屈服，他努力地战胜了所有的困难，经过了自己不懈的努力，终于在推销保险的行业里取得了令人羡慕的成功。他在很多人的心中都有着崇高的地位，是一个值得人尊敬和学习的奇才。

我们可以把这个世界上的人分成两种：一种人在遇到困难时候，会用积极乐观的方法面对；而另一种人在遇到困难的时候表现出的则是消极和悲观。两种不同的面对方法，就会产生截然不同的结果。

有一天一个悲观主义者和一个乐观主义者在黄昏时分的路上行走，悲观主义者触景生情地说："太阳正在一点点地坠落。"可乐观主义者却说："我们马上就会看见满天美丽的群星了。”

一个已经不可救药的赌徒，因为再也无力去偿还自己的赌债，走投无路，选择了自杀。这是一件让人感到悲痛的事情。赌徒虽然得到了解脱，可留在这个世界上的还有他的妻子和两个儿子。妻子根本就没有能力去抚养这两个孩子，只能靠他们自己的能力来养活自己。

时间过去了很久，当别人问起这两个孩子成功和堕落的原因的时候，他们的回答竟然是一样的，他们都说是受生活的逼迫，不得不努力地去做事。虽然他们面临的处境和让他们选择努力向上的原因是一样的，可是他们对人生的态度却大不相同，一个保持着乐观向上，一个却丧失了信心。乐观向上的最终取得了自己满意的结果。可那个悲观的人对自己没有信心，处处都以消极的方法去面对，他最终却走向了犯罪。

其实困难并不能自发地造就出人才，也不是每个人在面临困难的时候都会取得成功。我们应该做的是，在遇到困难和挫折的时候要学会在困难中磨炼自己，在困难中拥有一个积极、乐观、向上的心态，只有这样我们才会战胜困难，才会从困难当中得到收获。

第四章　没有策略就做不好事情

做正确的事比正确地做事更重要

相信大家都知道南辕北辙的故事：

> 一个人从魏国到楚国去，带上了足够的盘缠，驾上骏马，请了驾驶技术精湛的车夫。楚国在魏国的南面，可这个人却让驾车人赶着马车一直向北走去。路上有人好意地提醒他走错方向了，他却不听劝阻，极力炫耀他的好车骏马，继续朝着错误的方向驶去。

南辕北辙这则寓言，反映的正是做正确的事与正确地做事。南辕北辙，比喻行动与目的相反，结果离目标会越来越远。寓言告诉我们，无论做什么事，都要首先看准方向，才能充分发挥自己的优势；如果方向错了，那么有利条件只会起到相反的作用。

生活中有很多做事南辕北辙的人，比如有些糊涂虫急急忙忙地赶路，见到车就上，到终点时才发现自己坐错了方向；有些学生英语听力不好，却煞费苦心地专门复习语法；有些员工本来只负责开发客户，却在钻研技术上插上一脚……这种做事不分对错、不分轻重的人到头来所取得的结果肯定是事与愿违。做正确的事是我们做任何事情的出发点，能让我们在一开始的时候就把握住成功的风向；做正确的事，能让我们节省时间，保持精力；做正确的事，能提高效率，使我们事半功倍……做正确的事，永远是正确地做事的前提和基础。

做正确的事，往往只是一个决定，却可以改写一段历史。总会看到一些有才华的人——那些智商很高的人——因为错误的选择，最终一步步走向失败。所以，在作决定之前，我们一定要问自己：

我真正想做的是什么？

我为什么有这样的想法？

我现在正在做什么？

我为什么这样做？

这是四个再简单不过的问题，但如果你无法回答或者你的回答连自己都无法信服的话，那你要审视一下，你也许正朝着错误的方向行进！

关于做正确的事与正确地做事，管理大师彼得·德鲁克曾在《有效的主管》一书中有另外一种理解："效率是'以正确的方式做事'，而效能则是'做正确的事'。效率和效能不应偏废，但这并不意味着效率和效能具有同样的重要性。我们当然希望同时提高效率和效能，但在效率与效能无法兼顾时，我们首先应着眼于效能，然后再设法提高效率。"

正确地做事强调的是效率，其结果是让我们更快地朝目标迈进；做正确的事强调的则是效能，其结果是确保我们的工作坚实地朝着自己的目标迈进。效率重视的是做一项工作的最好方法。如果我们有了明确的目标，确保自己是在做正确的事，接下来要"成事"，就是"方法"的问题了。

就像世界上出现锁以后就必然有与之相应的钥匙一样，问题与方法也是共存的。而如何找到最合适、最高效的解决方法，是我们每一个人都需要认真对待的问题。我们的工作，其实就是通过不同的手段，解决问题、实现目标的过程。在这个过程中，选择好的方法至关重要，因为在正确的方法的指导下，我们能以最少的时间、最少的资源实现目标。这样不仅为我们节省了时间，更使我们在与别人的竞争中占尽先机，处于领先地位。

麦肯锡资深咨询顾问奥姆威尔·格林绍曾指出："我们不一定知道正确的道路是什么，却不要在错误的道路上走得太远。"这是对所有人都具有重要意义的告诫，它告诉我们一个十分重要的做事方法，如果我们一时还弄不清楚"正确的道路"（正确的事）在哪里，那就先停下自己手头的活吧，先找出"正确的道路"。

成功人士就是能正确做事，更懂得做正确之事的人，他们明白选择的重要性，十分注重工作方法，张弛有度。他们非常清楚自己的生活方向，他们也善于安排时间、控制节奏，知道自己该在什么时间做什么事情。即便是忙，也极有规律。

做正确的事而不只是正确地做事，能保证我们在事情刚起步时就朝着正确的方向、朝着成功前进。

不值得做的事不值得做好

《共好》一书的作者肯·布兰德总是将这样的一句话挂在嘴边："不值得做的事，就不值得做好！"多年来，很多效率管理专家不断宣扬要有效管理时间，以便解决所有的问题，但是，有些人在细心研究之后发现了这种观点中不合理的因素，即原本不需要努力有效解决的事情，却被人们浪费时间去处理，因为当人们花费心思处理那些不重要的事情时，往往会忽略其他重要的事情。

一个人的生命是有限的，如果我们的工作和生活总是被一些琐碎的毫无意义的事情所占据，那么我们就没有精力去做真正重要的事情了。

安德鲁·伯利蒂奥是利用时间的楷模，他从来不浪费一秒钟的时间，只要时间允许，他就一定会拼命工作。所有知道他的人都说："看，安德鲁·伯利蒂奥真是太会珍惜时间了！"人们都知道，为了能成为一名出色建筑师，他拼命地想要抓住每一秒钟的时间。

每天，他把大量的时间用在设计和研究上，除此之外他还负责很多方面的事务，每个人都知道他是个大忙人。他风尘仆仆地从一个地方赶到另一个地方，因为他太负责了，以至于不放心任何人，每一项工作都要自己亲自参与了才放心。时间长了，他自己也感觉到很累。

其实，在他的工作里，有很大一部分时间都浪费在管理其他乱七八糟的事情上。无形中，他增加了自己的工作量。

有人问他："为什么你的时间总是显得不够用呢？"他笑着说："因为我要管的事情太多了！"

后来，一位教授见他整天忙得晕头转向的，但仍然没有取得令人骄傲的成绩，便语重心长地对他说："人大可不必那样忙！"

"人大可不必那样忙"这句话给了他很大的启发，就在他听到这句话的一瞬间，他醒悟了。他发现自己虽然整天都在忙，但所做的真正有价值的事实在是太少了！这样做对实现自己的目标不但没有帮助，反而限制了自己的发展。

大梦初醒的安德鲁除去了那些偏离主方向的分力，把时间用在更有价值的事情上。很快,他的一部传世之作《建筑学四书》问世了。该书至今仍被许多建筑师们奉为“圣经”。

他的成功只是因为一句话：“人大可不必那样忙！”

有经验的园丁往往习惯于把树木上许多能开花结果的枝条剪去，一般人会觉得很可惜，但是园丁们知道，为了使树木能更快地茁壮成长，为了让以后的果实结得更饱满，就必须忍痛将这些旁枝剪去，否则将来的总收成肯定要减少很多。

那些有经验的花匠也习惯于把许多快要绽开的花蕾剪去。这是为什么呢？这些花蕾不是同样可以开出美丽的花朵吗？花匠们知道，剪去其中的大部分花蕾后，可以使所有的养分都集中在剩下的少数花蕾上。等到这少数花蕾绽开时，一定可以成为罕见、珍贵、硕大无朋的奇葩。

做事就像培植花木一样，与其把所有的精力都消耗在无意义的事情上，还不如看准一项适合自己的重要的事情，集中所有的精力，全力以赴、埋头苦干，肯定可以取得杰出的成绩。

世界上无数的失败者之所以没有成功，并不是因为他们的才干不够，而是他们不能集中精力全力以赴地去做正确的工作，大好精力被浪费在东西南北各个方向上，而他们自己竟然从未觉悟到这一问题。如果把心中的那些杂念一一剪掉，使生命里的所有养料都集中到一个方面，那么他们将来一定会惊讶——自己的事业上竟然能够结出那么多美丽丰硕的果实。

主动去做正确的事

安妮是微软公司的一名销售主管，她不仅是一个勤奋努力的员工，同时也是一个有主见、识大局，能够主动去做正确的事的员工。

有一次，安妮被公司派去参加一个销售专题讨论会，她很清楚自己的专长，特别是转型人才和国际IT市场动态等问题，她计划在会上与业内精英作一个很好的交流并使自己有所提高。

但是，第一天她就遇到了麻烦：公司额外地要求她来协调与会者的傍晚活动，这样可以更深层次地履行公司作为东道主的职责。本来为这次讨论会的成功作出贡献就是安妮的心愿，这也符合她的价值观和原则，她越思考越觉得这是她应当做的。

于是，她就接受了，但她发现自己处于巨大的压力和忧虑之中，来回奔忙，试图满足每个人的要求，但由于抽不出时间来做原来想做的事而使自己变得很沮丧。

就在这种沮丧中，她突然停下来，问自己："等一等，我为什么要去做那些自己并不擅长的事呢？我有义务去执行公司派给的任务，但我不必去做我做不了的事啊！再说公司并不是不明白我的长处，我向他们说明我的处境，他们应该会派一名适合做这个工作的人来接替我的，难道不是这样吗？"

她深深吸了一口气，拨通了公司的电话，将自己目前的处境跟上司作了沟通。上司立即明白了她的想法，并作出了及时的调整，派出了一名专门安排各种活动的公关经理接替了安妮。

在这次研讨会上，安妮独特的见解和市场眼光赢得了业界人士的普遍赞扬，也给微软公司赢得了极大荣誉和良好影响。

这次经历以后，安妮每次接受任务时都会考虑哪些事是应该做的，怎么做才能取得最好的效果。也正是这样的工作作风，使她每次都能赢得公司的表彰，多次被评为公司的优秀员工。

能够主动地去做正确的事的人，是一个做事有目的的人，是一个能够忙于要事的人。那么，我们如何才能让自己做正确的事呢？

1. 以全局利益为重

在公司中，我们应当以企业利益为重，将公司的发展目标与自己做事的目的联系起来，站在全局的高度思考问题，这样可避免重复作业，减少错误的机会。我们在工作中，必须厘清的问题包括：我现在的工作必须作出哪些改变？要从哪个地方开始？我应该注意哪些事情，避免影响目标的达成？有哪些可用的工具与资源？

2. 找出“正确的事”

工作的过程就是解决一个个问题的过程。有时候，一个问题会摆到你的办公桌上让你去解决。问题本身已经相当清楚，解决问题的办法也很清楚。但是，不管你要冲向哪个方向，想先从哪个地方下手，正确的工作方法只能是：在此之前，请你确保自己正在解决的是正确的问题——很有可能，它并不是先前交给你的那个问题。搞清楚交给你的问题是不是真正的问题，唯一的办法就是更深入地挖掘和收集事实，问问题，多看，多听，多想，一般用不了多久，你就能搞清楚自己走的方向到底对不对。

3. 对目标负责

做正确的事要求我们要对目标负责，要有高度的责任感，自觉地把自己的工作和公司的目标结合起来，对公司负责，也对自己负责；然后，发挥自己的主动性、能动性，去推进公司发展目标的实现。

4. 善用沟通的力量

沟通在提高工作效率方面有着十分重要的作用。例如，工作中你可能会出现“手边的工作都已经做不完了，又丢给我一堆工作，实在是没道理”这样的抱怨，这时候如果你保持沉默，很可能会给老板留下办事不力的印象。所以，如果你的工作中出现了这种情况，你切不可保持沉默，而应该主动沟通，清楚地向老板说明你的工作安排，主动提醒老板安排事情的优先级，并认真聆听老板的意见，这样可大幅减轻你的工作负担。

老板是需要被提醒的，在工作中，我们应该时刻提醒自己，与老板的沟通是否充分，我们有没有适当地反映真实情况？如果我们不说出来，老板就会以为我们有时间做这么多的事情。况且，他可能早就不记得之前已经交代给你太多的工作。

5. 有效过滤信息

工作中我们经常会被铺天盖地的电子邮件搞得疲惫不堪，更可怕的是，它们常常会分散我们工作的注意力，为我们做正确的事带来很大的干扰。为此，我们应该学会如何有效过滤次要信息，将自己的注意力集中在最重要的信息上。一般来说，正确的过滤流程分为两个步骤，第一步是先看信件主旨和寄件人，如果没有让自己觉得今天非看不可的理由，就直接删除。这样至少可以删除50%的邮件。第二步开始迅速浏览其余的每一封信件的内容，除非信件内容是有关近期内（例如两星期内）必须完成的工作，否则就可以暂且搁置。这样又可以过滤掉25%的信件。

想走“红运”，先主动从不起眼的小事做起

很多人都觉得子敏的运气特别好。

她的专业在这个行业里并不占优势，她的长相一般，能力也并不出类拔萃，但她进入公司后短短的两年时间里，在每一个部门都做得有声有色，每一次调动都令人刮目相看。关于她的发展，有各种各样的说法，大致上都有这么一点就是：大家觉得是好运气眷顾了她，给了她得天独厚的机会，否则她凭什么从人事部文员升到营销部经理，一路绿灯，一路凯歌呢？

只有她自己清楚，机会是怎么得来的。

进这家大公司的时候，专业优势不明显的她先被分到人事部，做一个并不起眼的文员。那个部门，能言善辩、八面玲珑的女孩子和深谙权术的男人层出不穷。她不惹是非，只是恪尽职守，不过偶尔露露峥嵘，比如发现别人输错了数据，她悄悄将其修正了，并不大肆渲染；领导让她做什么，她都竭尽所能，总是在第一时间做到让人无可挑剔。别人扎堆抱怨工作百无聊赖、老板苛刻、地铁太挤时，她在悄悄熟悉公司的部门、产品以及主要客户的情况。

有一次，营销部经理偶尔经过她的办公室，看到她处理一件小事情时表现出的得体和分寸感，就打报告要求她去顶他们部门的一个空缺。

营销部令她的世界骤然广阔起来。同原先一样，她依然默默地努力。半年后，她的几份扎实的调查分析报告，为她赢得了一片喝彩。一年后，她已经是营销部公认的举足轻重的人物了，看到她在会议上气定神闲、无懈可击的发言，原来人事部的同事大跌眼镜。

刚刚荣升公司经理不久，老板请她喝茶，问她愿不愿意接受挑战，去情况并不乐观的北方公司。

子敏选择了库存积压最厉害的第一销售处，开始了她的第一步工作。寒冷的冬天，她一个人借了一辆自行车，找代理公司产品的代理商，了解产品滞销的原因。几个月后，情况就开始明显改善了。

不知情的人，当然以为她这两年走运，哪里知道她一天下来腰酸背痛的艰辛。

第一张大单子是去拜访某企业家时，偶然听到他同业内另一位企业家在打电话，谈论第二天去某风景点会谈的消息。子敏回公司后做的第一件事情，就是查了他们在那里入住的酒店。第二天傍晚，一身旅行装束的子敏与企业家们相遇在酒店大堂里，她是来自助旅游的，虽然醉翁之意不在酒，但谁也没有看出来，或者说企业家们涵养好，不忍心戳穿她。

几天下来，他们邀请她一起参加活动，唱歌、打牌、聚餐。再后来，认识她的人同她关系更密切了，不认识她的人也慢慢接纳她了，她的客户名单上增加了强势的一群人。第一张大单子就在半年后出现在这群人中。

关于机会，子敏最有感触：机会来的时候，并不会同你打招呼。不忽视平时的一点一滴，做好每一件不起眼的小事，就是在为自己创造最佳的机会。

和子敏不同，有些职场中人，只是被动地应付工作，为了工作而工作，他们在工作中没有投入自己全部的热情和智慧。他们只是在机械地完成任务，对一些看起来不起眼的小事不屑一顾，而不是创造性地、自觉自愿地工作。

这种被动工作的员工，很难在工作中取得成就，最终将一事无成。

如果你想攀上成功之梯，你就得永远保持主动进取的精神，纵使面对缺乏挑战或毫无乐趣的工作，最后也能获得回报。当你养成这种主动工作的习惯时，你就有可能获得成功。

大事留给上帝，我们只注意细节

在许多平凡琐碎的工作中，往往都含着一些酵质，假使酵质膨胀了，就会使工作发生剧烈的变化，从而影响一个人的一生。

一个相貌平平的女孩，在一所极普通的中专学校读书，成绩也很一般。她得知妈妈患了不治之症后，想帮着减轻家里的负担，希望利用两个月的暑假挣一点钱。她到一家公司去应聘，经理看了她的履历，毫无表情地拒绝了。女孩收回自己的材料，用手掌撑了一下椅子站起来，她觉得手被扎了一下，看了看手掌，上面沁出了一颗红红的小血珠，原来椅子上有一颗钉子露出了头。女孩见桌子上有一条镇纸石，于是拿来用它将钉子敲平，然后转身离去。几分钟后，经理派人将她追了回来，她被录用了。

在一件很细小的、与自己无关的事情上也能表现出对别人的体贴和关心，她能被录用是毋庸置疑的。

我们必须牢记这样的道理：做好小事可以以小见大。做事时注意细节一定能抓住人心，即使在当时无法引起别人的注意，但久而久之，这种态度形成习惯后，一定会给你带来巨大的收益。

由此看来，见人之所不能见，才能为人之所不能为，关注细节和小事对一个人的发展是非常有益的。

有一部名为《细节》的小说，其题记为：“大事留给上帝去抓吧！我们只能注意细节。”作者借小说主人公的话做了注脚：“在这个世界上，所有伟大的壮举都不如生活在一个真实的细节里来得有意义。”

这种细心的生活态度，是由对一件小事负责的态度而产生的，对再细小的事也不掉以轻心，应专注而认真地去做。会成为大人物的人，即使要他去收发室做整理信件的工作，他的做法也会跟别人有所不同。这种注重细节的负责态度，就是使他顺利发展的保证。

很多时候，小事不一定就真的小，大事也不一定就真的大，关键在于做事者的认知能力。那些一心想做大事的人，常常对小事嗤之以鼻、不屑一顾，然而，连小事都做不好的人，做大事是很难成功的。

善于安排的人，永远不会喊忙

在人们的生活和工作中，紧张与压力，导致许多人产生倦怠、溃疡、心悸、头昏、高血压等综合征。然而，心理专家指出，如果懂得时间管理，这些压力就可以减轻甚至消失。时间管理做得好，有条理，可以更有效率地帮助你完成工作与生活计划。

你一定好奇地想问："时间不是一分一秒地走掉了，怎么管理?"的确，时间是不等人的，没有人能"控制"时间，真正能控制的，其实是自己。而所谓的时间管理，依照专家说法，正确的定义应该是"自我管理"。

无论你是在大都市里还是小城镇里经营生意，你都应该把物资管理得井井有条，把账记得清清楚楚——这是最重要的一件事。那些把什么东西都弄得乱七八糟的人，总有一天是要失败的。

很多商家习惯把货物堆得乱七八糟，根本谈不上良好的管理。偶尔来个顾客买一些东西时，店里工作人员往往要翻来覆去耽误半天才能找到。

很多青年人也是一样，他们生来有一种古怪的脾气，对任何事情都只想随便敷衍一下，从来不会想到要去完完整整地把它做好。这些人脱下衣裳、解下领带就随手一扔。他们正在做事时，如果遇到他们不得不跑开一趟的情形，就不管事情已经做到哪里而立刻顺手扔开，只想当然地认为回来再做罢了。这种青年人一旦跨入社会，工作起来一定会把自己的四周弄成一团乱，他们在做事时也一定只会抱着一种"敷衍了事主义"。

如果你多费一点心思，做任何事情都求一个结束，任何东西都要收拾好，当你以后要做时再把东西找出来，可以节省多少时间和精力，节省多少无谓的麻烦与苦恼啊。有些人自己失败以后常常想不出来其中的原因，其实，他面前的那张写字台已经把其中的原委老老实实地说出来了：桌面上到处是碎纸和信封；抽屉里塞满了各种物品，乱七八糟；报架上报纸、文件、信纸、稿件和便条堆得混乱不堪，毫无头绪。

人们经常听到很多抱怨“我很忙”、“没有时间娱乐”，或是“已经好几年没有看电影”，这样抱怨的人犯了一个最大的毛病：太强调自己的重要性，与人格格不入，认为自己是不可取代的。尤其是，位置坐得越高的人，这个毛病越严重，有很多时候，不是他真的没时间，而是自己放不开，不会处世。这种人总是口口声声说“等我有时间”、“等我有空”……结果他一辈子都没等到时间，一辈子都没享受到生命。

如果你时间安排得好，你就可以听音乐会、看表演、做自己想做的事。时间管理的第一个原则是：对每一件事都尊重，包括对休闲的尊重。

心情是可以营造的，时间是可以掌握的，善于安排的人，永远不会喊忙，因为他知道自己要什么与不要什么，很会处事。

及时作总结

竞争给每一个人、每一个企业都带来了压力——进步的压力。那么什么才是进步呢？答案首先是改变。也就是说，你原来用一种方法做事，发现不论是速度还是效果都不如竞争对手的时候，你就需要改变这样的方法，发现新的方法，寻找新的突破点，这就是进步。换句话说，只有当你完成了某种变化，采取了更有效的工作方法时，才意味着你的进步。

那么在每天的实际工作中，怎样做才叫实现进步？或者说怎样体现自己的进步呢？答案就在于——谋求更直接、更有价值的改变。具体地讲，就是你怎样发现你和对手的差距，你怎样感觉到你没有能够满足工作的要求。当感受到这样的差距和不足时，你就要去思考，怎样改变。而只有当你完成了这样一些更直接、更富价值的改变时，才能证明自己的进步。

因此，在这样一种实现进步的过程中，最重要的一点就是作总结，而作总结的首要任务就是发现问题，就是找到差距与不足。所以要及时总结，当看到差距并感受到不足的时候，马上作总结。因为只有这样，你才不会进一步地重复错误的、低效的方法，才有可能使你方法中的有效成分更早一些得到提高，使你在完成了这点改变之后的接下来的努力更富有效果。

可以毫不夸张地讲，所有为了进步而作的总结都必须针对方法，都必须针对如何改进方法。因为，没有方法你就无法实现目标。更高质量的总结意味着更快的进步，更高质量的总结也意味着更能够直接地服务于方法的改进。

因此，我们可以得出这样的结论：一份总结质量的高低将体现在它能够将多少曾经的未知变为已知；它能够把多少曾经的意外变成意料之中；它能够把方法中的多少无效部分去除掉；它能够为新的方法注入多少有效的成分。要做到这一点，作总结的时候就必须比较，把实际的效果和预期的内容进行比较，把自己这次的做法和曾经的做法进行比较，把自己的现状和对手的现状进行比较……

所有的比较都需要有标准，为了进步而作的总结就更需要有标准，虽然不能一一给出具体的内容，但是这个标准必须围绕着效益，必须围绕着工作的效率和效果，必须围绕着竞争优势的核心内容——科学的资讯、有效的方法、高质量的思维来进行。

严格地讲，为了进步所作的总结一定都是及时的总结——自己在成长的时候而作的一种比较、一种回顾、一种归纳。所以越是经常作总结的人，就越有更多的机会获得进步。在工作中，这样的总结应该每天进行，如果不能做到，企业也需要通过制度要求员工至少每周有一些总结。

只有做到及时总结的企业，诸如"当时我怎么就没有想到"、"我又没有注意到"、"我也不希望是这个结果"、"谁会想到发生意外呢"等问题和托词才不会频繁出现。也只有这样，才有可能避免重复、简单的错误，才有可能用更小的代价换取更多的收益。

从经验中提炼出有价值的规律

从某种意义上讲，每个人的成长都是由点滴经历和故事组成的。那些成长得更快、获得更大成功的人，是那些能够从相同或相近的经历和故事中提炼出更多规律的人，他们依靠这些规律使自己接下来的实践更富有成果。

必须承认，很多经历是人生的财富，很多感悟需要经过亲身体验才能获得，但是不能因此就将经历和经验混为一谈。必须明确：经验不是经历过的事情，而是一种对规律的把握能力。

通过简单的观察就能发现，同样的经历带给人们的是不一样的价值。同样在工厂工作过几年的工人，你会发现有的人被提拔成了干部，有的人下海经商获得了成功，有的人还在原来的工作岗位上，有些人却已经下岗。在最初的几年里，他们所干的事情可能没有什么太大的区别，他们的经历有着很多相似之处，但是为什么在后来的日子里他们具有了不同的能力呢？这就是——他们从相同或相近的经历中总结出了不同的东西。那些能够从自己的经历、经验中总结出富有价值的规律的人，就将有更多成功的机会。

不论是从企业的要求出发，还是出于个人成长的考虑，都必须努力地从经历的事情中总结出富有价值的规律，并把这些规律应用到以后的工作中。虽然不同的行业、不同的企业、不同的岗位对规律的要求不一样，能够总结出的规律的内容也不一样，但是下面几点却是绝大多数工作所共通的一些规律。

努力摸索和把握规律的初衷主要就是为了解决问题。因此，能不能从纷繁复杂的变化中、从激烈的变化中，迅速地找到值得关注的现象，并从现象中抽象出具体的问题，就成为体现能力的第一要件。在现实工作中，现象和问题很多时候被混为一谈，比如，当企业市场占有率下降时，人们认为这是一个非常严重的问题，但是，实际上这只是一个现象，虽然这个现象带来的影响是灾难性的，但不论是灾难性的后果，还是现象本身，都不是问题，问题可能来自诸多方面：价格、对手推出的新产品赢得了客户、供货期不能够保证、售后服务没有按照约定进行、广告播放缺乏针对性，等等。

在确定了问题的集合之后，需要进一步完成分类和排序的工作。因为只有找到问题与问题之间的关系，只有确定了造成问题的一连串的因果关系，才可能有针对性地研究解决问题的方法。

如果要求工作产生价值、创造财富，就必须使工作有明确的问题指向——具体回答每一项工作到底要完成什么，要改变什么，要解决什么……因此，在开展工作的最初阶段能不能明确工作的实质，能不能设计出更有效的方法，在很大程度上决定了工作最终能够产生什么样的价值。在这里，对规律的把握更多地体现在对时机、条件、环境、曾经的挫折、可能的变化等的一种预先的估计和判断。

一个人，只有当他能够预先对可能的问题和变化作出判断并准备好对策的时候，只有当他能够把曾经的经验和教训转化成为下一次工作中的对策的时候，人们才能够真切地看到他的经验，更准确地说，是他从经验中总结出了富有价值的规律，并能够运用这些规律，使自己以后的努力更加富有成效。

人们所看重的经验，既然不是过去的事情，而是未来的能力，那么体现出经验价值的方式就在于计划能不能预先设计好更合理的工作方式；在于在执行的过程中如何应对那些计划之外的变化；在于能不能从纷繁的问题中总结出新的规律，发现新的机会。

一个人能不能从经验中迅速地提炼出有价值的规律，并应用这样的规律，使自己的建议更富有价值，决定了这个人的成长是否更快，进步的幅度是否更大。一个企业能不能让更多的员工不仅关注自己的经验，更关注自己能够从经验中提炼出哪些有价值的规律，决定了这个企业的成长是否能够更加顺利，决定了企业的未来到底有多大的发展空间。

只有那些能够从经验中迅速找到富有价值的规律的个人和企业，才有更大的发展空间，才能以更小的代价换取更大的收益。

把精力倾注在你的优势上

如果你希望有所作为，那么就要果断取舍，把精力倾注在你的优势才能上，不要在你不擅长的工作上消耗自己的人生。

在一般条件下，太阳光的温度再高，也不可能将地球表面的物体点燃。然而，用一面小小的放大镜却可以做到这一点。通过调整放大镜与纸张间的距离，把所有的光线聚于一点，经过一段时间，纸就会燃烧起来。从理论上讲，只要放大镜足够大，就可点燃或熔化任何东西。

同理，当一个人将全部注意力集中在特定的目标上，就能自觉地制约自己，迈向设定的目标。

聚焦实际上就是将精力、才华聚焦在攻击目标上。

皮埃尔·居里曾说过："要将自己当做一个陀螺，只围绕一个中心旋转。"保证重点是成功的规律。要巧妙运筹，随时将次要目标让位于首要目标。在攻克重点时，不要左顾右盼，徘徊彷徨，而要穷追不舍，直逼主攻目标。

要获得成功，就要将你的全部精力倾注在你某一方面的才能上，并给它不断地积累、加码。只要你认准了目标，始终如一，并深信这个目标适合你，那么，就能排除万难，用辛勤的耕耘，收获成功之果。

我们要集中力量专攻既定的目标，但并非说相关学科的知识信息都不用涉及。大量成功者的实践证实，要在某一领域有所作为，不仅必须在主攻方向上下足工夫，还需了解相关学科的知识，力求做到博而有核（中心），杂而有序（规律），做到为预定目标积累知识。这样布局才是最“经济”的、最有成效的。

开发与限制并重，是人生的智慧。所谓开发，即是将人的潜能极大地调动、唤醒，使之得以最大限度地发挥。而限制，则是要学会分清轻重缓急，做到善于存大略小，求本舍末，去除芜杂，直探精髓。这也是成才的重要战略之一。拿破仑深刻地说：“我们唯一能控制的便是我们的头脑，如果我们不能控制它的话，别的力量就会来左右它了……”

因此，成功者并不一定有多高的才能，他们成功的秘诀在于，能够清楚地认识自己的长处，进而在日常行事之际充分利用自己有限的智慧和才能。

而绝大多数人，往往没有将自己的才干用在自己最擅长的工作上，反而将才干用错了方向。这就是他们本可成就斐然，实际上却成绩平平的原因。

撇开了自己最擅长的工作，无异于抛弃了你最重要的竞争优势。将精力投入自己不擅长的工作上，以自己的短处与别人的长处去竞争，自然不容易打败对手，取得成功。

初入社会时，每个人都不想表现得比别人差，不肯暴露自己的弱点，渴望以最成功的一面示人，然而这样做往往容易迷失自己，不知道自己真正的优点在哪里，在自己的才能中，哪些是别人所无法企及的。由于无法正确评价自己，认清自己，他们的生涯规划往往会偏离最有利于取得成功的方向，从而阻碍了自己的成功。

所以，要想取得成功，首先必须认清自己真正的才能和优势。也就是说你具备的才能最适宜什么领域内的工作，要想在这个领域内取得成就你还需要克服哪些弱点。既不要轻视自己，也不要太看重自己，要对自己作一番诚实的评价。如果你对自我评价有点不自信，可以咨询专家、亲人或者朋友。

当然，最重要的还是听从于心灵的需要，因为你对某项工作表现出来的热情，以及由此挖掘出的潜力，任何人都不如你自己清楚。

张云大学毕业后，应聘到一家公司推销农药，在很短的时间就取得了优秀的成绩。因为张云的专业是药品专业，对推销产品的性能、使用方法很熟悉，再加上态度诚恳，农民都信任他。张云不禁沾沾自喜起来，认为自己是一个了不起的推销人才，于是决定推销农机，因为推销农机可以拿相当高的销售提成。可是对于农机，张云是一个门外汉，结果他失败了。

张云的失败在于没有认清自己真正的才能，把自己的弱点当成了优势。

可见，初入职场就冷静地找出自己的优势，认识到自己比别人强在哪里，是一个人成功的关键。

其次，一定要牢记，在制订自己的发展计划时，不要脱离最擅长的方向。

在你擅长的领域，很容易就能取得优异的成绩，因此要想取得成功就必须向着自己最擅长的方向努力。但有时，有些人往往受到其他领域的诱惑，冒险投身于新的领域中。向其他领域转移也是可以的，但是如果你脱离得太远，超过了你最擅长的基本能力，那你就危险了，很可能使你陷入被动之中，进退两难。因此，在你制订发展计划时，最好不要脱离你最擅长的方向。因为在你擅长的领域里，你已经积累了丰富的经验，做事不容易失误，所以成功的机会就大。同样，即使你是一个公司的小职员，在确定自己的奋斗目标时，也要在你擅长的领域里寻找，万万不可一时冲动，想在你陌生的领域里干出一番丰功伟绩来。那样做的结果，你会输得很惨。

总之，在你选择工作时，要看你选择的工作是否适宜你的优势的发展，远离热门职业的诱惑。

要学会与他人合作

秦昭襄王对范雎说：“天下的贤才武士，以合纵为目标，相聚在赵国，而且要攻击秦国，我们该如何应对。”

范雎说：“大王不必忧愁，让我来破解他们的合纵关系。秦国与天下的贤才武士，并没有什么仇恨呀！他们相聚要来攻打秦国，只是为求一己的富贵。一群狗在一处，卧的卧，立的立，走的走，停的停，不会互相争斗，如果投一块骨头过去，每只狗都起来抢夺，并且互相撕咬，这是什么原因呢？原来是因为那块骨头，彼此都起了争夺之意。”

秦王于是派范雎带了五千金，在武安大摆宴会，散给合纵之士的黄金不到三千斤，他们就互相争斗起来，也不再攻击秦国了。

人与生俱来就有这种竞争的天性，每个人都希望自己比别人强，每个人都不希望对手比自己强。人们在面对利益冲突的时候，往往会选择竞争，即使拼个两败俱伤也在所不惜；就是在双方有共同利益的时候，人们也往往会优先选择竞争，而不是选择对双方都有利的“合作”。这种现象被心理学家称作“竞争优势效应”。

也许很多人都有这样的人际交往困惑：和太强的人在一起，感觉不到自己的存在；和太弱的人在一起，只感觉到自己的存在；只有和强弱相当的人在一起，我们才同时感觉到两个人的存在。

范雎为什么能成功地瓦解合纵的联盟？关键在于他利用了人类竞争的天性，在没有利益纠葛的情况下，他们各自相安无事，一旦出现利益矛盾，马上就会争吵纠纷，这样一来，就很轻易地瓦解了他们的联盟。

有这样一个笑话：上帝向一个人允诺说：“我可以满足你三个愿望，但有一个条件——在你得到想要的东西时，你的敌人将得到你所得到的双倍。”于是这个人提出自己的愿望：第一个愿望是一大笔财产，第二个愿望还是一大笔财产，第三个愿望是什么呢？第三个愿望是“将我打个半死”。

在现实生活中这样的例子比比皆是。一对夫妻离异，根据法官的判决，丈夫必须将自己财产的一半转让给妻子。于是，为了不让妻子平白无故地得到一大笔财产，丈夫竟然将价值几百万美元的车子和房子以10美元的低价出售。

《战国策·燕策》里有一句话说：鹬蚌相争，渔翁得利。

河蚌刚刚爬上河滩张开壳儿晒太阳，一只鹬鸟扑过来啄它的肉。蚌灵敏地合拢自己坚硬的壳，把鹬鸟尖尖的长嘴紧紧夹住。鹬对蚌说："今天不下雨，明天不下雨，你就会晒死。"蚌也对鹬说："你的嘴今天拔不出，明天拔不出，你就要渴死饿死！"鹬和蚌谁也不肯相让，结果都被渔夫毫不费力地抓住了。

虽然这只是一则寓言，但是因为鹬蚌相争而被别人得利的事情，代不乏人。它形象地说明了人们的竞争意识有多么强烈，拼着自己与对手同归于尽，也不想给对方让步。

心理学上有这样一个经典的实验：让参与实验的学生两两结合，但是不能商量，各自在纸上写下来自己想得到的钱数。如果两个人的钱数之和刚好等于100或者小于100，那么，两个人就可以得到自己写在纸上的钱数；如果两个人的钱数之和大于100，比如说是120，那么，他们就要分别付给心理学家60元。

结果如何呢？几乎没有哪一组的学生写下的钱数之和小于100，当然他们就都得付钱。

要进行更好的合作，利用他人、团队的力量，还必须认清"竞争优势效应"。竞争是无孔不入、无时不在的。"物竞天择，适者生存"。合作指的是两个或者两个以上的人为了一个短期或长期的共同目标而团结起来，一起努力实现目标。竞争并不排斥合作，独行侠的时代早已结束。大凡取得丰功伟绩的人都懂得合作的巨大力量。

当然，"竞争优势效应"的负面作用是可以消除的，这就要求我们推崇"双赢"理论。合作，应该成为主旋律，合作为我们每一个人营造了一个发展的空间。著名的心理学家荣格有这样一个公式：我＋我们＝完整的我。

绝对的我是不存在的，只有融入我们的"我"。一个人要想实现自身价值，就必须与周围的人友好相处，精诚合作，实现优势互补，在竞争中共同发展。这实际就是"双赢"，"双赢"才是真正的赢。林肯在当美国总统时，对政敌的态度引起了一位官员的不满。他批评林肯不应该试图跟那些人做朋友，而应该消灭他们。林肯十分温和地回答说，"难道我不是在消灭我的敌人吗？"其实林肯是在化敌为友。

有些“借口”是必要的

人做事情总是要名正言顺，要有个说法，给个交代，要找个托词，有个解释，仿佛有了“理”便一切有了着落。有时人们迷恋“理由”甚至到了掩耳盗铃的程度。所谓借口，其实是“没理找理”，所以找借口时便要郑重其事，一副“理直才气壮”的样子，方能有效力。

统一东北是努尔哈赤的第一次创业，第二次创业是建立清王朝。万历四十六年（1618年），努尔哈赤以“七大恨”祭天，誓师征战明朝，开始了第二次创业。

努尔哈赤罗列对明朝的“七大恨”，如：“我之祖、父，未尝损明一草寸土也，明无端起衅边陲，害我祖、父，恨一也。明虽起衅，我尚欲修好，设碑勒誓：‘凡满、汉人等，毋越疆圉，敢有越者，见即诛之，见而故纵，殃及纵者。’讵明复渝誓言，逞兵越界，卫助叶赫，恨二也。明人于清河以南，江岸以北，每岁窃逾疆场，肆其攘夺，我遵誓行诛；明负前盟，责我擅杀，拘我广宁使臣纲古里、方吉纳，挟取十人，杀之边境，恨三也。明越境以兵助叶赫，俾我已聘之女，改适蒙古，恨四也。柴河、三岔、抚安三路，我累世分守疆土之众，耕田艺谷，明不容刈获，遣兵驱逐，恨五也。边外叶赫，获罪于天，明仍偏信其言，特遣使臣，遗书垢詈，肆形凌侮，恨六也。昔哈达助叶赫，二次来侵，我自报之，天既授我哈达之人矣，明又挡之，胁我以还其国。已而哈达之人，数被叶赫侵掠。夫列国之相征伐也，顺天心者胜而存，逆天意者败而亡。何能使死于兵者更生，得其人者更还乎？天建大国之君即为天下共主，何独构怨于我国也。初扈伦诸国，合兵侵我，故天厌扈伦启衅，惟我是眷。今明助天谴之叶赫，抗天意，倒置是非，妄为剖断，恨七也。”

努尔哈赤找到借口，利用了恰当的时机。当时东北饥荒，老百姓对明朝积怨很深，努尔哈赤几次进京后了解情况，发现明朝存在着一系列严峻的现实问题，于是他精心策划起“七大恨”方案，师出有名，也就不会引起人们的怀疑和警惕，从而得到更多人的支持与拥护。

所以，在游戏规则面前，常常是没“理”站不住脚，办不了事，故而“名”正“言”顺成为把握规则的一种必要途径。

有一位中学教师，脑筋很灵光，工作中很讲究策略，“找借口”能力令人佩服，把找寻借口用在学生身上效果奇佳。他的班上有一个姓胡的同学，人很聪明，升初中的考试成绩是全班第一名。可仅过半年，期末考试却落到班级第26名。这位老师左思右想，也找不出他退步的原因。后来，他了解到，这孩子有尿床的毛病。被褥尿湿了，家长很恼火，这“丢脸”的事使他自惭形秽。原来是精神上的负担，影响了学习成绩。面对这样一个棘手的问题，怎么办呢?这位老师在一篇文章中回忆道：

“我思考了两天，看了一些有关的书籍，终于在一天放学后，办公室人都走光了，我找他谈心。扯了一些班里的事以后，我问他：‘听说你会尿床，是不是?’他一听，脸噌的一下红了，头也垂得低低的。我把他朝身边拉了拉，握住他的手说：‘其实，尿床没什么大不了，老师研究过，十几岁的少年儿童中，有相当一部分人都尿床，只不过是许多家长不声张罢了。’他一声不吭。我继续说：‘老师我也尿过床。’‘真的?’他惊奇地问我。‘怎么不是，而且一直延续到初中快毕业。有时一夜尿两三次，睡梦中，我急死了，到处找厕所，找到一个墙角，拉开裤子就尿，结果就尿了一床。’‘哎呀，我也是这样。’他仿佛找到了知音，羞怯之情一扫而光。接着，我们你一句我一句地扯开了‘尿经’，讲到好笑的地方，一起放声大笑。这时，我们已没师生之别，好像两个‘尿友’在交流经验。”

“‘后来你是怎么不尿床的?’他突然问我。‘我啊，到了15岁就自然地不尿床了。’我装着回忆的神情说，‘那时我初中还没毕业，不知不觉地就好了。’他掰着手指算着：‘我今年13岁，再过两年，我也会好了?’‘那当然！’我肯定地说，‘尿床不是病，到了发育的年龄，就会自然地好了，你用不着烦恼。’当我们走出办公室的时候，他精神轻松多了。”

后来，由于家庭、老师的默契配合那位学生终于摆脱了心理负担，学习大有长进。

广告人可以说个个都是找借口的高手，当速溶咖啡在美国首度推出时，曾有这样一段故事。

公司方面本来预测这种咖啡的“简单”、“方便”会大受主妇的欢迎。没想到事与愿违，其销售并无惊人之处。姑且不论味道问题，大概是因为“偷工减料”的印象太强的关系，因为在美国，到此时为止，咖啡一直都是必须在家里从磨豆子开始做起的饮料。只要注入热水就能冲出一大杯来，怎么看都似乎太过便宜了。

所以，厂商便从“简单”、“方便”的正面直接宣传，改为强调“可以有效利用节省下来的时间”的广告战略，即宣扬所谓“请把节省下来的时间，用在丈夫、孩子的身上”。

这种改变形象的作战，去除了身为使用者的主妇们所谓“对省事的东西趋之若鹜”的内疚。因为“我使用速成食品，一点也不是为了自己的享乐，而是因为可以把节省下来的时间用到家人身上之故”。此后，销售量年年急速上升，自是不在话下。

任何事物都有一体两面。说到传统，其背后的意思就是古板。单只强调速溶咖啡的省事与便利，要完全去除其负面印象可说是相当困难的，但是，如果将“偷工”改变一种看法，就成了节省时间。总之，借口强调偷工的反面意义，速溶咖啡便紧紧抓住了消费者的心。

做某些事情时，有时一个恰当的“借口”往往会胜过许多所谓的“高招”。

正确的方法比执着的态度更重要

在通往成功的道路上，你已经付出了最大的努力，但是仍然得不到财富的青睐，为什么？这是摆在某些人面前的首要问题。

这些人可能勤劳勇敢而且充满信心，但是他们的付出，很少得到对等的回报，这时候，这些人就应该重新考虑一下自己做事的方式了。这就比如有一群人上山打柴，他们有人扫地下的枯枝碎叶，有人用铁锹挖树，而有人用锋利的斧头砍树枝。在这三种做法中，当然是砍柴的人的方法实用有效。扫树叶和挖大树的人，虽已累得汗流满面，却很难看到具体的成效。事实上，方法的重要性，是已经过了科学的验证的。

爱德华兹·戴明博士是个美国统计学家，因将高质量做事方法带到日本而备受人们推崇。戴明博士根据多年的数据分析指出，在所有的失败中，有94%并不是由于人们不想把工作做好。事实上，大多数人想把工作做好。如果不是人的因素，那么究竟是什么原因呢?

是方法。方法——而不是人——是那94%的失败的“罪魁祸首”。

曾有一位教授在一次小型讲习班上演示过这个观点。他在一张桌子上放了一块蓝绒珠宝衬垫。然后，他在中间放了一个珠宝商用的放大镜、一把特殊的镊子和50颗晶莹闪亮的钻石。

他解释说：“这些闪闪发光的石头并不都是钻石。在这一堆里，有49块氧化锆（人造钻石）和一颗真钻石。如果你们有人能找出这颗真钻石，我就把它送给他。有谁想试一试吗?”

所有人都跃跃欲试。“只能试一次，而且你们每人只有60秒钟的时间。”

他们一个接一个地试图找到真钻石，但是只有这么短的时间，大家都失败了。这位教授同意告诉大家寻找真钻石的方法。在时钟的滴答声中，他开始将每一块石头翻过来，让平面向下，琢面向上。他用了55秒钟的时间把石头码放成这个姿态。接着，在还剩下的几秒钟时间里，他从上方往下看着石头，用自己的肉眼就找到了真钻石。一旦安排妥当，每次找出真钻石就变得异常简单。

为什么?因为所有的氧化锆都是一个“模样”，完美无瑕。只有真钻石上面有一小块瑕疵，使灯光的反射与其他石头略有不同。这个不同点很明显，肉眼就能分辨出来。现在，秘密公开了，所有人都想再试一试找出真钻石。

“不，”教授解释道，“你们有过机会了。由于你们不知道这种方法，因而你们一无所得。而我知道这种方法，所以我每次都能找到钻石。”

很大一部分穷人对自己的贫穷并不甘心，也不缺少信心和毅力，他们之所以还那么穷，主要是没有找到通往目标的捷径，把时间和体力，都用在了劳而无功的事情上。有一个剥骆驼皮的穷人的故事，以夸张的手法，点明了穷人真实的生活状态。

从前，有一个人，他很勤劳，但始终过着吃不饱、穿不暖的生活。

一天，这个人到一个地主家做工，地主看他活儿完成得很好，一高兴就送给他一只死掉的骆驼。回到家里，他开始给骆驼剥皮。可是骆驼皮很厚，他又没有做过这类的事情，一点儿也不熟练，所以没有多久，小刀就不快了。他跑上阁楼找到一个磨刀石，磨完刀子以后，继续剥皮。但是，刀子很快又不行了，他只好又跑上阁楼反复几次，累得气喘吁吁，于是他动脑筋想了一个办法。

他的办法是：把骆驼拉到阁楼上，在磨刀石旁边剥皮。但是通往阁楼的楼梯太小，他只好用绳索捆绑骆驼，再把骆驼从窗户吊上去，这下他磨刀就方便多了，不必再跑上跑下。

在众多的方法中，剥骆驼皮的人所使用的方法是最笨、效率最低的一种。这就像走路，明明有很多近路，可他偏偏不走，就是一心一意地绕圈子，累得半死不说，而且达不到目的。我们在刻苦的同时，必须选择最近的最佳的方法，这样才能事半功倍。通过走近路而节省时间去干其他的事，则将是更大的收益。

生活中，销售经理经常对受挫的推销员说：“再多跑几家客户！”父母对拼命读书的孩子常说：“再努力一些！”但是这些建议都有一个漏洞。就像有人曾经问一位高尔夫球高手：“我是不是要多做练习？”高尔夫球高手却回答道：“不，如果你不先把挥杆要领掌握好，再多的练习也没用。”

正确的方法比执著的态度更重要。我们应该调整思维，尽可能用简便的方式达到目标。无论如何，用钥匙开门都比把它砸开简单。如果你也想发家致富，那就尽快找到那把钥匙。

第五章　与别人计较不如和自己较劲

跟别人生气是一种不健康的心态

留心四周，你随时可以找到正在生气发怒的人们。商店里，也许顾客正在和营业员吵架；出租车上，司机也许正因交通堵塞而满脸怒色；公共汽车上，也许乘客正在为抢占座位而大打出手……此种情形，不胜枚举。那么你呢？是否动辄勃然大怒？是否让生气成为你生活中的一部分？你是否知道，这种情绪根本无济于事？也许，你会为自己生气大加辩护：“人嘛，总有生气发火的时候。”在这种借口之下，你不时地自我生气，也冲着他人生气，你似乎成了一个愤怒之人。

其实，并非人人都会不时地表露出自己在生气，生气这一习惯行为可能连你自己也不喜欢，更不用问他人感觉如何了。因此，你大可不必对它留恋不舍，它不能帮助你解决任何问题。任何一个精神愉快、有所作为的人都不会让它跟随自己。生气是一个误区，是一种心理病毒；它同其他病毒一样，可以使你远离快乐，远离亲情，甚至远离健康。

首先，让我们来看看心理学家们是如何看待“生气”的。这里我们所提的生气是指某人在事与愿违时做出的一种惰性反应。它的形式有勃然大怒、敌意情绪、乱摔东西甚至怒目而视、沉默不语。它不仅是生气，它的核心是惰性。生气使人陷入惰性，其起因往往是不切实际地期望大千世界要与自己的意愿相吻合。当事与愿违时，便会怒不可遏。

生气既是你作出的选择，又是一种习惯。它是你经历挫折的一种后天性反应。你以自己所不欣赏的方式消极地对待与你的愿望不相一致的现实。事实上，生气是一种精神错乱——每当你不能控制自己的行为时，你便有些精神错乱。因此，每当你气得失去自制时，你便暂时处于精神错乱状态。

生气对人的心理生理没有任何好处。生气使人情绪低沉、陷入惰性。从病理学角度来看，生气可导致高血压、溃疡、皮疹、心悸、失眠、困乏，甚至心脏病；从心理学角度来看，生气可能会破坏情感关系，阻碍情感交流、导致内疚与沮丧情绪。总之，它使你不愉快。

同其他所有情感一样，生气是大脑思维后产生的一种结果。它不会无缘无故地产生。当你遇到不合意愿的事情时，就告诉自己：事情不应该这样或那样，于是你感到沮丧、灰心；然后，你便会做出自己所熟悉的生气的反应，因为你认为这样会解决问题。只要你认为生气是人的本性之一部分，就总有理由接受生气而不去改正。

如果你仍然决定保留自己心中生气的火种，你可以通过不造成重大损害的方式来发泄心中的气愤。你不妨想想，是否可以在沮丧时以新的思维支配自己，用一种更为健康的情感来取代使你产生惰性的生气。既然世界绝不会像你所期望的那样，你很可能会继续厌烦，生气或失望，但无论如何，你完全可以消除那种不利于精神健康的有害情感——生气。

每当你以生气来对他人的行为作出反馈时，你会在心里说："你为什么不跟我一样呢？这样我就不会生气，而且会喜欢你。"然而，别人不会永远像你希望的那样说话、办事；实际上，他们在大多数情况下都不会按照你的意愿行事。世界就是如此，我们不可能期望别人永远按照自己的意愿行事，这一现实永远不会改变。所以，每当你因为自己不喜欢的人或事生气，你其实是不敢正视现实，让自己经受感情的折磨，从而使自己陷入一种惰性。你为根本不可能改变的事物自寻烦恼真是太愚蠢了。其实，你大可不必生气，只要你想想，别人有权以不同于你所希望的方式说话、行事，你就会对世事采取更为宽容的态度。对于别人的言行，你或许不喜欢，但绝不应生气。生气只会使别人继续气你，并会导致上述种种生理与心理病症。

也许你认为自己属于这样一类人，即对某人某事有许多愤愤不平之处，但从不敢有所表示。你积怨在胸，敢怒不敢言，成天忧心忡忡，最后积怨成疾。但是，这并不是那些咆哮大怒的人的反面。在你心里，同样有这样一句话："要是你跟我一样就好了。"你以为，别人要是和你一样，你就不会生气了。这是一个错误的推理，只有消除这一推理，你才能消除心中的怨忿。虽然有怒便发比积怨在胸好得多，但你会慢慢懂得，以新的思维方式看待世事，以致根本不生气，这才是最为可取的。

容易生气只能证明自己愚蠢

著名作家萧伯纳有一句名言：以愤怒开始的事情，往往以悔恨告终！遇事一味地生气，是一种消极、愚蠢的表现，最终受伤害的也是你自己。遇事不生气、不发怒，不仅是明智的处世良方，也是良好的养生之道。人应该学会控制自己的情绪，而不应该被情绪所左右，因为在情绪失控之时而发怒，不仅会伤害对方，也会伤害自己。要知道，虽然怒火的宣泄会使你一时地解除或者缓解心理上的压力，但是，愤怒和生气对于问题的解决或矛盾的缓解不仅起不到积极作用，反而会伤害彼此间的感情，它只能给你带来一时的安全感或痛快感，但却显示出生气者的气量小、缺乏能力等。要知道，暴跳如雷往往是无知的表现。所以有人说，生气是一种无能的表现，生气是用别人的过错来惩罚自己的一种愚蠢行为。生气只能证明自己的愚蠢。

1. 容易生气者处不好人际关系

有些人爱发火，凡事都认为自己有理，所以一听到不顺耳的话，便“理直气壮”地反驳。往往发火是从产生愤怒的情绪，轻微的烦躁不安到严重的咆哮发怒，乱摔东西，甚至丧失理智。实际上有时不一定自己都对，别人都错，即使是自己对了，那股怒发冲冠的势头，也会使人难以接受的。久而久之，这会成为一种习惯和惰性的不良反应，变成一种侵袭人际关系的“癌症”。

易怒之人，在交际圈中永远得不到别人的尊重和欢迎。现实中不乏这样的人，相貌堂堂，胸怀大志，才华满腹，既有学历，又有超人的工作能力。但是，他们却始终郁郁不得志，甚至是别人眼中的失败者和负面教材。然而真的是“命苦”所致吗？当然不是，空有才华无人欣赏，即使是再好的千里马也会被埋没的。

可能许多人会问，如果真有才华为什么会得不到别人的赏识呢？这是多方面的原因造成的，但是有一个至关重要的因素，就是“做人”的问题。有人会做人，左右逢源，无往而不利；而有些人却处处得罪人，举步维艰。这一点在很大程度上都取决于自己处事的态度，如果经常为一点小事斤斤计较，怒不可遏，相信没有人会赏识这样的人吧。

当我们的心中被怒气与愤懑填充，内心充满不快和敌意时，如果你能先检查一下自己，谦虚点，火气自然就会烟消云散，矛盾也就不至于越弄越僵了。如果不顾一切地与对方大吵或怒骂一通，那么发泄过后，唯一的结果就是伤害。其实，这种发泄并非有益，最好的解决办法就是忍一忍，压一压火，控制自己的情绪，不要轻易被怒气所控制。

人脉是每个人不能忽视的一笔潜在财富。没有丰富的人脉关系，人无论做什么事都将举步维艰。这是每个人都知道的，但是，如果你总是用怒气的火焰来考验人脉这座金矿的话，那么，再纯正的金子也会被熔化掉的。明知不可为而为之，不是愚蠢是什么？

2. 容易生气，伤身伤心

经常生气是百病之源。心理学认为，生气是一种不良情绪，是消极的心境，它会使人闷闷不乐，低沉阴郁，进而破坏人与人之间的相互关系，阻碍情感交流，导致内疚与沮丧。医生经常告诫心脏病和高血压病患者，避免刺激，不要激动，更不能生气发火。因为人在激动、生气、发怒时，心跳加快、血压上升、血糖增加，血液会快速冲上头部，不仅损伤大脑，还会损伤精神。据统计，情绪低落、容易生气的人患癌症和神经衰弱的可能性要比正常人大得多。愤怒像一种心理上的病毒，会使人重病缠身，一蹶不振，所以说经常生气、发怒就会影响身体健康，不利养生。从中医角度来看，生气至少有以下几大害处。

伤肤：经常生气闷气会让你的颜面憔悴、双眼浮肿、皱纹多生。当人生气时血液会大量涌向面部，此时血液中的氧气会减少，毒素会增多。因生气产生的毒素会刺激毛囊，使毛囊周围出现程度不等的深部炎症，因此，产生色斑等皮肤问题。

伤肝：人处于气愤愁闷状态时，会导致肝气不畅、肝胆不和、肝部疼痛。使血糖升高，脂肪分解加强，血液和肝细胞内的毒素增加。

伤神：生气会加快脑细胞衰老，减弱大脑功能，而且大量血液涌向大脑，会使脑血管的压力增加。气愤至极，可使大脑思维突破常规的活动，往往做出鲁莽或过激举动，反常行为又形成对大脑中枢的恶劣刺激。气血上冲，还会导致脑出血。

如果经常性情绪不佳，生理上会失去平衡，五脏六腑会发生非理性的运动，免疫功能会随着情绪的波动而降低，甚至还有一些人因一时发怒损害自己的生命，实在令人可叹。非欧几何的创立者小波利亚就是一颗陨落的行星。

小波利亚在1831年将自己的论文《绝对空间的科学》寄给大数学家高斯，请求他给自己提意见。但是论文在途中丢失了，于是小波利亚又寄去了一份。高斯收到后，对小波利亚非常的赞赏。于是他写信给老波利亚称赞他的儿子，并说他有很高的天赋。并且表示，自己关于此方面的研究，终身不发表。还说现在小波利亚让他看到了希望。

但是老波利亚并没有将此告诉儿子。许久不见高斯的回应，这令小波利亚感到极其失望。尽管高斯并没有发表关于非欧几何的论文，但他仍然认为，高斯这位“贪心的巨人”已经有意无意地剽窃了他的成果，剥夺了他创立非欧几何的优先权。小波利亚对此异常愤怒、痛心疾首。这样的心态对他的身体和心理都造成了极大的危害。1848年，当他看到俄国数学家罗巴切夫斯基发表了关于此方面的学术论文后，他更加恼怒，怀疑人人都与他作对，决定抛弃所有关于数学方面的研究，发誓不再发表任何数学论文。

就在这样悲愤的心情中，小波利亚于1860年1月27日由于肺炎发作在马洛斯发沙黑利悄然去世了。一位对数学界造成巨大影响的新星就因此陨落了。

生气能摧毁人的活力，消磨人的精神，所以能够很严重地影响人的工作。一个人在心绪不宁的时候工作自然不能达到最高的效率。人的各种精神机能，一定要在丝毫不受牵制的时候，才能发挥其最高的能力。困于生气的头脑，它的思考往往会不清楚、不敏捷、不合逻辑。在脑细胞受烦闷的侵扰时，脑部的思考力，自然不能像毫无干扰的时候那样集中。

脑细胞时常为血液所冲洗，并从血液中摄取养分。所以，假如血液中常常载满了恐惧、烦恼、愤恨、嫉妒等思想的毒素时，这些脑细胞的“原形质”便会受到损害。

多少年来，人类始终容许种种无谓的烦闷、生气来榨尽青年人的生命，使人未到中年即现老相。有人因为一次严重的生气，在三个星期之内面容一变，就像两个前后完全不相同的人一样。其实，促使他们衰老的，是他们自己多愁善感的性格，以及容易生气的习惯。

有些女孩往往要用电气、药品或手术挽救红颜早衰，其实这是舍本求末，使她们衰老的只是太易生气。医治衰老的药品只有一种，而这种药品在自己的心中就可以找到——泰然的态度，不生气的习惯。

驱除生气的最好方法，就是常常怀着一种愉快的态度。维持健康的身体，也是矫正生气习惯的重要条件。良好的胃口、平稳的睡眠、清爽的神智，都是可以减少烦闷情绪的。在变态的情形下，生气心理才会滋生。体强力健的人，为生气所乘的机会比较少。但在活力低微、体质衰弱的人的生命中，生气心理便容易立足、滋长。

当你一觉察到有生气心理侵入你的生活中，你须立刻让你的心中充满种种希望、自信、勇敢、愉快的思想。不要坐视这些可能剥夺你幸福的敌人在你心中盘踞起来，要立刻把那群魔鬼驱逐出你的心胸！

尊重是赢来的，而不是逼来的

被人尊重是一种幸福，也是一种幸运。人敬我一尺，我敬人一丈。每个人都希望得到别人的尊敬。只是愚蠢的人用压力去逼迫别人，而智慧的人，不会先去要求别人的尊重，而是首先“敬人一尺”，然后自然会得到“人敬一丈”的回报。

1. 想得到尊重，先学会尊重别人

要想让别人尊重你，你首先便要尊重别人。一个不尊重别人的人，是绝不会得到别人的尊重的。在人们的交往中，自己待人的态度往往决定了别人对自己的态度。就像一个人站在镜子前，你笑时，镜子里的人也笑；你皱眉，镜子里的人也皱眉；你对着镜子大喊大叫，镜子里的人也冲你大喊大叫。所以，我们要获取他人的好感和尊重，首先必须尊重他人。

有个寺院的小沙弥，在化缘的时候与一个农妇发生了争吵，最后两个人互相厮打起来，结果两个人把彼此的脸都给抓破了。后来寺院的其他和尚赶来，把他们劝开，并把受伤的小沙弥送回寺院。

老法师了解情况后，并没有对小沙弥进行教训，而是张罗着为那个农妇寻找布匹，然后亲自带着小沙弥去给农妇赔礼道歉、送布匹。

从农妇家回来的时候，天已经很黑了。老法师一个没注意，被一块石头绊倒了。小沙弥扶起法师后，狠狠地朝那块石头踢了几脚。老法师对小沙弥说："石头本来就在原地，它又没动，是我不小心踩上它的，一点儿也不能怪它，这次磕绊是自找的，我理应向石头道歉……"

人生旅途中，大部分泥泞坎坷都是我们自己踩上去的。工作和生活中的磕绊挫折，也多是由自己各种各样的原因造成的。多数时候，不是社会找了我们的麻烦，而是我们找了社会的麻烦。尊重也一样，我们总是固执地认为自己没有受到别人的尊重，其实是我们没有尊重别人。

2. 尊重，没有高低贵贱

学会尊重，在你尊重别人的同时，别人会同样地尊重你，甚至在以后的日子里向你提供方便，或许也正是因为这种尊重，将会给你的事业提供一个广阔的平台。反过来也一样，你不尊重别人，也不会赢得别人对你的尊重。那么，你做起事情来，不仅不会有人帮你，还可能因为你的无礼，导致自毁前途。

吴先生是某公司的总经理助理，他最大的特点是善于察言观色，领会总经理的意图，不仅对老总毕恭毕敬，对公司的副总和各级主管们也非常尊重，所以，一度很得老总的信任和喜爱。

但是对待身边的同事，吴先生可没有那么好的态度，不但对同事爱理不理，说话的口气也颐指气使，所以，其他同事都对他印象不好。

这天，公司传达室的一位女工上楼来送报纸，不小心让报纸滑落到地板上。还没等女工弯腰捡，吴先生就严厉地命令道："怎么搞的，给我把报纸捡起来！"但是，女工不吃他这一套，回击道："请你把态度放尊重点！"

吴先生冷笑道："一个送报纸的，还要怎么尊重你？"女工气得一时说不出话来，摔门而去。

但是，吴先生没有想到的是，送报纸的女工恰好是老板的表妹。这件事自然很快被老总知道了。

不久，一纸调令就送到了他的手上。他被调到基层部门去工作了。

你不尊重别人，也就是不尊重自己。不懂得尊重别人，也就没有具备做人的基本道德和品行。不懂得尊重别人的人，无论身份地位有多高，都不会得到别人的敬仰和尊重。

人与人之间本是平等的，没有高低贵贱之分，有时候，因为地位或贫富的差别，会让人有一些区别，但是，那也只是外在条件上的差异，我们不能以此为理由来衡量一个人的品格，更不应该因为一个人的贫穷或地位低而去轻视他。自尊是每个人都有的，只有你尊重别人，你才能够得到别人的尊重。

屠格涅夫的《乞丐》中，"我"面对一个年老体弱、衣衫褴褛、肮脏丑陋的乞丐，并没有呵斥、鄙弃，在身无分文的情况下也没有掉头而去，而是"紧紧握住这只肮脏的手道歉："不要见怪，兄弟，我什么也没带。"——于是"他"也同样握住"我"那冰凉的手，"没关系，兄弟，"他吃力地咕哝着，"这也多谢了。这也是施舍，兄弟。"

"我"给予年老乞丐的只不过是同情而已，但却让他感动不已，原因就在于"我"把他看做人格平等的兄弟。一个丧失了物质依靠的人，精神世界并没有崩溃，他们同样渴求人们尊重，尊重对他们来说与物质一样重要，因为这是做人最起码的人格追求。

作为职场中人，同事之间互相尊重，创造融洽的工作气氛，自然有利于工作。反之，彼此之间就容易形成隔阂，不但得不到对方的支持和帮助，还会降低团队的战斗力。不尊重同事的员工，在公司里往往是"孤家寡人"，没有人愿意跟他交往。而一个失去人脉基础的人，上司也是不会让他担当重任的。

尊重他人能给人带来意想不到的惊喜，包括带给我们自己。所以生活中我们要时时刻刻记住学会尊重，从日常生活的每一件小事做起，诸如保护环境清洁，和自己的同事热情地打招呼等。学会尊重别人，你也就学会了尊重自己！

心中不要常怀怨恨

人生不过百年，可是有好多人却把这短暂的时光大多用在与人的钩心斗角上。我们还没死，我们不可能知道人在临死前是否后悔做这些于人于己都无益的事，但有些成功者的大丈夫气概，却不能不使我们在还没有醒悟的今天作一下深思。

就清代的红顶商人胡雪岩来说吧，他的出身并不怎么高贵，相反却正好是被当时士大夫阶层瞧不起的卑微身份——小商人。经过多年的学习和磨炼，最后才成为一家钱庄的伙计，用现在的话说就是银行的信贷员。按理说，作为平头百姓，那年头能有这么一份差事也已经算是不错了，可是，因为资助朋友，胡雪岩却被老板炒了鱿鱼。

胡雪岩很爱结交朋友，其中有一位朋友叫王有龄。

王有龄祖籍福建，父亲客死杭州，从此家中生活每况愈下。闲着没事，他有时就去西湖边逛逛。有一次被胡雪岩看见，从此就注意上了他。胡雪岩发现王有龄印堂发亮，方面大耳，生得一副官相，但身上的褂子却打上了补丁。心想，这人到底是什么身份呢？

当然，想知道这些，也不能冒昧地乱问。但是既然有了这样一个好奇心，少不了平时注意。所以，每当他见到王有龄时，总是笑嘻嘻的，有意和他套近乎，但王有龄总是淡淡的，懒懒的。开始，胡雪岩还以为他是故意摆臭架子，假清高，就有些不以为然。后来见面多了，又觉得不像，倒好像是有什么难言之隐。

有一天，胡雪岩在路上碰上了王有龄，见有机会，便力邀王有龄至一小饭馆喝酒，酒过三巡，胡雪岩问道："王兄，我心里倒有个疙瘩，想请教你。我看你不像个愚庸之人，何以天天无所事事，不去做点事儿？"

王有龄叹息了一声道："做什么事儿不要点本钱哪？"

胡雪岩道："一步步来呗，难道你想一口吃个大胖子？再说，不在本钱大小，有你一副好资质就可以了。"

王有龄见有人夸他，说的也是实在话，一来二去，就将自己的难处说了。原来，他父亲在世之时已经给他捐了个“盐运使”，只是父亲死后，家道中落，没有钱去打点上面的头头脑脑，所以至今仍然没有补缺。

王有龄也算性情中人，这些话原本是不足与外人说的。你想要是人家能帮你倒好说，要是不能帮你，你不是白说了吗？反而遭人轻视。

谁知，上天有眼，胡雪岩这回还真的帮上了他。他将他从别处收来的500两银子，悉数借给了王有龄，叫他赶快北上进京去打点，好补上空缺。王有龄当然是感激不尽，揣了银票立即北上。

这时期，太平天国的军队已经打下武昌、九江，直取金陵。王有龄北上，走到山东就碰到了他的故交何桂清。这何桂清之父原是王有龄家仆之子，因王有龄父亲见何桂清人很聪明，就命他与王有龄一起读书，后来两家各奔东西，断了音信，不想那何桂清以文章考取功名，很快就当上了官。活该王有龄走运，也是他父亲积下了阴德。在何桂清的帮助下，王有龄很快打通了关节。又恰好赶上何的同门师兄黄宗汉任浙江巡抚。何桂清立刻修书一封，交与王有龄，叫他去打点黄宗汉，顺顺当当地当上了盐运使。

然而令人想不到的是，就在王有龄志得意满之时，胡雪岩却因私自拿钱庄的钱资助王有龄，被老板炒了鱿鱼。告密者就是胡雪岩的同事——钱庄的大伙计张胖子。

没了职业，胡雪岩的家境日益艰难，而且还不时地遭人白眼，从不服输的胡雪岩北上京师做了趟生意，谁知，时运不济，也没什么起色，回来后就更加举步维艰了。可以说只差一步就要讨饭为生了。然而，就在这时，王有龄来到了他的身边。

喝水不忘掘井人。王有龄也算是个有良心的人，回来之后，听说胡雪岩为了他的前途，将钱庄的“伙计”职务都丢了，便觉心有惭愧。然而，当日分手时，胡雪岩并未将住所告知王有龄，王有龄几番重回旧地寻觅胡雪岩，却寻他不着。王有龄终日派人找寻，几经周折，才在杭州城里寻到了胡雪岩。

听说了胡雪岩的经历后，王有龄决意为恩兄好好地出一口气。但胡雪岩阻止了他，这很令王有龄吃惊。原来胡雪岩心中另有打算，他思忖，如在自己得意之时，就寻恶于钱庄的同僚们，这虽然出了心中的恶气，然而却于事无益。俗话说冤家宜解不易结，更何况“和气生财”。只有好好地拉拢商界才会有发财的机会。随时随地冷静分析形势，并作出正确的选择，实际上这就是胡雪岩的过人之处。损人不利己的事划不来，当然，对于胡雪岩的见解，王有龄只有击节称赞，深深佩服。

休整几日之后，碰巧遇上了钱庄的“大伙计”张胖子过生日，祝寿之人络绎不绝。这天胡雪岩准备了一个纯金的“寿”字给“大伙计”拜寿，并将王有龄引见给“大伙计”，一下子将“大伙计”感激得涕泪双流。是啊，在一群商客和伙计中，能有官府人士给其祝寿，实在是大大扬了“大伙计”的脸面，“大伙计”当时就感动得双目垂泪，拉着胡雪岩的手直拍自己的胸脯保证“以后有事，必当两肋插刀”。

不能不佩服胡雪岩的大度，须知，这个钱庄“大伙计”正是昔日将胡雪岩扫地出门之人。

但胡雪岩却做到了过怨两忘，因为他相信多个朋友多条路，事实也正是这样，日后正是这个“大伙计”张胖子帮了他很大的忙，使他的事业有了一个良好的开端。

《菜根谭》上有一段话说：我虽然帮助或救助过别人，但不要常常挂在嘴上或记在心里；假如有对不起别人的地方却不可不经常反省。别人曾经对我有恩应常记于心不可轻易忘怀，别人做了对不起我的事却不可不忘掉。

这说明了一个道理，心中常怀怨恨，伤自己，又伤别人。试想，器量狭小之人，何以成大事呢？

争得有能力，让得有风度

香港凤凰卫视著名主持人胡一虎有一句名言：“争得有能力，让得有风度。”他在《我是谁》一书中写道：父亲给予我生命，将我带到世间的同时，给予了我两样最隆重的礼物：“争的能力”与“让的风度”。正是这两样礼物，让胡一虎明白，要在该争取时争取，在该忍让时忍让，他在艰难时不放弃、不抱怨，始终默默坚持，最终走到了人生的成功面。

那么什么是争的能力，什么又是让的风度呢？能力是顺利完成某项活动时所必需的一些主观条件，而风度是一个人内在实力的自然流露。所谓争的能力，是说在争取时，我们要凭自己的真才实学，而不是凭一些歪门邪道，比如说拉关系、走后门这些为人所不齿的事。所谓让的风度，是说在应该退让时，能坦然地接受，并能表现出较高的姿态，而不是诚惶诚恐的心虚与害怕。

人生是个不断前进、不断争取的过程，争取时需要靠能力。那么能力从哪里来？俗话说：“知识就是力量，知识改变命运。”就拿胡一虎来说，当年为了培养他，父母拿出自己攒下的一大笔血汗钱，把胡一虎送进了当地著名的道明中学。在台湾，只要一提到道明，大家都知道这是南部第一的学校。进了这里等于考进重点高中，继而为考大学打下基础。而它的学费是一般学校的10倍，因此有“明星学校”和“贵族学校”的称号。

有了知识，有了本领，当然也就有了无往而不胜的勇气。那么是不是就可以真的无往而不胜了呢？当然是可以的，如果你还能懂得一些退让的话。退让真的有这么重要吗？答案是肯定的。俗话说：能退才能进，比如说要跳过一条小沟，是站在沟边直接跳过去吗？不，最好的办法是后退几步，借着助跑的惯性再跳过去，而为人做事也是这样的。

唐代后期杰出的政治家裴度，就是一个知道进退的人。

裴度生活在安史之乱以后，当时统治阶级内部矛盾日趋复杂、激化，政治也就很混乱、黑暗。裴度为了维护国家的统一，坚持打击藩镇割据势力，为此作出了不少的努力。裴度辅佐宪宗平定淮西叛乱，是他一生中最辉煌的一项业绩。在这次战争中，裴度起的是总指挥的作用。参战将领虽不乏当世名将，但是都没有能力统筹战局，门户观念很重，难以团结。所以前期官军的战绩是不乐观的。元和十二年七月，讨伐淮西的战争进入第四个年头，前方战争屡屡失利，兵饷运输又产生了严重困难，于是在朝廷中形成了一股很强的反战势力。

这时，裴度出来支撑局面，他立下生死状，自请去前方督战，全力支持李愬的作战计划。于是有了李愬雪夜入蔡州，擒拿吴元济的传奇。讨伐淮西的胜利，大大震慑了各地割据者。在裴度或游说或讨伐的努力下，终于平定各地大小藩镇，在名义上统一了全国。在平定淮西后，唐宪宗曾经要大文学家韩愈撰文，记述平叛大捷。在战争中当过行军司马的韩愈根据所见所闻，如实地写了平叛过程，他认为，淮西的胜利裴度应居首功，自然对裴度着墨较多。不想这事惹恼了争功心切的李愬，他把这事告到宪宗皇帝那里，于是，韩愈写的《平淮西碑》被砸坏，唐宪宗又让别人重新写平叛淮西战争的经过。然而"桃李不言，下自成蹊"，广为传颂的始终是韩愈写的《平淮西碑》。

谦和的裴度并不计较让功于李愬，但他却能为了维护国家的统一，面对藩镇强权势力的死亡威胁，铁骨铮铮绝不后退半步。这种巨大的反差，更增加了他的人格魅力。这样的让，就是让出了风度，让出了品德。老子就清醒地认识到人类贪婪自私的弱点，他告诫世人"甚爱必大费，多藏必厚亡"，所以千万要克制自己的欲望，不要因为争名逐利而丧身。

舍弃恶争恶斗的念头

庄子在其著作里讲述了这样一个故事。

魏惠王和齐威王订立过盟约，但齐威王背弃了盟约。魏惠王恼怒了，要派人去刺杀齐威王。惠施身为魏国宰相，听说这件事，就推荐了戴晋人去为魏惠王讲"道"，希望能制止战争。戴晋人和庄子是一类人，他对魏惠王说："有一种叫做蜗牛的东西，君王知道吗？"魏惠王说："知道。"戴晋人说："在蜗牛的左触角上有一个国家，叫触氏；在蜗牛的右触角上有一个国家，叫蛮氏。两国经常因为争夺土地而掀起战争，身在战场上的尸首就有几万具，他们追赶败兵，十五天才能返回来。”魏惠王说；“哈！这是开玩笑吧？”戴晋人说：“请问大王，在天地之中，有没有穷尽呢？”魏惠王说：“没有穷尽。”戴晋人又说：“那么，四通八达的天地之间有个魏国，魏国之中又有个梁邑，梁邑之中有个君王。这个君王和蛮氏相比，有没有分别呢？”魏惠王说：“没有分别。”

戴晋人走后，魏王心有所悟，茫然若失。

庄子讲述这个故事的用意是什么呢？其实，庄子是站在一个大的时空立场，来讽刺战争的毫无意义。庄子的讽刺艺术在这里表现得淋漓尽致，他把大化小，把小化大，在这种大、小之间的戏剧性对比反差中，强化了讽刺的意味。国家是大的，庄子故事中的国家却小到建立在蜗牛角上。蜗牛角上的国家为了争夺土地而血战，这让我们清楚了所争之小。庄子以寥寥几笔，写出了战争的激烈、残酷。为了蜗角中的土地争夺得如此惨烈，难道不让我们猛醒吗？庄子的比喻可谓一针见血！

隋末唐初的时候，有个叫淳于棼的人。他家的院中有一棵根深叶茂的大槐树，盛夏之夜，月明星稀，树影婆娑，是个乘凉的好地方。淳于棼过生日的那天，亲友都来祝寿，他一时高兴，多喝了几杯，带着几分酒意坐在槐树下歇凉，不觉沉沉睡去。迷迷糊糊，仿佛有两个紫衣使者请他上车，马车朝大槐树下一个树洞驰去。但见洞中晴天丽日，另有天地。车行数十里，行人络绎不绝，景色繁华。不一会儿，就到了一座城下，城门上金匾书写着“大槐安国”。正赶上京城会试，他便报名入场。发榜时，他高中了第一名。紧接着殿试，皇帝看淳于棼生得一表人才，举止大方，亲笔点为头名状元，还把金枝公主许配给他为妻。状元公当了驸马郎，一时成为京城的美谈。婚后，夫妻感情十分美满。淳于棼被皇帝派往南柯郡任太守。淳于棼到任后，勤政爱民，把南柯郡治理得井井有条，前后二十年，上获君王器重，下得百姓拥戴。这时他已有五子二女，官位显赫，家庭美满，万分得意。

不料檀萝国突然入侵，淳于棼率兵拒敌，却屡战屡败。这时金枝公主又不幸病故。淳于棼连遭不测，辞去太守职务，扶柩回京，从此失去国君信任。他心中悒悒不乐，君王准他回故里探亲，仍由两名紫衣使者送行。车出洞穴，家乡山川依旧。淳于棼返回家中，只见自己身子睡在廊下，不由吓了一跳，惊醒过来。眼前仆人正在打扫院子，两位友人在一旁洗脚，落日余晖还留在墙上，而梦中经历却好像已经过了整整一生！

淳于棼把梦境告诉众人，大家感到十分惊奇，一齐寻到大槐树下，果然掘出个很大的蚂蚁洞，旁有孔道通往槐树伸向南方的一根树枝，枝上另有小蚁穴一个，就是南柯郡。他所经历的浮沉起落，都发生在这一根槐树枝上的小蚁穴里。

这个蚂蚁社会与庄子所说的“蜗角”异曲同工，虽然小，也有风云人物和英雄、美女、孩子。淳于棼纵然经历万般丰富，然而活动范围终究只是槐树底下一只蚂蚁窝而已。

所以，人生的诸般境界也不过如此，对己是天大的事，可是终究只是沧海一粟。人生也如白驹过隙，只不过是短暂的一瞬。种种钩心斗角、明争暗斗不过是蚂蚁般的忙碌罢了。

当今社会，生活节奏快、生存压力大，就像庄子所说的那样，我们终生承受苦役却看不到成功，一辈子困顿疲劳却不知道自己的归宿，不是很悲哀吗？在人生旅途中，应该不断地提升自己的境界，拓展自己的胸怀。可是我们常常做不到，忘记了名利不过是蜗牛角上的争斗，汲汲于此，甚至于食不甘味，寝不安宁，在得失的计算中，在身心放纵的麻木中，失去了许多聆听自然天籁的机会。人与人之间，与其争斗不如携手！把胸襟放宽，从蜗牛角、蚂蚁国中走出来，摆脱功利、物欲的诱惑，不迷恋，不沉溺，从容平和，不贪求，不沉醉，宽容博爱，我们就不会再劳心伤神。不被眼前之利所局限，胸怀自然能够开阔，一段潇洒无羁的真人生也就从此开始了。

从别人眼中找到真实的自我

世上的人看月亮，有人喜欢月圆的时候，也许是因为象征圆满；也有人喜欢弦月，可能是因为富有诗意。不一样的人看月亮，就会对月亮有着不一样的想法。但是，不管人们对于月亮是什么样的想法或观感，月亮终究还是得循着自己的轨迹前进，反正它永远也无法满足所有的期盼。更何况，人要怎样看月亮，对月亮有怎样的想法、观感，反映的是人们自己的状态或需求，未必是因为月亮才这样想的。至于别人看我们的眼光，常常反映的也是他们自己的心理状态：有人就是愤世嫉俗、怨天尤人，看谁都是一样不满，对我们当然也不会例外；有人过于主观，常是以偏赅全，认识我们没有三分钟，就已经对我们抱有成见了；还有人根本不在乎别人，对这样的人而言，你怎样表现都好，也怎样都不好，反正他是看自己心情说话的人。如果我们过于在乎这些人的想法，只会显示出对自己太没有自信，更是徒增自己的烦恼罢了。

当然，还有另外一些人，比如我们的父母、长辈或是朋友，他们是真心关爱、在乎我们的人。如果用心聆听他们的想法或建议，对我们自己会有很大的助益，因为他们是真心为我们着想的人。不过，即使是做父母的也未必能够完全了解儿女的需要，有时候父母也常会因为自己的局限，而对儿女有着某种过度期待，更别说是其他人了。所以，即使是那些爱我们的人，我们虽然能够了解、体会他们的心情，但是对于他们所作的建议、分析，还是要经过我们自己的检讨、过滤才行。毕竟，要对自己负责，最了解自己的，往往还是自己。

这倒不是说，那些不是为我们着想的人，我们就不必在乎他们的想法了，只是说我们得清楚地知道别用情绪来回应别人个性、习惯上的不圆满，才能平心静气去接受那些对我们有益的建议。至于那些关心我们的人，彼此的关系应该是分享与聆听，并不是遵从对方的期待而改变。对于那些真的不能接受或是无法达成的期待，还是要适时地拒绝才行，否则就容易成为关系中造成决裂的隐藏炸弹。也有些时候，我们的理想与那些关爱我们的人相抵触，或许自己非常清楚为什么要作这样的选择，清楚地知道将来的发展，但是别人并不知道，如果我们要坚持自己的选择，也要尽力沟通清楚才好。

总而言之，与他人的互动中，别人对于我们的所作所为，都会有他们自己的想法。在我们聆听别人意见时，先要了解他们对我们的心情是什么，然后再仔细考量他们的建议是否适合。我们应该听听别人对自己的想法或建议是什么，但是永远要记住的是，我们无法满足所有人的期待；而且最终的目的，是透过别人像照镜子一样地看清楚自己，然后表现出真实的自己，并不是一味地把自己塑造成别人眼中完美的形象。

舍弃怨天怨地，选择主动努力

生活工作中出现了问题，你是否会习惯地发出如此的抱怨：

“真倒霉，我怎么碰上了这么一个难题！”

“这不是我的责任，这是其他部门的责任！”

“为什么老板给了我这么一个项目，他明明知道我不擅长这个！”

……

抱怨只会让你的心情更差，做起事来毫无精神，为什么不尝试积极主动地去解决问题呢？

积极主动地解决问题是一种良好的习惯。把这一习惯应用于工作中，就是说我们这些员工在工作中始终要居于主动地位，要以积极的心态去面对工作中的一切困难和问题。对普通员工来说，在工作中始终保持主动的地位，就是要主动地去要求开展工作、服务客户、开展售后服务，主动地去了解客户、与客户交流，主动地反思自己的工作，主动地弥补自己工作中的不足……而以积极的心态去应对工作，则是要迎难而上，知不足而弥补，面含微笑地对待客户和同事，人性化地服务客户，乐观地面对工作和生活。

被誉为“当代青年的榜样”的青海柴达木石油工人秦文贵就是这样，当面对柴达木恶劣的环境时，他发出了与别人不同的声音：“要苦干而不要苦熬。”他认为柴达木油田确实艰苦，但不能把环境艰苦当成不出成绩的理由。在艰苦的地方苦熬不算本事，只有自强创业，干出一番事业，才是真正的好汉。1982 年石油大学毕业的秦文贵就来到柴达木油田工作，他负责找油、钻井工作。这在柴达木不仅苦、累，而且是个危险活，但秦文贵并没有后退，而是积极主动地主持、开展工作。他确实在20多年里坚持着要苦干而不要苦熬的习惯，不断地创造了一个个高原油田之最，甚至创造着一个个人类之最。

要苦干而不要苦熬。在我们身边的许多成功者都是这样，虽然在同样艰苦、枯燥无聊、没有乐趣、工作条件十分恶劣的环境下从业，然而只有那些愿意苦干的人才会有进步、有发展，而那些只愿苦熬，甚至连苦熬都不愿意的从业者面临的不是平庸就是失业。苦干和苦熬是两种不同的从业习惯和态度。苦干是积极主动的，苦熬是消极逃避的。苦干能成为优异者，能出成绩，能有创新，能发展自我；苦熬只能让自己心情沉重、心态低迷、无所成就。不是吗？想想我们遇见过的人们，苦干者兴高采烈，视困难为机遇，迎难而上，每克服一个困难、争取一个顾客就是一份成就和快乐；而苦熬者灰心丧气，视任务为压迫，每接受一次任务就多一份抱怨和负担，更别提有创新和成就之乐。

要把自己当做解决问题的关键，要把解决问题当做自己的主要工作，而不是把工作视为压力、困难。在实际工作中你要敢于而且急于迎难而上地主动解决问题，而不是被问题和困难所压倒。人天生就有乐于从工作、奋斗中获得精神满足和鼓励的需要，人也要从工作中获得自己赖以生存发展的物质条件。因此，积极主动地解决问题是符合这一需要的，它是符合人性的。而那些消极被动地逃避问题、应付工作的行为和习惯则是不理性的，它既不能给我们带来乐趣和成就，甚至会让我们失去自己赖以生存的工作、现有的生活条件。积极主动地解决问题既是一种行为上的习惯，也是一种心态上的习惯。积极主动地解决问题的人往往具有乐观、积极向上的心态，并且往往乐于追求进步和成就。只有在乐观向上的心态下积极主动地行动的人才可以成为竞争中的优胜者，才可以成为成功者。

积极主动地解决问题，第一步就要求你对自己的工作秉持一种积极进取、非常关注的工作态度和决心。我们周围有许多员工通常不怎么关心自己的工作，往往对工作的要求很低。他们时常是没有完成任务就赶快下班回家，甚至等不得下班就急于外出娱乐。试想，一个连自己的工作都没有达到基本要求的员工怎么可能去积极主动地解决问题？当然我们中也有些人关心自己的工作，但从来不把工作当成一种理应关心的对象，而是为了提升、涨工资、赚钱而不得不关心自己的工作，这样的态度与前面那种一点都不关心自己工作的态度是一样的，有“异曲同工”之坏处。面对工作，我们不仅要积极关心，还要对自身的工作持有一种积极进取的态度。我们对工作的要求不是能做到什么样就做到什么样，不是随遇而安，而是要尽可能地做到最好，要“未雨绸缪”。

积极主动地解决问题还需要你对自己的工作有一个深入的了解，你必须清楚地知道你的工作是什么，你的工作要求你做到什么，你的工作从理论上如何解释，你的客户是谁，你通过哪些途径为你的客户提供服务……了解自己的工作，这是做到主动积极解决问题的第二步。如果你不了解，那么就应该尽快地不惜一切代价地把你的工作搞个清清楚楚，因为这是你要成为合格员工必须具备的能力。

此外，如何寻找你工作中存在的问题也是积极主动地解决问题的一个重要的步骤。你得学会寻找和发现问题。我们中有很多这样的人，他们不善于发现问题，总是麻木地被动等待问题的到来。这样的人是不可能积极主动地解决问题的，而只能应急性地解决问题，无疑，这样解决问题的效果就差多了。如何发现问题呢？重要的是你要注意观察你身边环境的变化对你的工作的影响，善于在这种影响发生之前预测到它的发生，提前找到解决这一问题的办法。

那么，如何解决问题呢？就是要积极主动地对症下药。发现了问题，你就能认清问题的内容和解决的难度大小。然后，你可以根据对问题的这些认识，或者通过查资料，请教同事、上司的方法，或者通过网络空间的请教与阅读等途径找到解决这一问题可行的方法，然后将之应用在工作中。

这就是积极主动地解决问题。其实做到这些，并不是特别困难，我们每一个人都是有资格有能力做到的。

可以输给别人，不能输给自己

莎士比亚曾说：假使我们自己将自己比做泥土，那就真要成为别人践踏的东西了。其实，别人认为你是哪一种人并不重要，重要的是你是否肯定自己；别人如何打败你，并不是重点，重点是你是否在别人打败你之前，就先输给了自己。很多人失败，通常是输给自己，而不是输给别人。

下面是一个真实的故事：

美国从事个性分析的专家罗伯特·菲利普有一次在办公室接待了一个因企业倒闭而负债累累的流浪者。罗伯特从头到脚打量眼前的人：茫然的眼神、沮丧的皱纹、十来天未刮的胡须以及紧张的神态。罗伯特想了想，说："虽然我没有办法帮助你，但如果你愿意的话，我可以介绍你去见本大楼的一个人，他可以帮助你赚回你所损失的钱，并且协助你东山再起。"

罗伯特刚说完，他立刻跳了起来，抓住罗伯特的手，说道："看在老天爷的分儿上，请带我去见这个人。"

罗伯特带他站在一块看来像是挂在门口的窗帘布之前。然后把窗帘布拉开，露出一面高大的镜子，他可以从镜子里看到他的全身。罗伯特指着镜子说："就是这个人。在这个世界上，只有这个人能够使你东山再起，你觉得你失败了，是因为输给了外部环境或者别人了吗？不，你只是输给了自己。"

这个人朝着镜子走了几步，用手摸摸他长满胡须的脸孔，对着镜子里的人从头到脚打量了几分钟，然后后退几步，低下头，哭泣起来。

几天后，罗伯特在街上碰到了这个人，而他不再是一个流浪汉形象，他西装革履，步伐轻快有力，头抬得高高的，原来那种衰老、不安、紧张的姿态已经消失不见。

后来，那个人真的东山再起，成为芝加哥的富翁。

还有这样一个故事：

一支小分队在一次行军中，突然遭到敌人的袭击，混战中，有两位战士冲出了敌人的包围圈，结果却发现进入了沙漠中。走至半途，水喝完了，受伤的战士体力不支，需要休息。于是，同伴把枪递给受伤者，再三吩咐："枪里还有五颗子弹，我走后，每隔一小时你就对空中鸣放一枪。枪声会指引我前来与你会合。"说完，同伴满怀信心找水去了。躺在沙漠中的战士却满腹狐疑：同伴能找到水吗？能听到枪声吗？会不会丢下自己这个“包袱”独自离去？夜幕降临的时候，枪里只剩下一颗子弹，而同伴还没有回来。受伤的战士确信同伴早已离去，自己只能等待死亡。想象中，沙漠里秃鹰飞来，狠狠地啄瞎了他的眼睛、啄食他的身体……结果，他彻底崩溃了，把最后一颗子弹送进了自己的太阳穴。枪声响过不久，同伴提着满壶清水，领着一队骆驼商旅赶来，找到了一具尚有余温的尸体……

那位战士冲出了敌人的枪林弹雨，却死在了自己的枪口下，让人扼腕叹息之余不免警醒：我们奋斗在人生的旅程中，与天斗、与人斗，我们不轻易服输，相信只要自己努力就没有什么战胜不了的。然而很多时候，面对恶劣的环境，面对天灾人祸，面对尔虞我诈，是我们在心理上先否定了自己，是我们自己选择了放弃，选择了失败。

在生活的艰难跋涉中我们要坚守一个信念：可以输给别人，但不能输给自己。因为打败你的不是外部环境，而是你自己。

人生操之在我，强者把每一天都当做生命的最后一天来过！

所以，一个不输给自己的强者，他是不忘自己的人生权利，在困境中也能选择积极心态的人；他是能正确对待失败，永不放弃的人；他是有傲骨而没有傲气，看重自己做人的尊严胜过自己生命的人；他是能尊重、宽容、善待朋友，知道怎样对待别人，别人就怎样对待自己的人；他是能驾驭时间，高质量利用时间和能跟时间赛跑的人；他是对财富有正确的理解，君子爱财，取之有道的人；他是理解爱情真谛，拥有强大情感支撑的人。

第六章　人脉源自正确的观念

佛靠金装，人靠衣装——视觉印象很重要

商品需要包装，人也需要包装。远古人的包装是为了御寒与遮羞，后来人的包装是为了体现美观与等级，当代人的包装是集古今之大成，功用多多。就现代人来说，如何包装自己，日益重要，也意味深长。

包装绝非仅指穿衣打扮，但首先是穿衣打扮。服饰是人类的包装，对人的职业、个性和心态，既有掩饰的作用，又有展示的功能。

人类原本是为了遮盖自己的裸体，掩饰自我才穿衣服。但从心理上说，服装更能展示自我。因为每个人穿着自己选择的衣服，表现的是从裸体上无法看透的深层心理。因此，衣服也成为与人类无法切割的身体的一部分。可见，衣服是一个人的表征，当一个人将自我由内展露于外时，心理学称之为“自我延长”。

一个人的外貌对于人本身有影响，穿着得体的人给人的印象就良好，它等于在告诉大家：“这是一个重要的人物，聪明、成功、可靠。大家可以尊敬、仰慕、信赖他。他自重，我们也尊重他。”

以心理学的观点看，只有在对方认同你和接受你的时候，你才能顺利进入对方的世界，并游刃有余地与对方周旋和交好，从而把自己的事情办成和办好，而这一切的获得在很大程度上与你的外在打扮有关。

大凡给对方留下了好印象的人都好与对方交往，好与对方合作，好与对方办事。而一个人的仪表是给对方留下好印象的基本要素之一。试想，一个衣冠不整、邋邋遢遢的人和一个装束典雅、整洁利落的人在其他条件差不多的情况下，同去办一样分量的事，恐怕前者很可能受到冷落，而后者更容易得到善待。特别是到一个陌生的地方办事，怎样给别人留下一个美好的第一印象更重要。世上早有“人靠衣装马靠鞍”之说，一个人若有一套好衣服配着，

仿佛把自己的身价都提高了一个档次，而且在心理上和气氛上增强了自己办事的信心。聪明的人切莫怪世人“以貌取人”，人皆有眼，人皆有貌，衣貌出众者，谁不另眼相看呢？着装艺术不仅给人以好感，同时还直接反映出一个人的修养、气质与情操，它往往能在尚未认识你或你的才华之前，向别人透露出你是何种人物，因此在这方面稍下一点工夫，就会事半功倍。

衣冠不整、蓬头垢面让人联想到失败者的形象。而完美无缺的修饰和宜人的体味，能使你在任何团体中的形象大大提高。有些人从来没有真正养成过一个良好的自我保养的习惯，这可能是由于不修边幅的学生时代留下的后遗症，或者父母的率先垂范不好，或者他们对自己的重视不够造成的。这些人往往“三天打渔两天晒网”，只要基本上还算干净，没有人瞧不起，能走得出去便了事了。如果你注重自己的形象，良好的修饰习惯很快就能形成。如果你天生一个胡子脸，那也没有办法，但至少你要给人一种你能打点好自己的印象。牙齿、皮肤、头发、指甲的状况和你的仪态都表明你的自尊程度。

别人对你的第一印象，往往是从服饰和仪表上得来的，因为穿着服饰往往可以表现一个人的身份和个性。毕竟，要对方了解你的内在美，需要长久的过程，只有仪表能一目了然。

办事的顺利和成功与否，第一印象至关重要，不讲究仪表就是自己给自己打了折扣，自己给自己设置了成功的障碍，不讲究仪表就是人为地给要办的事情增加了难度。

美国商人希尔在创业之始，就意识到服饰对人际交往与成功办事的作用。他清楚地认识到，商业社会中，一般人是根据一个人的衣着来判断对方的实力的，因此，他首先去拜访裁缝。靠着往日的信用，希尔定做了三套昂贵的西服，共花了 275 美元，而当时他的口袋里仅有不到 1 美元的零钱。

然后他又买了一整套最好的衬衫、衣领、领带等，而这时他的债务已经达到了 675 美元。

每天早上，他都会身穿一套全新的衣服，在同一个时间，同一个街道里同某位富裕的出版商“邂逅”相遇，希尔每天都和他打招呼，并偶尔聊上一两分钟。

这种例行性会面大约进行了一星期之后，出版商开始主动与希尔搭话，并说：“你看来混得相当不错。”

接着出版商便想知道希尔从事哪种行业。因为希尔身上所表现出来的这种极有成就的气质，再加上每天一套不同的新衣服，已引起了出版商极大的好奇心，这正是希尔盼望发生的情况。

希尔于是很轻松地告诉出版商：“我正在筹备一份新杂志，打算在近期内争取出版，杂志的名称为《希尔的黄金定律》。”

出版商说：“我是从事杂志印刷及发行的。也许，我也可以帮你的忙。”

这正是希尔所等候的那一刻，而当他购买这些新衣服时，他心中已想到了这一刻，以及他们所站立的这块土地，几乎分毫不差。

这位出版商邀请希尔到他的俱乐部，和他共进午餐，在咖啡和香烟尚未送上桌前，已“说服了希尔”答应和他签合约，由他负责印刷及发行希尔的杂志。希尔甚至“答应”允许他提供资金并不收取任何利息。

发行《希尔的黄金定律》这本杂志所需要的资金在3万美元以上，而其中的每一分钱都是从漂亮衣服所创造的“幌子”上筹集来的。

希尔知道：成功的外表总能吸引人们的注意力，尤其是成功的神情更能吸引人们“赞许性的注意力”。当然，这些衣服里也包含着一种能力，是自信心和创造力的完美体现。

就此，美国励志大师卡耐基认为，办事能力差的人，在社交上也许有一种恐惧症，他们往往不敢与人交往，也不愿与人共事，因此，在着装上也没有自己的品位。他们认为，如果穿了太讲究的服装，会成为别人注视的目标、谈论的焦点，这使他们感到不安。这种类型的人，是不可能成为办事高手的。

不要把意见强塞给他人

任何一个人都不喜欢被强迫着去做事或者接受他人的意见。人们都喜欢按自己的心愿去买东西，或是按照自己的意思去做。同时，喜欢有人来征求自己的意见、愿望和想法。所以，我们不能把自己的意见强加给别人，那样会产生一种不利的后果。我们不妨采取一种更好的策略：只向他人提供自己的看法，而由他最后得出结论！

美国的韦森先生在没有研究人类关系学之前，他损失了无数应该获得的佣金。韦森是一家服装图样设计公司的推销员，他几乎每星期都去找纽约某位著名的设计家，这样已经有三年的时间了。然而，每次这位设计家也不拒绝见韦森，而且还总是把韦森带去的图案仔细看一遍，但就是不买。

经过150次的失败，韦森体会到自己一定过于墨守成规，所以决心研究一下人际关系的有关法则，以帮助自己获得一些新的观念，找到新的力量。

后来，他采用一种新的处理方式。他把几张没完成的草图夹在腋下，然后跑去见设计师。“我想请您帮点小忙。”韦森说道，“这里有几张尚未完成的草图，可否请您帮忙完成，以更加符合你们的需要?”

设计师一言不发地看一下草图，然后说：“把这些草图留在这里，过几天再来找我。”

三天后，韦森又去他那里，听了建议后，把图样拿回去，按照那位买主的意思画完。这笔交易结果如何？不用说这位买主完全接受了。

自从那笔生意完成后，这位买主又订了十张图案，都完全是照着他的意思画的，韦森就这样赚了一千六百多元的佣金。韦森说道：“我一直希望他买我提供的东西，这是不对的。后来正是因为我要他向我提供意见，他就成了设计人。我并没有把东西卖给他，他自己买下了。”这就是那位买主买图样的原因吧。

如果你想赢得他人的合作，就要征询他的愿望、需要及想法，让他觉得是出于自愿。

假如你确实有好的建议，对自己的建议确实有信心的话，你也不能把自己的意见硬塞入别人的脑子里，这是很费劲的做法。提出建议，然后让别人自己想出结论，那样不是更聪明吗？

L 医师在美国纽约布鲁克林区的一家大医院工作，医院需要新添一套 X 光设备。许多厂商听到这一消息，纷纷前来介绍自己的产品，负责 X 光部门的 L 医师因而不胜其扰。

但是，有一家制造厂商则采用一种很高明的技巧。他们写来一封信，内容如下：

我们工厂最近完成一套 X 光设备，前不久才运到公司来。由于这套设备并非尽善尽美，为了希望能进一步改良，我们非常诚恳地请您拨冗前来指教。为了不耽误您宝贵的时间，请您随时与我们联络，我们会马上开车去接您。

“接到信真使我感到惊讶。”L 医师说道，“以前从没有任何一位厂商向我请教，所以这封信让我感到了自己的重要性。那一星期，我每晚都忙得很，但还是取消了一个约会，腾出时间去看了看那套设备，最后我发现，我越研究就越喜欢那套机器了。没有人试图把它推销给我。我觉得，为医院买下那套设备，完全是我自己的主意，于是就把它订购下来。”

内华达州有一位汽车商，有一个想买车的人看过这位汽车商给他们介绍的汽车，但他们总是认为有问题，不是嫌这辆不合适，就是嫌那辆什么地方有了损坏，再不就是价钱太高。

这位商人随即决定要让他自己来买，也不必告诉他要买哪一种牌子的汽车。总之，要让他觉得这是他自己的意愿。

几天后，有一位顾客想把他的旧汽车换一辆新的，那汽车商就想到了那个挑剔的人，也许他喜欢这旧式的汽车。于是他打了个电话，给那个人，说是有个问题想请教他。

那人接到他的电话后，马上就来了。汽车商请他帮忙评估一下车子的价格。那人听到这些话后，满面笑容——终于有人来请教他，有人看得起他了。驾着这部车子兜了一圈，回来后他建议商人以300元买进这辆车子。

于是汽车商问他愿不愿意以300元的价格购买这辆车。他当然愿意，因为这是他的意思、他的估价。所以这笔生意立刻就成交了。

罗斯福做纽约州长时，有一项特殊的功绩——他和政党重要人物相处得很好，使他们同意原来他们所反对的议案。

每当有重要职位需要补缺时，他都请那些政党要人推荐。当然，这些人最初推荐的都是一些不受欢迎的人物。

罗斯福就表示希望他们能推选出来一个有才华的人物，因为上次推选的那人表面上看来虽然并没有可批评的地方，可是也没有令人称赞的优点。罗斯福就告诉他们，如果任用这样的人，就会有负公众的期望。他们第三次推荐的人，比前两位好多了，可是还不十分理想。于是，罗斯福对他们表示了感谢，并让他们再试一次。第四次他们所推荐的，正是自己所需要的人。在对他们的协助表示感激之后，自己就任用了这个人。而且，罗斯福还使他们享有任命此人的名义，让他们感到非常的满意。

罗斯福凡事都很费事地去征求别人的意见，且对他们的建议表示尊重。当罗斯福委派重要职位时，他使那些党首政要们真实地感觉到，这是他们所挑选的人，是他们的意见。

每个人都有自己既定的立场，也因此而习惯于执著在本身的领域当中，却忘了别人也和自己一样，有着他固执的一面，而人与人之间的理解，一向是人际沟通当中最重要，也是最容易被忽略的关键。所以人与人之间交往要以理解对方的情感做突破口，尊重对方的意愿，不要把自己的观点强加给别人，那么你的人际交往便会有令人想象不到的顺畅。

给别人留足面子

中国有句古话，叫“打人不打脸，骂人不揭短”。其实说的，就是要给别人留面子的意思。

折损别人的面子，有时候后果会严重到你无法想象。有些人宁可性命不要也要保住面子。折损别人面子而图一时之快，可能会让你后悔不已。

张山是某职业学校的老师，有一次，他的一个学生因迟到而被他狠狠批评了一顿。当时，他没考虑到要给这个学生留面子，而是当着全班同学的面，极尽嘲讽之能事，根本无视学生眼中那道愤恨的目光。

从那天起，这位学生就开始和张山过不去，经常干一些让张山无奈又愤怒的事。不仅如此，那个学生还联合别的学生向校长告状，给张山的工作带来很大麻烦。

其实，张山完全可以用温和的方式来处理那个迟到的学生。假如他友善一点，给学生留点面子，那么也许就不会给自己制造这么大麻烦。

我们都很顾及自己的脸面，那么为什么不对别人宽容一点，也保住他们的面子呢？

如果你在肉体上伤害了别人，那也许几天后那种疼痛就会消失；可如果你折损了别人的面子，那这种伤害可能会持续数十年，甚至直到死亡才能消失。所以，一定要克制住自己，千万不要轻易触动“面子”这块所有人的敏感地带。

让别人没面子，其实是一件损人不利己的事，既让你增添了仇敌，也不会让待解决的问题有任何进展。相反，让别人保住面子，然后旁敲侧击地表明你的观点，可能更容易为人接受。

亨利的公司有一个叫鲍勃的工人，工作越来越不积极，亨利真想把他叫过来，狠狠教训一顿。但最后，他还是忍住了怒火，决定把他叫到办公室里，和他坦诚地谈一谈。

他告诉那个工人说："鲍勃，你其实真的很棒。你做这行已经好几年了，技术几乎炉火纯青。许多人都羡慕你有一手好技术。可最近，你完成一件工作所需的时间却变长了，而且质量也不比从前。你以前可真棒，我想你一定知道，我对现状是不太满意的。也许我们可以找个办法，来解决这个问题。你是不是遇到什么困难了？说出来，让我帮你。"

其实大家都心知肚明，鲍勃最近只是变得懒惰了，但亨利没有直接说明，而是给他留了面子，这让鲍勃很感激，也很羞愧。于是他马上保证他能干得和以前一样好。接下来的日子不用多说，他又变得很努力了。这样，亨利毫不费力就达到了目的。

历史上，因为不给别人留面子而导致悲剧的例子也不少。

战国时期，有一个小国叫中山国。一次，中山的国君设宴款待国内名士，恰好羊肉汤不够了，他就让排在末位的司马子期喝别的汤。这让心高气傲的司马子期觉得很没面子，后来，由于他的力劝，楚王竟然开始攻打中山国，并很快占领了它，中山国王只好逃到了国外。

一碗羊肉汤，也许本来没什么，但当它涉及面子时，它就成了一件大事了，甚至能让曾经的国君国破家亡。社交中，我们虽然不必把面子看得那么极端，但时时注意给别人留面子，确实是每个人都应当做到的事情。只有这样，才能让人际关系更加和谐。

人的面子有时要比金钱更加重要。一个人如果失去金钱，尚可忍受，可一旦面子尽失，他就可能做出让人想不到的事。有时候，一句无心之话就可能伤害别人，甚至为自己树敌。所以一定要注意给人留面子。

通用电气公司想免除史坦恩·梅兹的部门主管职务。

史坦恩·梅兹是电气方面的天才，但却实在不适合担任部门主管。不过，公司却实在不敢冒犯这个脾气古怪又很敏感的大佬，因为公司绝对少不了他。那么，该怎样让他退出主管职务，同时又保住他的面子呢？

公司想了个办法，给了史坦恩·梅兹一个新头衔——通用电气公司顾问工程师。他的工作没变，只是有了新的头衔而已，至于部门主管，自然换成了他人。

对这一调动，史坦恩·梅兹也非常满意，而通用公司更高兴。因为他们达到了温和调动这位大牌明星的工作，而且过程是如此的顺利。因为他们让他保住了面子。

让别人有面子，这真是重要的事。这样做不但能更快、更轻易地达到目的，而且不伤害别人的自尊心。因为自尊心是每个人最看重的东西。

“感情投资”应该是经常性的

你有没有这样的经验：当你发生了困难，你认为某人可以帮你解决，你本想马上找他，但你后来想一想，过去有许多时候，本来应该去看他的，结果你都没有去，现在有求于人就去找他，会不会太唐突了？甚至担心因为太唐突而遭到他的拒绝。

在这种情形之下，你不免有些后悔“平时不烧香”了。

法国有一本书名叫《小政治家必备》，书中教导那些有心在仕途上有所作为的人，必须起码搜集20个将来最有可能做总理的人的资料，并把它背得烂熟，然后有规律地按时去拜访这些人，和他们保持较好的关系。这样，当这些人之中的任何一个当上总理后，自然就容易记起你来，大有可能请你担任一个部长的职位了。

这种手法看起来不大高明，但是非常合乎现实的。一位政治家的回忆录中提到：一位被委派组阁的人受命伊始，心情很是焦虑，因为一个政府的内阁起码有七八名阁员（部长级），如何去物色这么多的人来配合自己？这的确是一件难事，因为被选的人除了有适当的才能、经验之外，最要紧的一点，就是“和自己有些交情”。

要和别人有交情才好办事，不然的话，任你有登天本事，别人怎么会知道呢？

现代人生活忙忙碌碌，没有时间进行过多的应酬，日子一长，许多原本牢靠的关系就会变得松懈，朋友之间逐渐互相淡漠。这是很可惜的。所以，一定要珍惜人与人之间宝贵的缘分。即使再忙，也别忘了沟通感情。

很多人都有忽视“感情投资”的毛病，一旦关系好了，就不再觉得自己有责任去保护它了，特别是在一些细节问题上，例如该通报的信息不通报，该解释的情况不解释，总认为，“反正我们关系好，解释不解释也所谓”，结果日积月累，形成难以化解的问题。

而更糟糕的是，人们关系亲密之后，总是对另一方要求越来越高，总以为别人对自己好是应该的，于是稍有不周或照顾不到，就有怨言。长此以往，很容易形成恶性循环，最后损害双方的关系。

须知，“感情投资”应该是经常性的，也不可似有似无，从生意场到日常交往，都应该处处留心，善待每一个关系伙伴，从小处细处着眼，时时落在实处。

建立“关系”最基本的原则就是：不要与人失去联络。不要等到有麻烦时才想到别人。“关系”就像一把刀，常常磨才不会生锈。若是半年以上不联系，你就可能已经失去这位朋友了。

因此，主动联系就显得十分重要。试着每天打几个电话，不但能扩大自己的交际范围，还能维系旧情谊。这对你的生活和事业都会带来很多帮助。

做个守口如瓶的智者

每一个人内心深处都有不想为人所知的一面，因此，不管是自己内心深处的事情还是别人的秘密，都应采取慎重的态度，而不能轻易告诉别人。

一般人都有一个共同的毛病：肚子里搁不住心事，有一点喜怒哀乐之事，就总想找人谈谈；更有甚者，不分时间、场合、对象，见什么人都把心事说出来。

当然科学的说法应当是，人若有心事，应该说出来，才不会在心内郁积，闷出病来，但也不能“随便”说。

处理心事要慎重，因为心事的倾吐会泄露一个人的脆弱面，这脆弱面容易让人改变对你的印象，虽然有的人欣赏你“人性”的一面，但有的人却会因此而下意识地看不起你，最糟糕的是脆弱面被别人掌握住，会形成他日争斗时你的致命伤，这一点不一定会发生，但你必须预防。

有些心事带有危险性与机密性，例如你在工作上承担的压力与牢骚，你对某人的不满与批评，当你快乐地倾吐这些心事时，有可能他日被人拿来当成对付你的武器，到那个时候你是怎么死的，连自己都不知道。

心事不可随便说出来，哪怕对好朋友也是如此，你要对自己负责，你要说的心事要有所筛选，因为你目前的“好”朋友未必也是你未来的“好”朋友，这一点你必须了解。

然而，闭紧心扉，心事“滴水不漏”也不是好事，因为这样你就成为一个城府深、心机沉、不可捉摸与亲近的人了。如果你本就是这样的人，那无太大关系，如果不是，给了别人这种印象就得不偿失了。

所以，偶尔也要说说无关紧要的“心事”给你周围的人听，以降低他们对你的揣测与戒心。

与人交流，最好少说自己的身世、遭遇和好恶，你应该学会做一个倾听者，常常流露出对别人的谈话感兴趣，能仔细听对方说话。这样做对你丝毫无损，而你所表现出的对别人的同情却是他们心中最心爱、最重要的礼物。

说完了心事再说闲聊。闲聊是件很快乐的事。“没有时间闲聊”这句话可作为没有时间但一直很想说话的情况的写照。人不能离群索居，很希望有个倾诉的对象。拥有一两位知己乃人生一大乐事。

有一家电力公司招考土地征地的办事员。在许多应征者当中，能说、善饮酒的人很多，却都被淘汰掉了，因为他们不适合担任此项工作。饮太多酒容易轻诺、逞口舌之能，对于好坏不能分辨，会误事。“祸从口出”是一句很有道理的话。闲聊的确是件快乐的事，但如果聊得太过火就得注意了，有人喜欢安静，对于太爱说话的人，对方已起了戒心，彼此便很难深谈了。若因闲聊而走漏情报，那更是得不偿失，因为一切也就跟着破坏了，就会丧失了信用，丧失信用的人要想说服他人实在很难。

上司想听同事们的意见，因此说“听你说话真是一大享受”。这时，切记不要兴奋地说个没完。有必要先探知上司征求意见的意图何在，有时他可能只是要试试你的口风紧不紧而已。表面上虽频频点头，事实上他在内心里已经有了主意：“这个人说话太随便，以后不能告诉他重要的事。”

爱闲聊这不仅会使自己受损，而且有时还会伤害到自己的同事。当然你若是有意要伤害对方，那就另当别论了。但是你要注意，虽然目前你占了上风，伤害对方，总有一天会得到报应的，到那时就后悔莫及了。

虽然你事先叮嘱某人说："别让他知道！"话既出口，谁能保证话不会传到那人耳朵里。当那人有意疏远你时，再怪某人也来不及了。

在对方不知道，只有自己知道的情况下，优越感油然而生，终于忍不住想说出来。没有实力但爱出风头的人，或没有倾诉对象的人，总是不易守口如瓶。

平常我们说那个人很有信用，多半指他嘴巴很紧，而对于别人的秘密最好是知道得越少越好。

秘密之所以称为秘密，是因为知道的人很少。如果知道的人多了，就不能称之为秘密。

多知道一个秘密，只会徒劳地增加自己的心理负担。你知道了一个秘密，也就有保守这个秘密的责任。告诉你秘密的人也多了一份对你的顾虑，担心你会把秘密泄露出去。有朝一日秘密被泄露了，你总脱不了泄密的嫌疑，那时候，你可就百口莫辩，难以洗清了。更有甚者如果秘密牵涉到违法，你就可能有知情不报的嫌疑，给自己带来杀身之祸，所以，我们应该对秘密采取一种谨慎的态度。

如果你本来就知道别人的秘密，最好是三缄其口，把别人的秘密永存心底，把它忘了也未尝不可。

如果是你自己的秘密，想让它成为秘密就不要告诉别人。也许你觉得可以告诉值得信赖的人，但值得信赖的人也有他的好友，这样传下去，秘密就变得人人皆知了。

因此，心事没有什么大不了，闲聊也无可厚非，对秘密守口如瓶也并非难事。问题的关键是要做到心中有数，把握尺度，对人对己都将百利而无一害，这也是交际的一个原则。

自尊不妨有点“弹性”

人人都有自尊心，不但大人物有，小人物也一样，甚至更强烈。当一无所有时，自尊心便是需要固守的最后领地。没有人愿意别人漠视自己作为一个人的存在。有时，人们为了维护自尊，甚至会坚持错误，不可理喻，这是可以理解的。在心理学中，人们把自尊定义为一种精神需要，也就是人格的内核，维护自尊是人的本能和天性。

但是，维护自尊也要有一个度，一个弹性的区间。为人处世若毫无自尊，脸皮太厚，不行；反过来，自尊过盛，脸皮太薄，也不好。正确的观念是：从实际的需要出发，让自尊心保持一定的弹性。

俄国文学家屠格涅夫说过：“只有能够像骑手驭马一样控制自己的自尊心，牺牲自己的小我来为大我谋福利的人，才配得上人的称号。”我们在交际过程中，要审时度势，准确地把握自尊的弹性，才能达到预期的效果。譬如：

在交际场上受到冷遇时，你的自尊心正面临着挑战，这时的你千万别发作，不妨多站在对方的立场想一想。而且，你应该意识到，为了完成任务，你必须迅速加大自尊的承受力度。

大部分人都希望得到他人的肯定，特别是当你花了很多的心血去做了一件自认为很对的事情时，如果遭到别人的否定，你肯定会受到强烈的刺激。这个时候，为了挽回面子，进行辩解、反驳甚至是争吵，都是非常不明智的。因为这样维护自尊、面子，只会使事情更糟，倒不如先接受这个事实，效果可能更好一些。

当你受到批评时，特别是当众挨批评更是难为情，自尊心一定受不了。此时的你对批评要正确理解，应采取虚心的态度，这不但不会丢面子，反而会改变他人的看法，给对方留一个好印象。有时，批评的内容不实，有些偏颇，而批评者又处在特别的地位，这时如果你受自尊心的驱使，当场反击，效果肯定不好。理智一些，不要当场反驳，事后再进行说明，这种处理较为有利。

还有，维护自尊时，脸皮不要太薄，这并不是不要尊严，而是要把握适当的度，保持最佳弹性空间。

学会妥协是人生的重要一课

我们经常能听到一些人说："从此以后你我井水不犯河水！你走你的阳关道，我过我的独木桥！"

实际上，这是非常幼稚的话。人与人之间、集团与集团之间本来就利益交织，关系错综复杂。井水怎能不犯河水？世界是普遍联系的，人与人、物与物之间的联系具有客观性。人不能独立于他人和社会而存在。通俗一点，马勺哪有不碰锅沿儿的时候？

在与别人的交往活动中，我们一定要尽量避免与人决裂，特别要避免自己说出一些缺乏理智的话，这样做既伤感情，又缺乏远见有失风度。前程是难以预测的，谁能肯定关系曾一度僵化甚至破裂的双方，不会因为某个利益切入点的相同又重新合作在一起？那个时候再想想当初说过的话，尴尬不足以形容其窘境吧？当我们执拗地认为，可以不依赖其他人而照样生活时，我们就已经在犯错了。从社会学角度来看，人与人之间都是相互依存的，不可能彼此彻底地隔绝。山不转水转，水不转人转。两座大山永远不能碰头，可人生的道路太漫长了，也许你努力想割断的联系正是维系你成长壮大的根本所在。

想要拥有和谐的社交关系，学会妥协很重要。我们只要看一看世界，就知道生活中到处都是妥协。树要向阳光妥协。无任何外力影响时，树总是向着阳光倾斜。河水向山石妥协，沿着它的裂缝奔涌。如果水一定要覆盖山的峰顶，那它一定要改变自己的形态——变成雪——那也是雨的妥协。对有些事情不较真，是对生活的妥协，妥协能为生活增添许多妙味。社会是在竞争中发展进步的，也是在妥协中和谐共赢的。人与人妥协，彼此的日子都有了节日的味道。人类与自然妥协，彼此在对方眼中都成了美丽的景色。人类需要竞争，也要学会妥协。如果永不妥协，生活就不可能平静。人可以扼住自己命运的咽喉，但不能无视别人的存在。学会妥协，正是正确对待别人的一种正确的选择。不然，无情的恩怨相报，会把我们的生命空耗殆尽；而自然的报复，也许会使人类的寿命缩短。

世界到处充满妥协。妥协使世界变得丰富而有趣，和谐而欢乐。生物界里有许多伪装，这些变化从大处看也都是生物选择妥协的结果，妥协使生命与生命获得了双赢。我们常说，要怀着必胜的勇气，作最坏的打算，其实这也不妨看做是自己的心情与自己的能力的妥协，或者说，这是自己的能力与自己的命运的妥协。妥协有时意味着生活的本质。妥协有时也是宽容。让别人过得好，自己也能过得好。

学会妥协，才能创造和谐。创造和谐，就要避免决裂。井水河水都是水，水在一个和谐的空间里是共存的，多数也是融洽的。

愚亦有智

民间曾流传这样一个笑话：

> 诸葛亮答应出山之前，提出一个条件，要请刘、关、张三人分别与他做哑对，对得好就出山，对不好就不出山。刘备、关羽自知对不好，谢绝了。猛张飞不管天高地厚，冲上前去应对：诸葛亮用手指天，张飞用手指地；诸葛亮伸出一个指头，张飞伸出三个指头；诸葛亮拍三下掌，张飞拍九下掌；诸葛亮用手指在胸前画一个圆圈，张飞却指着自己的袖筒。哑对结束，诸葛亮十分满意，遂答应出山。事后，刘备和关羽分别问诸葛亮与张飞是怎样对的，二者的回答截然不同。诸葛亮说：我出上知天文，他对下知地理；我出一统天下，他对三足鼎立；我出三三归汉，他对九九化原；我出胸装日月，他对袖藏乾坤。这不是对得很好吗？张飞却回答说：他说天上下雪，我说地上滑；他问我们是第一次来吗，我说来三次了；他说叫人烙了三张饼，我说三张不够，每人三张得九张；他画了一个圆圈，说他家饼大，我说吃不了就装在袖子里带走。

有个成语叫“智者千虑，必有一失”，这是人之常情，但人们却忽视了“愚者千虑，必有一得”的客观存在。聪明的人也有犯傻的时候，鲁莽的人也有智慧闪现的时候，我们不要盲目地崇拜圣人。

智者与愚者本来就是同生共存的一对，没有愚显不出智，没有智也就不存在愚。而且愚和智是相对而言，在一定条件下又是可转化的。

传说古时在南城有一口“愚泉”，谁饮了这口井里的水都会变得愚不可及。有一个聪明人想：“假如将愚泉引入城，全城的人喝了里面的水都变成了傻子，我岂不就可以独霸这座城了吗？”于是，他偷偷地将愚泉引入城河，自己却另外挖井弄水吃。果然，几天后城里人都变得十分愚蠢。一些人争相将自己的田产屋舍送给他人，其他人因变愚也都推辞不受。只有这个聪明人来者不拒，因而城里的土地房屋尽归于他，不久便成了一个大富翁。城里这些愚人十分奇怪：田产、珠宝都是肮脏的东西，我们都弃之不要，这人却当成宝贝似的，可见他愚蠢至极。城里有这样的蠢蛋，是我们共同的耻辱，应该把他驱逐出城。不一会儿，城里人团团围着聪明人的住宅，有人冲进屋里将他绑了出来，打算将他赶出城外。聪明人叹了口气道：“我本想使众人愚蠢，没想到众人反将我看成愚蠢，真是搬起石头砸自己的脚，天下没有比我更愚蠢的了，我还有什么脸面待在这个世界上呢？”最后，这个聪明人投城河自尽。

如果把别人都当做愚者，那他自己就是一个真正的愚者；只有承认愚者亦有智，才不会怀疑智者也有愚。

有一个愣头愣脑的流浪汉，常常在市场里走动，许多人很喜欢开他的玩笑，并且用不同的方法捉弄他。其中有一个大家最常用的方法，就是在手掌上放一个5元和10元的硬币，由他来挑选，而他每次都选择5元的硬币。大家看他傻乎乎的，连5元和10元都分不清楚，无不捧腹大笑。每次看他经过，都一再地以这个方法来取笑他。过了一段时间，一个有爱心的老妇忍不住问他：“你真的连5元和10元都分不出来吗？”流浪汉露出狡黠的笑容说：“如果我拿10元，他们下次就不会让我挑选了。”

当人自以为聪明的时候，其实往往显示他的愚昧和无知。

不要轻易“见面熟”

某甲参加一次社交聚会，换来了一大堆名片，握了无数次手，可最后也搞不清楚谁是谁。

几天后，他接到一个电话，原来是几天前见过面、也交换过名片的朋友，因为那位朋友名片设计别致，给他留下了深刻的印象，所以记住了他。

其实这位朋友也没什么特别的事情，只是想聊聊天，好像两人已经很熟了的样子。

某甲不太高兴，因为他与那个人没有业务关系，而且也只见了一次面，他就这样子打电话来聊天，让他有被侵犯的感觉，而且，也不知和他聊什么好。

在现代人际交往中，我们经常碰到这种情形。从这位某甲的朋友来看，他有可能对某甲印象颇佳，有心和他交朋友，所以主动出击，另外也有可能是为了业务利益而先行铺路。但不管基于什么样的动机，他采取的方式却犯了一种人际交往的大忌——操之过急。

拓展人际网络，这是人类生存的必经之路，但在人际交往中，我们必须遵照一些基本的法则，这样才能达到预期的效果，而不至于弄巧成拙。这类法则有一条就是“一回生，二回半生不熟，三回才全熟”，而不要“一回生，二回熟”甚至“见面就熟”。

我们之所以在与人交往时要做到上述提到的这一基本原则，至少有以下几个原因：

每个人对他人都会产生一种戒备心理，这是人际交往中一种很自然的反应。如果你一回生，二回就要跟人“熟”，对方对你采取的绝对是关上大门的自卫姿态，甚至认为你居心不良，因而拒绝让你接近。这对于那些名人、富人或有权势之人来讲，更是如此。

每个人都建有一个“自我堡垒”。你若一回生，二回就要熟，必定会采取积极主动的态度，以求尽快接近对方；也许对方会很快感受到你的热情，同时也给你热情的回应，可是大部分人都会感到自己心中的“自我堡垒”受到压迫，因为他还丝毫没有和你“熟”的准备，只是痛苦地应付你罢了。如果这样，他很可能第三次就拒绝和你碰面了。

“一回生，二回熟”的不足之处不仅仅在于上面提的两点。因为你急于接近对方，所以很容易在不了解对方的情形下，总是以自己作为话题，以便持续你们两人的交谈，这样无疑暴露了自己，犯了人际交往的大忌。如果对方并不是一位善人，你这样做不是自投罗网吗？

漫步在人性丛林里，我们的确需要有人同行，但对于同行的伙伴必须谨慎选择。“一回生，二回半生不熟，三回才全熟”，这是最高的指导原则。与他人保持一种平静的、持续的接触，这样拓展出来的人际关系才最为稳固和值得信赖。

要识庐山真面目

俗话说，“害人之心不可有，防人之心不可无”。当你在社会上行走时，还应该学会一门功夫——识破他人的真假面目。

看人的窍门很多，也并非人人都懂。下面是《伊索寓言》中的一则故事，通过这则故事你至少能明白一点道理。

有一个王子养了几只猴子，他每天训练它们跳舞，并给它们穿上华丽的衣服，戴上人的面具。当它们跳起舞来时，就像人在跳舞一样，精彩逼真。有一天，王子让这些猴子跳舞，供朝中大臣们观赏。猴子的精彩表演获得了满堂掌声，可是其中有一位朝臣故意恶作剧，丢了一把坚果到舞台上去，这些猴子看见了坚果，纷纷揭掉面具，抢食坚果，结果一场精彩的猴舞就在朝臣的嘲笑中结束了。

这则寓言故事说明了一个道理，猴子的本性并不会因为学习舞蹈和戴上面具而改变，猴子就是猴子，一看到坚果就会原形毕露！

现实生活中的有些人就像这则故事中的猴子，整日戴着假面具在人生舞台上表演。因此小人戴上面具，会让你误以为是君子；恶人戴上面具，会让你误以为是善人；好色之徒戴上面具，会让你误以为是正人君子！人性险恶，真是防不胜防！

另外，通过这则寓言故事，我们还可以悟出一个道理——要识破他人的真假面目的手段，那就投其所好！

猴子尽管穿上了华丽的衣服，并受训跳舞，但它不会改掉其喜欢吃坚果的本性，看到了坚果，它们就忘了自己正在跳舞给人看。当然人的表现不会像猴子那么直接，但不管怎么伪装，一旦碰到能激发其弱点的东西时，就会无意识地现出真面目。因此好色的人平时道貌岸然，但一看到漂亮女性就会两眼色眯眯，言行失态；好赌的人平时循规蹈矩，但一上牌桌就废寝忘食，不知罢手！不是他们不知道显露这种本性不好，而是一看到所好之事或所好之物就忍不住要掀掉假面具——就像那群猴子。

当你实际运用这一招术时，可以主动地“投其所好”，在刻意安排的情境中了解其所好。譬如说，如果你想了解某个人的喜恶，可主动作出一些安排，从各方面去观察，若某人真的有某方面的喜好，假面具至少要掀掉一半，甚至忘形时忘了自己是谁，赤裸裸地露出真面目。你便可从其表现来推断他其他方面的性格，作为与他来往的参考。有些商人就是用这种方法来掌握他的客户的。

如果你无法安排各种情境，就利用各种机会顺便观其所好，这种观察也许比刻意安排的更为深刻有效，因为你观察的对象没有防备，真面目会显现得更加彻底。

用“投其所好”来看人虽然不一定能看出他是君子还是小人，但可以看出一个人的人品，而人品会影响他的行事、判断和价值观，无论是交朋友，还是找合作伙伴或共事者，这都是一项重要的参考！

第七章　养成说话办事的新思维

直话不妨转个弯说

某人长期借钱不还，只要是他认识的人，他都借了钱。他口才特别好，脸皮也修炼到了一定的厚度。一日他又找朋友甲借钱，他一进门就说："老朋友，别看报了，我有急事找你，只有你能帮我……"

甲一听他开口又是来借钱的，心里就有火，上一次借的钱还没还现在又来借了。他心里立即涌出了几句十分直白的话："你上次借的钱都还没还呢，还有脸再来开口呀！""我不能再借钱给你这样的人，你得赶快还上次的钱。""抱歉，我手中没钱。""就这一次，下不为例了哦！"

甲转而一想，朋友相处多年，他人并不坏，只是有此毛病，劝他改改就成，于是，他没有将心中的话直讲出来，而是换了一种方式说道："我们是老朋友了，借钱没问题，你先坐下喝杯茶，听我说几句。你看今天的报纸又在报道中国的水资源还能用50年左右，资源都快枯竭了，你知道什么原因吗？"

借钱者只想借钱，他略一思考后说："不知道，你学问多就告诉我吧！"

甲叹息道："资源再多也有穷尽的时候呀，关键是要懂得及时维护，若不维护，只知道任意开采，总会枯竭的呀！"

借钱者并非非要借到这笔钱不可，他是明白人，一听就能听出朋友是在委婉地劝他。他立即醒悟，带着歉意走了。

他似乎从这谈话中悟到了什么——朋友也是资源，也得维护。

由此可以看出，直话和转了个弯的话，会产生多大的不同效果。

所谓直话，多半都是直指他人缺点的话，都是被伤害者实在忍无可忍的情况下讲出来的话，都是点击说话者身上“要穴”的话。

从客观上讲，这种话的确是应该讲的话。如果你真正关心对方，真正想继续交往下去，那就有义务提醒对方身上存在的某些明显的缺点。因为缺点只能首先被他人发现，而自己一般是感觉不到的。

不过，你真正将直话讲出去了，那多半只能得到一个结局——对方不仅不感谢你，而且还会在心里怨恨你。这就是人性的弱点，人都只听得见赞美和吹捧的话，而不想听负面的和真实的话。要知道，听得进忠言和逆耳之言的人，是需要修炼的，是需要有一定境界的，而这种人并不多。

所以，直话并不那么好讲，一出口多半会伤人、会得罪人。那么，不得不说的话，应该怎么说才有效果呢？

应该转个弯后再说。

所谓转了弯的话，就是将生硬如石头的话加温、加工，使之变成柔软的话、温暖的话。这样的话才是“话中正品”，而直话，从人性的角度来说，只是话中的“次品”而已。因此，我们在讲话的时候，要多出正品，少出次品。

直话，一则伤害对方的尊严和面子，二则否定了人家的智慧，三则否定了人家的品德。正因为如此，许多直话不仅没有收到预料的效果，而且还会恶化人际关系。

而转了弯的话，则正好避开了直话的三大缺点，找到了对方能接受的切入点，因此，对方会舒服地听到耳朵里去，顺利地流到心里去，从而达到真正的说话目的。

投其所好找话题

与人交谈的唯一捷径，就是要投其所好。如果你能投其所好，说的话就能深入人心，如果反其所好，只会招来对方的厌恶，给自己带来麻烦。

从美国总统罗斯福的传记中我们可以知道，每一个拜访过罗斯福的人，都会惊讶他何以全知全能。无论是牧童、农民、劳工，还是政治人物、商业巨子，都能和罗斯福谈得很投机，这中间到底有什么秘诀呢？

其实说来也很简单，罗斯福是个历史上相当成功的政治人物，他深知获取人心的捷径，就是谈论对方以为最值得谈的事。罗斯福无论接见任何人，不管那个人地位高低，在前一晚肯定要预先阅读对方有兴趣的谈话资料。所以，所有见过他的人，无一不对罗斯福有好评。

当然，不单是政治人物，就算是个推销员，也该知道要怎样投顾客所好。例如，有位汽车推销员，为了手上的进口高级车，专程拜访一位企业家。可是见面开始他并不谈买车的事，反而先拿出儿子的集邮册，原来他儿子与企业家的儿子是同班同学，他知道企业家为了帮儿子搜集邮票，总是不辞辛劳，乐此不疲。他用这件事当话题，两人很快就有了共同语言，并且谈得很投机，最后在快要告辞时稍微提一下车子的事，当然就顺利卖出了。

投其所好，其实也是有技巧的。如果只投其表面所好，对自己未必有利。以下这个例子，可以提供给你做参考。

有一位大学刚毕业的法律系学生，因为律师考试未能通过，只好在一家法律事务所当职员。按公司规定，试用期间每一个人在一个月内都要拉到一家新客户。可是他刚离开学校不久，又没有任何的背景，每次去拜访一些陌生的新客户，不是吃了闭门羹，就是要他回去等消息。

眼看一个月的期限就快到了，他已经是心灰意懒，打算另谋出路。没想到这个时候奇迹出现了，他不但开发出一个新客户，而且还借着这个客户的引荐，一连吸收了十几家新客户。他不但没有被炒鱿鱼，反而晋升成正式职员，薪水也连跳好几级，成了该事务所的“超级营业员”。

这个新人到底是凭着什么本领，能够找到他生命中的“贵人”

呢？以下内容是他的自述：

“当天，我愁眉不展地不得不踏入那家公司。到了门口的时候，我想到以前几次的闭门羹，就更加踌躇不安。忽然我看了公关主任的名片，我想我有办法了。

“原来这位主任的名字蛮奇怪的，竟然叫做‘万俟明’，而我恰好又很喜欢看传统小说，以前在看《说岳全传》时，书中有个坏人的名字就叫‘万俟卨’。这个人与岳飞同朝为官，但因为岳飞见他时不以礼相待。两人因此不和。后来他便迎合奸相秦桧在朝中一再攻击岳飞，将岳飞父子下狱治死。如果有在朝为官者替岳飞申冤，也都被他弹劾，可以说是个大大的奸臣。

“我看《说岳全传》时年纪还小，一看到‘万俟卨’三个字，就不知道怎么读，所以我特地查了字典，才知道这三个字的读音。也正是因为这样，我才知道‘万俟’这两个字的正确读音（万俟作为姓应读做 mòqí）。

“当时我一眼看见这人的名片上写着‘万俟明’，我就礼貌地上前称呼他：‘万俟先生，我是××法律事务所的职员，今天特别来拜访您。’

“才说完这句话，对方就吃惊地站起来，嘴里结巴地说着：

“‘你……你……你怎么认识我的姓？一般人第一次都会念错，大部分人都叫我万先生，害得我总是解释一次又一次，烦死了。’

“我听了以后感觉这次拜访似乎有个好的开始，于是我接着说：

“‘这个姓是复姓，而且又很少见，想必有来源的吧？’对方听到这里，更是显得神采飞扬，高兴地说道：‘这个姓可是有来由的，它原是古代鲜卑族的部落名称，后来变成姓氏的拓跋氏，就是由万俟演变而来的。’

“我看到对方越来越高兴，于是接口问道：‘那您就是帝王之后，系出名门了！’

“那位万俟明先生听了后更加高兴地说下去：‘岂止是这样，这个姓氏一千多年来也出了不少名人，例如，宋代有个词学名家叫万俟永，自号词隐，精通音律，是掌管音律的大晟府中之制撰官，另

外写了一本书叫《大声集》。后人都尊称他万俟雅言。’

“用这个少见的姓氏做话题，我和那位公关主任聊了起来，尽管我并未说明来意，更没谈什么细节，但光凭这次愉快的交谈，就让我开发出一家财团做客户。而这家财团旗下所有的关系企业，全都与事务所签下了合约，聘我们做法律顾问，为我们事务所增加了前所未有的业绩。”

两个陌生人初次见面，如果不能善用机会，投其所好地找出话题，必然不能取得沟通的成功。当然，如果不能进行良好的沟通，又怎能合作，生意自然谈不成。

连陌生人初次交谈都必须想尽办法，投其所好去寻找话题。对我们那些已熟识的朋友或上司，这件事不是更重要吗？

到什么山唱什么歌

人类语言交流的实践证明：在同一个社会环境表达同一思想内容，不同交际场合要求采取与之各自相应的语言形式，否则就达不到交际的目的。因此，一个受社会欢迎的人，应当说话看场合，即所谓“到什么山上唱什么歌”。

说话看场合，常见的有以下几种区分：

1. 自己人场合和外边人场合

我国文化传统一向是重视内外有别的。对自己人“关起门来谈话”，可以无话不谈，甚至可以说些放肆的话，什么事都好办。而对外边的人，总怀有戒心，“逢人只说三分话，未可全抛一片心”，办事嘛，一般是公事公办。因此，遵循内外有别的界限谈话，社会上认为是得体的，违反这一界限，便被认为是“乱放炮”，说话不得体了。

2. 正式场合与非正式场合

正式场合说话应严肃认真，事先要有所准备，不能乱扯一气。非正式场合下，便可随便一些，像聊家常一样，便于感情交流，谈深谈透。有些人说话文绉绉，有人讲话俗不可耐，就是没有把握正式场合与非正式场合的界限。

3. 庄重场合与随便场合

“我特地来看你”，显得很庄重；“我顺便来看你”，有点随随便便看你来了的意思，可以减轻对方负担。可是，在庄重的场合说“我顺便来看你”就显得不够认真、严肃，会给听话者蒙上一层阴影。在日常生活中，明明是“顺便来看你来了”，偏偏说成是“特地看你来了”，有些小题大做，会让对方感到紧张。

4. 喜庆场合与悲痛场合

一般地说，说话应与场合中的气氛相协调。在别人办喜事时，千万不要说悲伤的话；在人家悲痛时，你逗这个小孩玩，逗那个小孩玩，说些逗乐的话，甚至哼哼民歌小调，别人就会说你这人太不懂事了。

某地有个老太太死在家里，亲属围在一起商量后事。老太太生前嘱咐土葬，但土葬有点不现实，于是大家七嘴八舌，发表个人的看法。只听老太太的孙子说：“这么办吧，老太太死了不是埋掉就是烧掉。现在尸体放在家里，人来人往的，总不是个事，我看烧掉得啦，又省钱又省事。”这番话令大家听了十分恼火，可是骂不得打不得，那场合不是教训年轻人的场合。

如果这个二十刚出头的孙子会说话，他会选择一些适合这种场合和气氛的话来说，他可以这么说：“奶奶走了，我心里很难过。现在，遗体放在屋里，得赶紧料理。奶奶生前有土葬的愿望，可土葬又不可能，我看还是赶紧安排火化好。我是晚辈，说给大家考虑，大主意还是请伯伯婶婶拿定。”

5. 适宜多说的场合与最好少说的场合

对方很忙，时间很紧，跟他说事情就得简明扼要。如果跟他谈笑风生，海阔天空，主观愿望是好的，但不符合客观的要求，效果是不会好的。失火了，你看见后应该立即呼唤救火，等火被扑灭后，再向警方报告你发现的可疑线索。如果先跑过去向警方慢条斯理报告失火的原因，等把失火的可疑线索报告完，火势早已蔓延开了。

坚持在背后说别人的好话

喜欢听好话似乎是人的一种天性。当来自社会、他人的赞美使其自尊心、荣誉感得到满足时，人们便会情不自禁地感到愉悦和鼓舞，并对说话者产生亲切感，这时彼此之间的心理距离就会因赞美而缩短、靠近，自然就为交际的成功创造了必要的条件。

在背后说一个人的好话比当面恭维说好话要好得多，你不用担心，你在背后说他的好话，很容易就会传到他的耳朵里。

说别人的好话时，当面说和背后说是不同的，效果也不会一样。你当面说，人家会以为你不过是奉承他，讨好他。当你的好话在背后说时，人家会认为你是真诚的，是真心说他的好话，人家才会领你的情，并感激你。假如你当着上司和同事的面说你上司的好话，你的同事们会说你是讨好上司，拍上司的马屁，而容易招致周围同事的蔑视。另外，这种正面的歌功颂德，所产生的效果反而很小，甚至有反效果的危险。你的上司脸上可能也挂不住，会说你不真诚。与其如此，倒不如在公司其他部门或上司不在场时，大力地“吹捧一番”。这些好话终有一天会传到上司的耳中。

有一个员工，在与同事们午休闲谈时，顺便说了上司的几句好话：“陈征这个人很不错，办事公正，对我的帮助尤其大，能为这样的人做事，真是一种幸运。”没想到这几句话很快就传到陈征的耳朵里去了，这免不了让陈征的心里也有些欣慰和感激。而同时，这个员工的形象也上升了。那些“传播者”在传达时，也顺带对这个员工夸赞了一番：这个人心胸开阔，人格高尚，真不错。

在背后说别人的好话，能极大地表现你的“胸怀”和“诚实”，有事半功倍的效用。比如，你夸上司，说他公平，对你的帮助很大，而且从来不抢功。以后，你的上司在“抢功”时，可能会有那么一点点顾忌，也会手下留情。

如果别人了解了你对任何人都一样真诚时，对你的信赖就会日益增加。

在背后说别人的好话，会被人认为是发自内心、不带私人的动机的。其好处除了能给更多的人以榜样的激励作用外，还能使被说者在听到别人“传播”过来的好话后，更感到这种赞扬的真实和诚意，从而在荣誉感得到满足的同时，增强了上进心和对说好话者的信任感。

如《红楼梦》中有这么一段：

史湘云、薛宝钗劝贾宝玉做官为宦，贾宝玉大为反感，对着史湘云和袭人赞美林黛玉说：“林姑娘从来没有说过这些混账话！要是她说这些混账话，我早和她生分了。”

凑巧这时黛玉来到窗外，无意中听见贾宝玉说自己的好话，“不觉又惊又喜，又悲又叹”。结果宝黛两人互诉肺腑，感情大增。

因为在林黛玉看来，宝玉在湘云、宝钗、自己三人中只赞美自己而且不知道自己会听到，这种好话就不但是难得的，还是无意的。倘若宝玉当着黛玉的面说这番话，好猜疑、小性子的林黛玉恐怕还会说宝玉打趣她或想讨好她呢。

祸从口出，谨言慎行

在人际交往中，你若与朋友初交，就把心掏出来给对方，用心和他交往，那么很有可能会“受伤”。

小王是一家公司的业务经理，在一次聚会上，偶与另一家公司的业务员相遇，两人很投缘，话也越说越投机，大有相见恨晚之感。小王把对方当成了自己的贴心朋友，结果在耳热酒酣之后，便把自己公司将要开展的业务计划全盘说了出来。

一个月后，当小王的公司把新的业务计划投入实际运作时，却被客户告知别的公司已经在做了，并且签了合同。作为与老板共知计划机密的小王，自然被上司批评一番，并罚薪降职，永不重用了。小王没想到把对方当成朋友，对方反而害了他。

所谓逢人只说三分话，而这三分话之中还不能包含重要的，重要的话是一句都说不得的。你所说的三分话，应该是风花雪月，应该是柴米油盐，应该是天上地下，应该是山海奇观，应该是稗官野史……总而言之，应该是无关紧要的内容，虽然说得头头是道，说得兴味淋漓，说得皆大欢喜，其实是言之无物，这就是有效防止“交浅言深”的办法。

要知道，生活中有些人交朋友很失败，做事业也很失败，关键的一点就是与泛泛之交的朋友无话不谈。在朋友交往中，除非是知己好友，否则是不能无话不谈的。

俗话说“祸从口出”，为人处世一定要把好口风，什么话能说，什么话不能说，都要在脑子里多绕几个弯儿，心里有个小九九。

每个人都有自己的秘密，都有一些压在心里不愿为人知的事情。朋友之间，哪怕感情不错，也不要随便把你的事情、你的秘密说出来。你的秘密可能是私事，也可能是公事，如果你告诉你的朋友，这些秘密就不再是秘密了。

如果你是职场中人，你将你的秘密告诉你的同事，如果他是一个别有用心的人，虽然不会在外面传播你的秘密，但在关键时刻，他会把它作为武器回击你，使你在竞争中失败。个人秘密大多是一些不甚体面、不甚光彩甚至是有很大污点的事情，这个把柄若让人抓住，你的竞争力就会大大削弱了。

俗话说：“没有永远的敌人，也没有永远的朋友。”任何朋友，都可能会因为各种原因而中断友谊或分道扬镳，甚至造成反目成仇的局面。由于昔日彼此不相防备，各自的内情外事也都知根知底，所以一旦关系破裂，翻起老账、揭对方的短处，便会使双方格外痛心、没齿难忘。所以，即便是老朋友，不能讲的话一句也不要讲，更不要说刚结识的新朋友。

知人知面不知心，对待任何人都一样，一定要守住心中的秘密，不要使自己将来陷入被动，这是为人处世的一个必要的策略，不是什么钩心斗角，也不是什么阴险狡诈。明白这个道理，任何人都不能轻而易举地伤害你了。

能说会道不如沉默寡言

古人云：“言多必失。”意思是讲，一个人总是滔滔不绝地说话，说得多了，言语中就自然而然地会暴露出许多问题。例如你对事物的态度，你对事态发展的看法，你今后的打算，等等，都会从言语中流露出来，如果被你的对手有所了解，他们就会制定出相应的策略来战胜你。并且，你的话多了，其中自然会涉及其他人。由于所处的环境不同，人的心理感受不同，同一句话由于地点不同、语气不同，所表达的情感也不尽相同，别人在传话的过程中也难免会加入其个人的主观理解，等到你谈的内容被谈话对象听到时，可能已经大相径庭，势必造成误解、隔阂，甚至形成仇恨。

另外，人处在不同的状态下，讲话时心情不同，话的内容也会不同。心情愉快的时候，看事看人也许比较符合自己的心思，赞誉之言可能就会多；有时心情不愉快，讲起话来不免会愤世嫉俗，讲出许多过头的话，招来很多麻烦。

所以，“不乱表态”、“不妄发议论”是成熟交际的具体表现，也是杰出人士在与人相处中必然遵守的原则。

1936年12月12日，东北军将领张学良、西北军将领杨虎城共同发动了震惊中外的西安事变，扣押了蒋介石及其高级从员。

第二天，消息即传到天津，天津市委书记林枫立即报告当时正在那里主持北方局工作的中央代表刘少奇，刘少奇立即指示：事情很大，要好好收集多方人士的反映。

12月15日，刘少奇来到天津英租界福荫里1号，听取林枫的汇报。林枫向他介绍了情况：现在靠近我们的教授们都说话了，认为西安事变过去了好几天，北方局一言不发，这是不对的，而且咱们的一些老党员也有意见。大家认为，蒋介石打了十年内战，屠杀了许多共产党员，这次抓住他如果不杀掉，实在不解恨。

刘少奇耐心听完汇报后，郑重地说：“我们个人受批评、受委屈是没有关系的。现在，我们还是不能说，沉默比说了好。我们还是要等党中央的电报指示，因为只有中央知道全局。如果我们说了，和中央的意见不一致，必然造成思想上、舆论上的混乱。到那时候，按中央的指示办，我们就要纠偏了，与其乱了再纠偏，不如现在沉默。待中央的指示来了，我们照中央的指示办，这样稳妥些。”

果然，事实证明了刘少奇不乱表态的正确和高明。中共中央出于民族大义，采取了促蒋抗日的方针，西安事变最终和平解决，中国抗日民族统一战线初步形成。

遇事冷静沉着，坚决服从中央指示，这充分体现了刘少奇强烈的组织观念和党性原则，同时也体现了他工作主动，不打被动仗，不搞反复的方法论。在刘少奇的革命生涯中，他始终恪守这一原则，不随便发表意见。这主要出于两方面的考虑，一是自己对情况具体了解了多少？全不全面？所知道的情况是真情况还是假情况，如果所知不够而且含有虚假成分，岂不是贻害全党，殃及干群吗？二是中央的意见又是怎样的呢？如果自己的看法与中央总的部署有差异，不是让下面的人无所适从吗？因此，刘少奇这一稳健的工作方法确保了他始终与中央的指示保持统一，从而减少了工作中的偏差和失误。

古人说，治理中显露的，是大众的人事；治理中默然无声的，是圣人的表现；存心于私利的，是小人的追求；存心于远大的，是圣人的事业。要想在人际交往中永远立于不败之地，不被别人抓住把柄，最好的方法就是保持沉默，不乱发议论。

学会拒绝

如果你不会说“不”，不会拒绝别人的话，那么你将为自己招揽很多的事，这样你就无法专注于自己的要事。一个人的时间是有限的，而且你也有自己的本职工作。因此,你应该学会说“不”,将主要精力放在自己最重要的事情上。

一些员工在工作中每天都忙忙碌碌，但他们并没有做出过什么真正的成绩，这是为什么呢？其中有一个很重要的原因就是因为他们不懂得拒绝，大事小事统统全包，不分先后，不知道做好协调，只要别人一开口，他们就会忙前忙后地忘了更重要的事情，弄得丢了西瓜专拣芝麻。

汉斯就是这类人中的一个典型代表。汉斯是一家保险公司的业务员，有一天，他和客户约好在一家茶座里谈业务，他用尽浑身解数给这位客户介绍了业务内容，但是这位客户好像诚意不太大，心不在焉地喝可乐，好像根本就没有听进去。

汉斯知道他是搞电脑硬件销售的，而汉斯在大学学的就是计算机专业，他就转移话题大谈当今电脑硬件在市场上遇到的普遍问题。结果把对方的兴趣提了上来，最后两个人约定下个星期同一时间在此见面，正式签单。

汉斯非常兴奋，到了那天，早早地就准备好了一切相关的材料，然而这时他的手机响了，是他的主管说有个多年没有联系上的大学同学要来，要汉斯帮忙去机场替他接一下，而主管自己却没有时间。

汉斯觉得这是主管交代的事，自己应该帮忙，再说时间也还早，于是他就答应了。

由于堵车，等他从机场回来，客户早就走了，痛失了一单千辛万苦才谈下来的保单。

学会拒绝才能专注要事。人的精力是有限的，一次只能做好一件事，无论做什么事情，我们首先要清楚自己最重要的事情是什么，然后排除一切干扰，集中精力做好这些事情。

然而对于许多人来说，拒绝别人的要求似乎是一件难上加难的事情。拒绝的技巧是一项非常重要的沟通艺术。在决定你该不该答应对方的要求时，应该先问问自己“我想做什么”或是“不想做什么”、“什么对我才是最好的”。在作决定时我们必须考虑，如果答应了对方的要求是否会影响现在的工作进度，而且会因为我们的拖延而影响到其他人？而如果答应了，是否真的可以达到对方要求的目标。一个做事目的性强的人要懂得说“不”的艺术。拒绝是保障自己行事优先次序的最有效手段。

下面我们列出几条拒绝别人的技巧，供你参考：

① 要耐心倾听请托者所提出的要求。

② 如你无法当场决定接纳或拒绝请托，则要明白地告诉请托者你仍要考虑，以及时间到底有多长。

③ 拒绝接纳请托应显示你对请托者之请托已给予慎重的考虑，并显示你已充分了解到请托者的重要性。

④ 拒绝时应和颜悦色。

⑤ 拒绝时应显露坚定的态度。

⑥ 拒绝时最好能对请托者指出拒绝的理由。

⑦ 要令请托者了解你所拒绝的是他的请托，而不是他本人。

⑧ 拒绝接纳请托之后，如有可能你应为请托者提供处理其请托事项的其他可行途径。

⑨ 切忌透过第三者拒绝某一个人之请托，因为一旦这么做，不仅足以显示你的懦弱，而且在请托者心目中会认为你不够诚意。

把好求人第一关，让对方主动替你办事

求人办事，相互沟通是第一道“关口”，其中也少不了心理学。现实生活中，有些事情是自己力所能及的，有些事情是依靠自己的力量办不到的，这时候，就需要请求别人的帮助。学会求人办事，这一点非常重要。要让对方答应尽力帮忙，就要会说话，做好语言功夫。话说得好，你就能打动对方。说出有影响力的话，会让对方把你要办的事当成他自己的事，心甘情愿地为你去办。甚至在没有办好时，他会觉得对不起你，感到不好意思。如果能把话说到这个程度，你要办的事就容易办成了。

一所小学无钱修缮校舍，校长多次向上级请示，但是由于财政困难，一直都没有得到解决。万般无奈之际，校长决定向本县的化肥厂厂长求援。校长打算找这位厂长，是因为这位厂长重视教育，曾捐款5万元发起成立“奖教基金会”。遗憾的是，这个化肥厂近几年效益一直不好。校长深感希望渺茫，但是想到全校师生，校长还是硬着头皮来到了县化肥厂。一见面，校长就说：“颜厂长，久闻大名呀！我最近在市里开会，多次听到教育界同仁对您的称赞，实在钦佩！今天散会后，我特意前来拜访您。”厂长一听，脸上马上露出了笑容，谦虚地说：“过奖了！过奖了！”校长又进一步夸奖说：“颜厂长真是有远见呀！您首创了奖教基金会，起到了很大的带头作用。现在，不但咱们县的人知道您支持教育事业，连外县甚至全国许多

地方都知道您是这一活动的牵头人了。您真是名扬四海了！”校长的一番话，说得颜厂长满心欢喜，神采飞扬。

此时，校长却悲伤地诉说起自己的“无能”和悔恨：“唉，我也想为教育做一些实事，却总是力不从心。我身为校长，明知校舍摇摇欲坠，危及师生的生命安全，却一点儿办法也没有。要是有人能支援一下我们学校就好了，拨两万元救助学校，就能卸下我心头的重石了。可惜呀，我虽然四处奔波，却仍不见分文。”听到这里，颜厂长立即义愤填膺：“学生和老师的安全最重要呀！不管怎么样，不能让他们有危险呀！”一急之下，颜厂长拍拍胸脯，慷慨地说：“校长，学校的安全要紧，你就不要再打报告求三拜四了，两万元钱我捐给你们。”校长紧紧握住颜厂长的手，表示由衷的感谢。

校长深谙求人办事的说话之道，他从颜厂长重视教育的事情说起，说起颜厂长对教育的贡献和功劳，让颜厂长听了之后颇感自豪。然后，校长才提出自己的困难。这时，颜厂长已经站在了一个支持教育的名人的角度，顿时有了同甘共苦的豪气，他甚至忘记了自己的经济困难，就直接答应帮助这个学校。

试想，如果校长一进门就请求资助，颜厂长会这么痛快地答应帮助吗？颜厂长可能也会摆出一大堆财政困难，不愿意在自己经济紧张的时候拔刀相助了。要说动他人的心，语言功夫是很关键的。它就像酿酒需要的酒药引子，可以把开水调成酒味。在求人办事的时候，可以运用哪些求人的方法呢？

1. 在求人之前，先了解对方的心理状态

“知己知彼，方能百战不殆。”你要去求人，就要先了解对方的心理状态。据心理学家研究表明，被请求者在面对请求者的希望和要求时，会产生以下四种心理需要。

① 安全性。被请求者会希望请求者公道正派，光明磊落，不整人，不害人，不栽赃陷害。

② 依赖感。被请求者会希望请求者能够充分理解自己，信赖自己，十分放心地让自己去处理所委托的事情，甚至是一些极为重要的事，也能经常听取自己提出的合理化建议，并能够对自己说一些“知心话”。

③ 事业性。被请求者会希望请求者和自己情趣相投，思想一致，能够为自己事业上的成功提供一些方便条件。

④ 温暖。被请求者会希望请求者能关心自己的疾苦，体谅自己在生活上和工作上遇到的各种困难，尊重自己起码的工作条件和生活条件。

老练的求人办事者，不仅对他人在这四个方面的共同心理追求了如指掌，而且还对他们在不同层次上的特殊心理追求知之甚细。针对这些不同类型的对象对自己抱有的各种心理追求，因人而异，采取不同的攻心谋略，就能得偿所愿，顺利办事。

2. 从对方得意的事情说起

你说了对方的得意事，他就会格外高兴，也会变得和蔼可亲，容易接近。你再利用机会表达你的请求，对方就容易接受。从对方得意的地方说起，就如同给一个冻得瑟瑟发抖的人送去一件棉衣，会让对方迫不及待地穿起来。这样，他更容易答应你求他办的事。

对方得意的事情要从何处去探听呢？你可以看看你的朋友之中，有没有与对方有交往的人，如果有的话，向他探听当然是最容易的。你还可以留心报纸或期刊上的消息，关注对方感兴趣的事情，以便到时可以应用。

值得注意的是，对方先前感兴趣的事情，是否现在依旧感兴趣？如果不确定，你就不要贸然提起，以免引起对方不悦。因为对方在高兴的时候，你的请求会被易于接受；对方不高兴的时候，虽是极平常的请求，也可能遭到拒绝。

3. 给对方一些“互利”的承诺

俗话说“投之以桃，报之以李”，体现了求人办事的原则。你帮我办事，我就帮你办事。在现代社会里，人们都希望得到立竿见影的效果，否则就不愿付出。在求对方办事时，对方希望你也能帮他做些事情，或者承诺回报他。如果了解对方的这种心理，主动提出来，他就会很痛快地帮助你。求人办事，如果让对方觉得他与你有相同的利益，对方办事就会更主动，你要办的事也会收到更好的效果。

4. 以情动人

求人办事时，对方能不能答应你的要求，能不能全力帮助你把事情办成，关键是什么？关键就是要征服对方的心。如果他心里愿意帮你办，那么就会毫不犹豫地答应你的请求。要征服对方的心，就要做到以情动人，让他被你的真情感动，忍不住答应你的请求。在对人提出请求时，融入动情的叙述。你可以申述自己的处境，表示向他求助是不得已之举；你可以把事情办不成的凄凉后果说出来，让对方不忍心袖手旁观。你可以通过各种情谊关系来打动对方。如果你们是朋友，你也可以用昔日的深厚友情来打动他，让他愿意“为朋友两肋插刀”；如果他是你的亲戚，你就可以动用亲戚关系来求他，让他“盛情难却”。

不管是用什么方式说话，在求人时都要记住说话要诚恳，该忍时一定要忍。“人在屋檐下，不得不低头。”如果对方说你几句你就受不了，那么就会将“求人办事”变成“为自己辩护”，反之，你所求的事情也就很容易办成了。

为他人办事不得拖延

对朋友交代的事要及时处理，不要以为是朋友，他的事就无所谓，可以拖一拖，这会让朋友失望的。什么是朋友？就是你最先为他考虑的人，你拖延朋友的事，就是与这种精神相违背，就谈不上是真正的朋友。除非朋友对你说：“你可以先做别人的事，把我的事往后挪。”但即使这样，你还得不时地问一问朋友：“你的事着急吧？”并希望朋友给一个最后期限，这样才恰到好处。

不仅仅对朋友，对谁拖延都是一个不好的处世态度。凡事爱拖延，是一种恶习。拖延的恶习，往往让人失去生命中所追求的有价值的东西，使人的时间、精力和情感在无谓的浪费中贬值。现在生活节奏加快，大部分人都是从早忙到晚，忙工作，忙吃饭，忙学习，忙爱情，忙玩，却不知所为为何，忙来忙去忙死了，却没有休闲的片刻工夫。忙则罢，而以忙为借口，把别人交代的事不办好，把朋友的话丢到九霄云外，就会让人感到寒心了。

朋友打电话来有事找你，你不在，同事转告给你，叫你有空给朋友回电话，但你没有立即回电话，而是一天一天地向后拖延，直到有一天记起来，才打电话给朋友。朋友在电话里说，前几天正好有一笔生意介绍给你，一直等不到你，只好告吹了。你听后，一定追悔莫及。在拖延中，你错过了一次致富的机会。又有不少人写邮件或短信给你，其中有一些必须立刻回答，但每次你都会自个儿想："等一下吧，不急。"直等到短信都找不到了，才开始懊悔。

此外，也有不少人请你设计一个策划方案，可是桌上尽管摆好了纸笔，面对电脑，却提不起劲来，而玩起网上游戏却一头扎进去就出不来了，等到对方催促时，才开始胡乱地设计一份交差，这样的策划质量会让人满意吗？

想改变拖延习惯，你应该把事情理出一个轻重缓急来。昨天的事是昨天的事，今天的事不拖到明天。放着今天的事情不做，非得留到以后去做，其实在这个拖延中所耗去的时间和精力，就足以把今天的工作做好。更重要的是，你的拖延会使人对你失去信任，说不定几次一拖，你就没有合作伙伴了，就没有愿意办事的朋友了，而到了你找别人办事时也就难了。所以拖延，实际上是很划不来的，如写手机短信，一收到来信就回复，或者发电子邮件，是很容易的事，但如果一再拖延，那些信就不容易回复了，即使回复了，可能也失去了应有的作用。

已决定下的事应立即去做。人生在世，好机会往往稍纵即逝，有如昙花一现。如果决定好了的事情拖延着不去做，往往会对自己的品格产生不良的影响。人人都能下决心做大事，但只有少数人能够一以贯之地去执行他的决心，而也只有这少数人是最后的成功者。

提请求，先登上对方心理门槛

曾有社会心理学家做过一个经典而又有趣的实验，他们派了两个大学生去访问美国加州郊区的家庭主妇。

首先，其中一个大学生先登门拜访了一组家庭主妇，请求她们帮一个小忙：在一个呼吁安全驾驶的请愿书上签名。这是一个社会公益事件，不就是签个字嘛，太容易了。于是绝大部分家庭主妇都很合作地在请愿书上签了名，只有少数人以"我很忙"为借口拒绝了这个要求。接着，在两周之后，另一个大学生再次挨家挨户地访问那些家庭主妇。不过，这次他除了拜访第一个大学生拜访过的家庭主妇之外，还拜访了另外一组家庭主妇。与上一次的任务不同，这个大学生访问时还背着一个呼吁安全驾驶的大招牌，请求家庭主妇们在两周内把它竖立在她们各自的院子草坪上。这是个又大又笨的招牌，与周围的环境很不协调。按照一般的经验，这个有点过分的要求很可能被这些家庭主妇拒绝。

实验结果是：第二组家庭主妇中，只有17%的人接受了这项要求，但是，第一组家庭主妇中，则有55%的人接受了这项要求，远远超过第二组。

对此，心理学家的解释是，人们都希望给别人留下前后一致的好印象。为了保证这种印象的一致性，人们有时会做一些理智上难以解释的事情。在上面的实验中，答应了第一个请求的家庭主妇表现出了乐于合作的特点。当她们面对第二个更进一步的请求时，为了保持自己在他人眼中乐于助人的形象，她们同意在自家院子里竖一块粗笨难看的招牌。

这个实验告诉我们，一个人一旦接受了他人的一个小要求之后，如果他人在此基础上再提出一个更高一点的要求，那么，这个人就倾向于接受更高的要求。这样逐步提高要求，就可以有效地达到预期的目的。心理学家把这种对别人提出一个大要求之前，先提出一个别人很容易接受的小要求，从而使别人对进一步的较大的要求更容易接受的现象称为“登门槛效应”。

当你对别人提出一个貌似“微不足道”的要求时，对方往往很难拒绝，否则，似乎显得“不近人情”。而一旦接受了这个要求，就仿佛跨进了一道心理上的门槛，就很难有抽身后退的可能。因为当再次向他们提出一个更高的要求时，这个要求就和前一个要求有了顺承关系，让这些人容易顺理成章地接受。在这种情况下，比乍一上来就提出比较高的要求，更容易被人接受。

日常生活中有许多利用“登门槛效应”的例子。比如一个推销员，当他可以敲开门，跟顾客进行交谈时，其实，他已经取得了一个小小的成功。在这种情况下，如果他能够说服顾客买一件小东西的话，那么，他再提出进一步的要求，就很可能被满足。为什么呢？因为那位顾客之前答应了一个要求，为了保持前后一致，他会有较大可能性接受进一步的要求。男士在追求自己心仪的女孩时，也并不是“一步到位”提出要与对方共度一生的，而是逐步通过看电影、吃饭、游玩等小要求来达到目的的。

有的孩子向妈妈要求，可不可以吃颗糖果？当妈妈答应他的时候，他可能会提出进一步的要求，那可不可以喝一小杯果汁呢？这时妈妈通常是会答应的。

这个心理效应给我们的启示是，在人际交往中，当我们要提出一个比较高的要求时，可以不直接提出，因为这个时候很容易被拒绝。你可以先提出一个较易实现的要求，一旦对方答应，再提出那个较高的要求，就会有更大的被接受的可能。

在人际交往中，当我们要请求别人帮忙或是做事的时候，你不妨运用“登门槛效应”，这样做会给你带来意想不到的收获。

说话要恰如其分，做事要恰到好处

智者处理世事，如水般灵活。若藏于地下，则含而不露；若喷涌而上，则清而为泉；经沙土，则渗流；碰岩石，则溅花；遭断崖，则垂瀑；遇高山，则绕行。水处于天地之间，可潺潺，可涓涓，可细流，可江湖，亦可汪洋。水或动或静，动则为涧、为溪、为江河，静则为池、为潭、为湖海。不同境地，风采各异；随方就圆，自在无碍。达到这种境界的一个基本的原则就是：善于把握分寸，表现得总是恰到好处。能掌握这种处世技巧的人，在生活中也往往会广受欢迎。

一个年轻人去一家公司应聘，他事先打听到这家公司的总经理以前的经历，一见面就对那总经理说：“我十分希望能在这里工作，我更愿意追随您左右努力工作，因为我知道在十几年前，这个办公室里只有一台打字机和一个职员，经过您的艰苦奋斗和苦心经营，才能成就今天这样伟大的事业，这是多么令人敬佩的事啊！”

本来那位经理大都瞧不上那些应聘者，所以应聘的人虽然络绎不绝，结果都扫兴而归。可是他这么一说，正中那位经理的下怀，引起了他的很大兴趣，于是就向他大讲起自己的奋斗历史。他说他刚开始创业时，只有几万元钱，不过是小本生意，只赚一些蝇头微利而已。在业务方面，也十分清淡。经过他长时期没日没夜地筹划经营，平均每天工作 12 小时至 16 小时，今天终于取得了成功。

公司经理说起自己的成功史时滔滔不绝，兴高采烈，眉飞色舞，这个年轻人只是在旁边侧耳恭听，表示敬佩。谈了半晌，那经理也不去查问他的学历技能，就对坐在旁边的副经理说：“我看这位小伙子很不错，我们就要他吧。”这个位置，就在他最初的几句话下，稳稳地拿到手了！

正如俗语所说：“兵在精而不在多。”说话也是如此，不在话的多少，而在能说得恰如其分。正是几句恰如其分的话帮助这个年轻人获得了这个职位。

船员在拯救落水者时经常遵循这样的规则：一人落入水中，船员任其在水中沉浮，眼看这个人扛不住就要沉入水中，在满船人的谴责声中，船员方跳进水中，从容救起落水之人。船员的解释是：刚落水之人，由于求生欲极其强烈，因此再孱弱的人也会变得力大无穷，此时入水救人，被落水之人拖入水中的危险性很大。只有等到这人挣扎得气力用尽快沉入水中时，才是成功施救的绝佳时机。

时间上的不早不晚，是一种智慧。

鸬鹚捕鱼是湖南的一个特色项目。湖边芦苇，渔筏过处，每每有鱼惊草动，筏上兴奋无比的鸬鹚便会直奔鱼群而去。渔夫说，鸬鹚捕鱼本领与生俱来，可潜水十多米深，屏气可达一分钟左右。当鸬鹚满载而归登上竹筏，从鸬鹚的脖子中挤出“战利品”，渔夫总要给鸬鹚留下三条小鱼，不多也不少。有人问渔夫：“三条鱼是不是犒赏鸬鹚？”“是，也不完全是。”在人们的一番刨根问底下，老渔夫敲敲烟袋锅道出了其中的秘密。

原来，渔夫从训练小鸬鹚开始，每次捕到鱼后总要留下三条小鱼给鸬鹚吃，不多也不少，给多了鸬鹚吃饱了不干活，给少了无法调动鸬鹚捕鱼积极性。后来，这种训练模式固化为渔夫和鸬鹚之间的一道程式，每次捕到鱼，必须不多不少喂它三条小鱼，哪怕鸬鹚贮进脖子中不吃，也不能少，否则便“罢工”，当然，给多了鸬鹚也不会要。有人试着给一只鸬鹚两条鱼，这只鸬鹚赖在筏上不下水，两眼盯住老渔夫，好像在说：“还有一条呢？”眼神像一个可爱的孩子，直到给足它三条，它才愉快地钻入水中。另一个人试着给一只鸬鹚四条鱼，可是鸬鹚吞下三条，对第四条鱼瞅都不瞅，就扑通跳进水中。

数量上的不多不少，是一种智慧。

做事做到恰到好处，是人生的一大学问。距离是人生活在这个世间不可或缺的空间，万事万物均需要有个距离，有个度。我们学习“说话要恰如其分，恰到好处地做事”时，需要掌握的就是这个“度”，关于这一点，每个人都应该用心揣摩！

第八章　相信自己，你就是生活的强者

谁拥有了自信，谁就已经成功了一半

一位哲人说得好：谁拥有了自信，谁就已经成功了一半。居里夫人有句名言："我们应该有恒心，尤其要有自信心！"高尔基也指出："只有满怀自信的人，才能在任何地方都把自信沉浸在生活中，并实现自己的意愿。"人生中的坚忍、进取、勇敢、耐心、恒心等许多美德都源于自信，只有非常的自信，才能成就非常的事业。

墨西哥裔美籍人露皮塔从小智力很差，先是降级，被列入反应迟钝者之列，后来因学业太差，不得不眼泪汪汪地退学了。她16岁就出嫁，婚后生了两男一女。后来，她的两个孩子也被列为低能者，这使她难以承受。她决心自己帮助孩子，从自己求学做起！

露皮塔去求人帮忙，人家答复她："你的履历表明你反应迟钝、智力低下，我不能推荐你上学。"她在雨中泪流满面地走回家，哭着对自己说："别泄气！"她又去找孩子们的校长商讨办法。校长建议她到两年制的得克萨斯南方学院去试试。南方学院的登记员为她的强烈愿望所感动，答应她先试一年，不过，"丑话说在前头，如果你考试不及格就得走"。就这样，她上学了，还兼顾家务，每天两头忙。全家都赞许她新的追求，但又以为要不了多久她就会离开学校重新安心做家庭主妇。

到第一学期末，她惊奇地意识到：自己的能力不比别人差，自己应该有一个大学学位。这大大增强了她的自信意识，使她相信自己一定可以取得成功。于是，她选择了离家13公里远的泛美大学学习，每天清晨4时起床，跑步赶到学校。3年后，她取得了初级学院学位，一年后又以优异的成绩取得了泛美大学的管理学士学位。

孩子们发现他们的母亲与众不同。一般墨西哥裔美籍母亲都上不了大学，孩子们因为母亲而备感荣耀。在母亲的激励下，孩子们各方面的能力都有所发展，两个儿子的学习成绩一天天地提高，自信心也随着增强，后来还转到了正常班级里。

1971 年，露皮塔被授予文学硕士学位，又当上了豪斯登大学发起的墨西哥美国文化研究会的理事。新的工作又促使她去攻读行政管理的博士学位，并在学习和工作之余在大学任教，每周还给基督教女青年在夜校上两次课。但她从未忘掉孩子们，她总是挤出时间赶回家参加所有家庭活动。1977 年，她取得博士学位，接受了颇具威望的美国教育委员会的会员资格。她是有史以来第一个获得该委员会奖的拉丁美洲妇女。1981 年，她又被提升为拥有 3.1 万名学生的豪斯登大学的教务长助理。

后来，露皮塔为缓和种族关系而积极努力，为成千上万的警察和消防人员讲授西班牙语课和种族关系课，并获得政府部门的赞誉。随后，里根总统任命她到全美司法顾问委员会研究所工作。接着，她又获得了各类荣誉：豪斯登大学授予她杰出教学奖，一家西班牙语地方报纸设立了以她姓名命名的奖赏基金，墨西哥瓜达拉哈拉自治大学授予她杰出教育家奖。

这些荣誉对露皮塔来说当然是十分重要的，但在她心底里，没有什么比孩子们的成就更让她欣慰了。她的长子马里欧成了内科医生，次子维克多当上了律师，女儿玛莎也攻读了法律。马里欧说："假如说我们有所作为，那是因为我们的母亲给了我们爱抚、自信和支持，使我们能够有所作为。我觉得上帝一直抚摸着我们，而我们的母亲便是上帝的手。"

有充分的自信就能发挥无比的潜力。任何一个人只要自信被引发，便会积极进取。成功靠自己，因此，滋润信心的沃土十分重要。古往今来，成功人士虽然从事不同的职业，具有不同的经历，但有一点是共同的：他们对自己都充满自信，由此激励自己自爱、自强、自主、自立。可以说，自信是人生中一柄最锋利的武器，是获得成功的重要基石。

学会欣赏自我

自我欣赏意味着自信，自信的人才能用激情燃烧自己，放出光和热，让别人看到你勃发的能量，并为之感染。卡耐基说过一段耐人寻味的话："发现你自己，你就是你。记住，地球上没有和你一样的人……在这个世界上，你是一种独特的存在。你只能以自己的方式歌唱，只能以自己的方式绘画。你是你的经验、你的环境、你的遗传造就的你。不论好坏与否，你只能耕耘自己的小园地；不论好坏与否，你只能在生命的乐章中奏出自己的发音符。"

"物竞天择，适者生存"，你若想在社会上占有一席之地，就要学会自我欣赏，学会挖掘自我内在的潜力！每个人都有其自己的优点、长处，懂得自我欣赏的人，才能有良好的自我感觉，才能自信地与人交往，出色地发挥自己的才能和潜力，才能活出自己的价值，做一个有利于社会的人。

自我欣赏就是不再以别人的标准来判断自己，而是建立起自己的价值观，然后付诸生活。威廉·詹姆斯说："人性中最深切的心理动机是被人赏识的渴望。"其实，欣赏与被欣赏是一种互动的力量之源，学会欣赏自己，就会减少不必要的自我责备。有了自我接受，才会用一种欣赏的眼光去注意你周围的每一个人，你会发现他们身上有许多可爱和闪光的地方值得自己赞美和学习。

托尼是一户佃农的孩子，在他 12 岁的时候，每天放学后都要到一个阔太太家做钟点工。工作进行得很不顺利，因为女主人家的地板要用特殊的木油精清洗，然后打蜡；不同材料的家具各有一套清洁剂和上光剂。洗衣服就更麻烦了，有的不能熨，有的不能甩干……

这些简直让托尼难以继续忍受下去，好几次，他都想辞掉这份工作，但是镇上没有人会雇佣一个十几岁的孩子，丢了这份工作，他就没有任何收入，对他来说每周那几个铜板是多么的珍贵。

有一天，他实在忍不住向父亲抱怨起来："这份工作又累钱又少，最糟糕的是布朗太太总爱挑我毛病，我快受不了了。"爸爸放下手中的活，平静地说："你每天工作的时间只占生活的一小部分，你不是'擦地板'，你也不是'洗衣服'，你是你自己。布朗太太批评的是你'擦地板'和'洗衣服'的方式，而不是你本人。如果你不想做就去辞工，但是，假如你想做，就要好好地干。孩子，决定工作好坏的是你，而不要让好的或是坏的工作左右你。记住，把工作干漂亮不是为了布朗太太，而是为了你自己。"

第二天，托尼又做起了钟点工。在他的眼里，每次被挑出毛病的时候，托尼都会欣然地接受，因为他明白，这些批评都不是针对他本人的。渐渐地布朗太太改变了对托尼的态度，使他学会了很多东西。

人总是会有一些侥幸心理，希望自己能够在无意之中有贵人相助，有一些意外的收获。但这个世界太过真实，期望太高的人总会让自己归于失望。自己不努力永远都不可能有意外的收获。

如果你很聪明，那么你该知道你的路、你的方向是你自己走出来的。当你可以给自己一个良好的定位，并相信自己可以成功时，你就可以有自己的事业。发现自己、认识自己比什么都重要。

能够做到自我欣赏其实很不容易。自己身上到底有什么值得欣赏的东西呢？其实，不是没有，而是有很多，只是自己没有发现。学会自我欣赏，懂得自我欣赏，便是发现自己、更全面地了解自己了，才能更好地完善自己，才能把自己投入铸就辉煌的熔炉之中。把自卑练成自信，把不满锻造成奋争，把孤傲挥洒成谦逊，把委屈升华成振奋，把失意挤压成动力，把挫折锤打成练达。懂得欣赏自己，我们才会看到自己存在的价值，才会挖掘出自己身上的闪光点。

我们必须要学会自己欣赏自己，只有自己不断欣赏自己，从中发现优点，改正缺点，在欣赏中不断充实自己，完善自己，才会使自己站得更高，走得更远。如果能做到欣赏自己，那么，一个人浑身上下就会洋溢着蓬勃的活力，就会乐观、自信、勇敢地面对生活。

认定自己是最优秀的

我们每个人都要相信自己行，我们要明白自己是唯一的，自己是一流的，只要我们相信自己是优秀的，就没有不成功的理由。《世界上最伟大的推销员》的作者奥格·曼狄诺说：“我是自然界最伟大的奇迹。自从上帝创造了天地万物以来，没有一个人和我一样，我的头脑、心灵、眼睛、耳朵、双手、头发、嘴唇都是与众不同的。言谈举止和我完全一样的以前没有，现在没有，以后也不会有。虽然四海之内皆兄弟，然而人人各异。我是独一无二的造化。”在成功者眼里，自己永远是最优秀的。

蜚声世界影坛的意大利著名电影明星索菲亚·罗兰能够成为令世人瞩目的超级影星，是和她的自信心分不开的。

在《卡桑德拉大桥》、《昨天、今天和明天》等影片中，索菲亚·罗兰以其独特的魅力给观众留下了深刻鲜明的印象。她的长鼻子、大眼睛、大嘴、丰满的胸部和臀部都使她多了一份不可抗拒的美。可是，你知道吗？在索菲亚·罗兰初试镜头的时候，差点儿因为她的长鼻子和丰腴的臀部而没能走上影坛。摄影师们都嫌她的鼻子太长、臀部太发达，建议她动手术缩短鼻子、削减臀部，可是索菲亚·罗兰坚决不同意。

小时候的索菲亚·罗兰发育很晚，长得干干巴巴的，又瘦又矮，看着周围的女孩子们为自己高高的身材而得意的神态，她自卑极了。可是又有什么办法呢？罗兰是个私生女，母亲带着她艰难地度日，再加上当时正赶上第二次世界大战，能吃饱就不错了，哪里还顾得上营养呢？

带着自卑的情绪，罗兰长到了15岁。这时候，她已经用不着再为自己的干瘪而忧心忡忡了，因为她已经长成大姑娘了，而且胸部丰满，臀部发达。

为了生存，加上对电影的热爱，罗兰来到了罗马，想在这里涉足电影界。没想到，对未来怀着希望和憧憬的她，却连连碰壁。

第一次试镜头，罗兰就失败了，所有的摄影师都说她够不上美人标准，都抱怨她的鼻子和臀部。没办法，导演卡洛·庞蒂只好把她叫到办公室，建议她把臀部削减一点儿，把鼻子缩短一点儿。一般情况下，许多演员都对导演言听计从，因为导演有权让他们走上银幕，也有权让他们离开电影圈。可是，索菲亚·罗兰没有听导演的，她知道自己的外形与那些相貌出众五官端正的女明星相比，有许多缺陷，但她相信自己，对自己有信心，她认为这就是自己的特色。

由于罗兰的自信，导演卡洛·庞蒂真正地认识了索菲亚·罗兰，了解了她并且欣赏她。后来，卡洛·庞蒂成了罗兰的丈夫。由于罗兰没有对摄影师们的话言听计从，没有对自己失去信心，所以她才得以在电影中充分展示她的与众不同的美。而且，她的独特外貌和热情、开朗、奔放的气质开始得到人们的承认。在20年的演艺生涯中，她先后在75部影片中扮演角色，被人们称为“从贫民窟飞出来的天鹅”。其间，她主演的《两妇人》获得巨大成功，她因此而荣获奥斯卡最佳女演员金像奖。

大自然既然造就了每一个人，就赋予了每个人独特的容貌、身材、气质、智慧。也许你会觉得自己太平凡、太普通，但是，你应该对自己有信心，相信你是独一无二的，相信世界上只有一个你，你所能做的事将是别人无法替代的。

从索菲亚·罗兰的故事中，我们可以感受到自信心对一个人成就事业具有多么大的重要性。假如罗兰当初听了卡洛的建议，我们还会在银幕上看到一个与众不同的罗兰吗?

自信心是一个要成才的人必备的心理品质。美国散文家、思想家爱默生说：“自信是成功的又一秘诀。我不敢说凡是具有自信心的人都能够成才，但我相信，一个成才的人一定具有百战不殆的自信心。”古今中外，凡是有成就的人,没有一个不是以充分的自信心为先导的。李白在“抱用世之才而不遇合”的时候，没有郁郁寡欢，而是写出了“天生我材必有用”的千古绝唱。之所以说“绝”,就在于一个“必”字,这是何等的自信啊,简直像是人的价值宣言！如果你也想获得成功，那你不妨试试你的自信心如何，因为它是决定你成才的先决条件。如果你想成功，你最好学会对自己说：我是优秀的，我为自己骄傲。

超越自我，坚信自己能成功

没有翻不过的山，也没有趟不过的河。常言道，世上无难事，只怕有心人。只是因为不相信自己能力的人多了，世界上才有了很多的“难事”。

很多人失败的原因，往往不是因为天时不利，也不是因为能力不济，而是因为没有自信，才使自己成为自己成功的最大障碍。有的人缺乏自信感，总觉得自己这也不是，那也不行，对自己的身材、容貌不能接受，时常在人面前感到自卑、紧张、尴尬，一味地顺从他人，事情不成功总觉得自己笨，自我责备，自我嫌弃。有的人缺乏自信心，怀疑自己的能力；有的人缺乏安全感，疑心太重，对他人的各种行动充满戒备；有的人缺乏胜任感，工作中缺乏担当的气魄，甘心当配角；也有的人反其道而行之，为掩饰自己的缺点或短处，夸张地表现自己的长处或优点……

每个人在一生之中，或多或少总会有怀疑自己，或自觉不如人的时候。

以研究自我形象著称的麦斯维尔·马尔兹医生曾说过，世界上至少有95%的人都有自卑感，为什么呢？电视上英雄美女的形象也许要负相当大的责任，因为电视对人心的影响实在太大了。

有些人的问题就在于太喜欢拿自己和别人比较了。其实，你就是你自己，根本就不需要拿自己和任何其他人去作盲目的比较。你不比任何人差，也不比任何人好。造物主在造人的时候，使每一个人都是独一无二的，不与任何其他人雷同。你不必通过拿自己和其他人比较来评价自己是否成功，应该是拿自己的成就和能力来评价自己是否成功。

拿破仑·希尔说过：在每一天的生活中，如果你都能够尽力而为、尽情而活，你就是“第一名”！

许多人喜欢看 NBA 的夏洛特黄蜂队打球，就是因为特别喜欢看1号博格斯上场打球。

博格斯身高只有1.6米，在东方人的眼里也算矮子，但这个矮子却不简单，他是NBA表现最杰出、失误最少的后卫之一，不仅控球一流，远投精准，甚至在对方高个队员中带球上篮也毫无所惧。

每次看到博格斯像一只小黄蜂一样，满场飞奔，观众总忍不住赞叹。其实他不只是安慰了天下身材矮小而酷爱篮球者的心灵，也鼓舞了平凡人内在的意志。博格斯是不是天生的好手呢？当然不是，这是顽强的自信与刻苦训练的结果。

博格斯从小就长得特别矮小，但他非常热爱篮球，几乎天天都和同伴在篮球场上玩耍。当时他就梦想有一天可以去打NBA，因为NBA代表着篮球比赛的最高水平，是所有酷爱篮球的美国年轻人心中最向往的梦。

博格斯经常这样告诉他的同伴："我长大后要去打NBA。"所有听到他的话的人都忍不住哈哈大笑，因为他们认定一个1.6米的矮子是绝不可能打NBA的。

他们的嘲笑并没有阻断博格斯的信心和志向，他用比一般人多几倍的时间和精力去练球，终于成了全能的篮球运动员，也是最佳的控球后卫。他还充分发挥了自己矮小的优势：行动灵活迅速，往往让对手防不胜防；运球的重心偏低，很少会出现失误；个子小不引人注意，投球常常得手。

要想事业成功、生活幸福，最重要的是要有积极的自我心态，要敢于对自己说："我行！我坚信自己！我是世界上独一无二的人！"

自信的人才能有魅力

赢得别人的青睐和敬佩是一个人社交成功的关键。一个初出茅庐的人在荆棘丛中行走，想让别人不由自主地伸出大拇指，除了本身内在的潜质外，还必须拥有充分的自信。自信可以给人以希望，给人以勇气，给人以力量，使人在成功的坦途中大步流星地向前迈进！

自信表现在哪里？心理学家指出，一个人要是走路时步履坚定，与人交谈时谈吐得体，说话时双目有神，目光正视对方，善于运用眼神交流，就会给人自信、可靠、积极向上的感觉。别人对你的看法，很大程度上取决于你对自己的看法。如果你想表现出一种成功型人物的自信，你必须真实地对自己充满自信，假装的自信是无法掩盖住你那颗动摇的内心的。

信心是你自我推销的最大本钱。在自我推销的过程中，你必须确信自己有权占据一个空间，而且在任何地方都感到很自在。你越是对自己充满信心，就越能表现出自己的特色和才能，别人才会深信你是一个坦荡的、有能力的、靠得住的人。没有人喜欢那种软弱的、不果断的人，这种人办事时好像根本不知道自己在乎什么或要干什么。

所有伟大的领袖都懂得以自信的方式行动的重要性。拿破仑虽然在其他许多方面不能算是和谐沟通关系的楷模，但他确实知道自信行为方式的魔力，并且因此受益无穷。当拿破仑第一次被流放以后，法国军队受命捉拿他时，他不但没有跑掉或躲藏起来，相反地，他勇敢地出去迎接他们——一个人对付一支军队。他掌控局势的极大信心奇迹般地生效了，因为他的行为似乎表明他还是军队的指挥，所以，士兵们服从了他的命令，在他身后以整齐的步伐前进了。

让我们再来看一则青蛙与龙王的较量。

一天，龙王与青蛙在海滨相遇。他们寒暄一番后，青蛙问龙王："大王，你的住处是什么样的？"龙王说："珍珠砌筑的宫殿，贝壳筑成的阙楼；屋檐华丽而有气派，厅柱坚实而又漂亮。"龙王说完，问青蛙："你呢，你的住处如何？"青蛙说："我的住处绿萍似毡，娇草如茵，清泉沃沃，白石映天。"说完，青蛙又向龙王提了一个问题："大王，你高兴时如何？发怒时又怎样？"龙王说："我若高兴，就普降甘露，让大地滋润，使五谷丰登；若发怒，则先吹风暴，再发霹雳，继而打闪放电，叫千里以内寸草不留。那么，你呢？"青蛙说："我高兴时，就面对清风朗月，呱呱叫上一通；发怒时，先瞪眼睛，再鼓肚皮，最后气消肚瘪，万事了结。"

青蛙在龙王面前表现了充分的自信，龙宫固然美丽，青蛙的居所也别具一格，自有一番快乐在心头。

有些人觉得自己不美，贫穷，没有自信的资本，于是低头走道，把自己无限地缩小。

我们强调与人相处要不卑不亢。不卑不亢，从根本上讲就是平等待人，在比自己强的人面前，不要畏缩；在比自己弱的人面前，不要骄纵。地位有高低，学问有深浅，但所有的人，人格都是平等的。一个人只要不是情操低下，行为卑劣兼酒囊饭袋，那就无论其地位高低、能力大小，各种条件好坏，都应有充分的自信而不应自感低人一等，这种平等观念是人际交往中所应具备的态度和风度。

一位心理学家说过："相信自己美的人会越来越美。"因为相信自己美，就会大大方方地从事各种活动，在活动中展示自身的特长；相信自己美，就会心情愉快、活得潇洒。笑脸比哭脸美，自信的人比自卑的人有魅力。

自信带来不凡气度

我们无时无刻不需要向人展现我们的信心，无时无刻不在表现我们的希望和担忧。我们的名望以及他人对我们的评价，将会与我们的成功息息相关。如果别人不相信我们，如果别人因为我们经常表现出缺乏自信、消极软弱而认为我们无能和胆小，那么，我们将不可能得到别人的信任与支持并因此而获得成就。

如果我们养成了一种坚定的自信的态度，那么人们就会认为，我们将会比那些缺乏自信或那些给人以软弱无能、自卑胆怯印象的人更有可能赢得成功。

对于连锁机构遍布全球的高档酒店——希尔顿酒店，几乎无人不知，无人不晓。但你可曾知道它的创始人——世界酒店大王希尔顿，在开始创业时仅有200美元资金。那你可能会问是什么使他获得了如此巨大的成功，所有的答案只有两个字：自信。

希尔顿刚开始创业时，把眼光瞄准了酒店业。但是他几乎没有任何启动资金，但强烈的自信让他预感到了他将会成功。于是，他就凭借其自信的言行四处游说，希望那些银行家和风险投资商们能为他的项目注入资金。最终，在希尔顿强烈自信心的感染下，再加上他的项目本身的切实可行，很多金融家纷纷投资。

有了资金作为铺垫，于是项目很快启动。但就在酒店建设进行到了一半的时候，有个投资商由于听信了谣言而对希尔顿产生了怀疑，并嚷着要撤出资金。稍微有些金融常识的人都知道，如果这时有人突然撤资，很可能会引起雪崩般的连锁反应，到时一看形势不好可能所有的投资人都会提出这种要求。由于当时很多资金已经投进去了，希尔顿已经没有能力去全部偿还，到时资不抵债的他很可能会被起诉。

面对这突然的变故，自信的希尔顿却冷静如常、镇定自若。他提前准备好了大量的现金和支票，随后把那个吵着要撤资的投资商请了过来，然后开诚布公地问他：想要现金还是支票？来人看到希尔顿那里满抽屉的现金与支票后，仍然不为之所动。希尔顿又对他说："等你走的时候，如果你还是要坚持撤回投资，那就现金支票任你选。"无疑，希尔顿的这番信心十足的话语，起到了一定的作用，那个人一时不再谈论要回投资的事。看着自己已经稳住了对方的情绪，接着，希尔顿又乘胜追击，但并没有去直接反驳他以让他收回撤资的决定，而是入情入理地为他分析道："你看，现在项目已经展开，如果按预定的计划进行下去，你一定能够得到应有的投资回报。但如果你这时宣布撤回投资的话，那么，你不仅得不到收益，而且还会因为破坏合同而必须进行赔偿，将会更加得不偿失。"那个人最终被希尔顿的自信乐观所感染，决定继续进行投资，酒店的建设也得以顺利进行，希尔顿的事业从此蒸蒸日上。

自信能够带来力量，更能带来成就和财富。如果你是领导者和发起人，你的自信更会直接影响下属和跟进者的信心，特别是在关键时刻，就更应该表现出你的自信。如果你本人都已经丧失了自信，其他人一定会更加慌乱，更加不知所措。换句话说，自信和他信几乎同等重要，要使他人相信我们，我们自身首先必须展现强烈的自信和必胜的精神。

以自信的心态自居的人，以胜利者心态生活的人，以征服者心态傲行在世界上的人，与那种以缺乏自信、卑躬屈膝、唯命是从的被征服者心态生活的人相比，他们的人生路将会有天壤之别。

令人信服和给人以充满活力印象的正是我们身上那种神奇的自我肯定的力量。如果你的心态不能给你提供精神动力，那么，你就不可能在世上留下一个自信者、积极者的美名。一些人总是奇怪自己为什么在社会中如此卑微，如此不值一提，如此无足轻重。其中的原因就在于他们不能像自信者、征服者那样去思考、去行动。他们没有自信者、胜利者或征服者的心态，他们总给人以软弱无力的印象。要知道，思想积极的人才富有魅力，思想消极的人则使人反感，而胜利者总是在精神上先胜一筹。

世人都会青睐那种极具自信且有胜利者气度的人，总是喜欢那种给人以必胜信心并总是在期待成功的人。如果我们具有那种无与伦比的自信，如果我们展示给人的是一种自信、勇敢和无所畏惧的形象，那么，我们的事业必将会获得巨大的成就。

相信自己是第一

理查·派迪是运动史上赢得奖金最多的赛车选手。他第一次赛完车回来向他母亲报告赛车的结果时的情景对他的成功影响很大。

“妈！”他冲进家门叫道，“有35辆车参加比赛，我跑第二。”

“你输了！”他母亲回答道。

“但，妈！”他抗议道，“您不认为我第一次就跑个第二是很好的事吗？特别是这么多辆车参加比赛。”

“理查！”母亲严厉道，“你用不着跑在任何人后面！”

接下来的20年中，理查·派迪称霸赛车界。他的许多项纪录到今天还保持着，没被打破。他从未忘记他母亲的教诲——“理查，你用不着跑在任何人后面！”

是的，“你用不着跑在任何人后面”！一旦你从内心决定要得第一，那么你就会取得更大的成绩。

在生活中你敢不敢说“我是第一”？这个问题要回答并不困难。如果你是个渴望成功的人，并且意识到以个性为中心是成功的基础，请回答：“当然，我就是第一！”

如果想保持一点谦虚的绅士风度，你也可以回答“不是第一”，但要不失时机地补上一句：“是并列第一。”

为什么一定要是第一呢？因为你本来就是第一。至少，你要在意识中播种争第一的信心，这样，你的个性才会真正成熟起来。记住！生活需要个性。

无数受人尊敬的成功者，都曾经宣称自己是第一人物。是不是第一无须追究，关键是他们的确取得了个人成功。基安勒的故事对你一定有所启发。

基安勒很小的时候随父母从意大利搬到了美国，在汽车城底特律度过了悲惨的童年，痛苦和自卑成为他的不良印痕。他那碌碌无为的父亲告诉他：“认命吧，你将一事无成。”这个说法令他沮丧，他老是想着自己灰暗的前程。有一天，母亲告诉他：“世界上没有谁跟你一样，你是独一无二的。”从此，他燃起了希望之火，他认定他是第一,没人比得上他。自信奠定了成功的基础。他第一次去应聘时，这家公司的秘书要他的名片，他递上一张黑桃A，结果立刻得到面试的机会。经理问他：“你是黑桃A？”

“是的。”他说。

“为什么是黑桃A？”

“因为A代表第一，而我刚好是第一。”

这样，他被录用了。

想知道后来的基安勒吗？他成功了。真的成了世界第一。他一年推销1425辆车，创造了吉尼斯纪录，怎么样？第一的威力厉害吧？基安勒每天临睡前都要重复几遍说“我是第一”，然后才入睡。这种鼓舞性的暗示坚定了他的信心和勇气。他的个性得到了有力的强化。

你一定要学学理查·派迪和基安勒，相信自己是第一。一个连自己都不相信的人能指望别人相信吗？鼓舞你的人恰恰是你自己。

经常接受信心的挑战

包玉刚生前是雄踞“世界船王”宝座的华人巨富。他所创立的“环球航运集团”在世界各地设有20多家分公司，曾拥有200多艘载重量超过2000万吨的商船队。他拥有的资产达50亿美元，曾位居香港十大财团的第三位。包玉刚的平地崛起，令世界上许多大企业家为之震惊：一个华人结束了洋人垄断国际航运界的历史。他靠一条破船起家，经过无数次惊涛骇浪，渡过一个又一个难关，终于建起了自己的王国。回顾一下他成功的道路，他在困难和挑战面前所表现出的坚定信念，对我们每个人都是有益的启示。

包玉刚不是航运家，他的父辈也没有从事航运业的。中学毕业后，他当过学徒、伙计，后来又学做生意，30岁时当上了上海工商银行的副经理、副行长，并小有名气。31岁时包玉刚随全家迁到香港，他靠父亲仅有的一点资金，从事进出口贸易，但生意毫无起色。拒绝了父亲要他投身房地产的要求，他表明了欲从事航运的打算。因为航运竞争激烈，风险极大，亲朋好友纷纷劝阻他，以为他发疯了。

但是包玉刚却信心十足，他看好航运业并非异想天开。他根据在从事进出口贸易时获得的信息，坚信海运将会有很大发展前途。经过一番认真分析，他认为香港背靠内地、通航世界，是商业贸易的集散地，其优越的地理环境有利于从事航运业。37岁时包玉刚正式决心搞海运，他确信自己能在大海上开创一番事业。

包玉刚早有独立创业的强烈意识，终于，他抛开了他所熟悉的银行业、进出口贸易，投身于他并不熟悉的航海业。人们对他的讥笑多于嘉许。的确，对于穷得连一条旧船也买不起的外行，谁也不肯轻易把钱借给他，人们根本不信他会成功。他四处借贷，但到处碰壁。尽管钱没借到，但他经营航运的决心却更加强了。后来，在一位朋友的帮助下，他终于贷款买来一条有20年航龄的烧煤旧货船。从此包玉刚就靠这条整修一新的破船扬帆起锚，跻身于航运业了。

包玉刚一条破船闯大海，当年曾引起不少人的嘲弄。包玉刚并不在乎别人的怀疑和嘲笑，他相信自己会成功。他抓住有利时机，正确决策，不断发展壮大自己的事业，终于成了世界上最大的私营船舶所有人。

人的能力在一般情况下，只发挥了很少一部分，而在受到充分激励时，有可能全部发挥出来。但不是每个人都能意识到，自己的能力简直就是一个处于休眠期的活火山，一旦有足够的信念诱使其喷发，必将势不可当！

第九章　清除阻碍思维的情绪垃圾

上帝不可能把什么都给你

人生在世，如果别人不看重你，你一定要看重你自己；如果别人不在乎你，你一定要在乎你自己。自己看重自己，自己在乎自己，最后，别人才会看重和在乎你。

在乎自己，就要看轻人生的荣辱。荣也好，辱也好，要坦然视之，以平和的心态去面对。正如古人所言："宠辱不惊，闲看庭前花开花落；去留无意，漫随天外云卷云舒。"

在乎自己，就要看淡尘世的痛苦。对于智者来说，痛苦不是毒药，而是一种特殊的滋补品。当痛苦袭来的时候，请务必把它轻轻含在嘴里，嚼碎吞下去，一点一点地慢慢消化掉。假以时日，它必能营养你的身体，强健你的人生。

在乎自己，就是自己爱自己，自己关心自己。在乎自己，就是健康、快乐、平静而有尊严地活着。在乎自己，就是忽略所有对自己不利的因素，默默地做好自己应该做的和能够做的一切。

把一些无谓的痛苦扔掉，快乐就有了更多更大的空间。

人生中快乐是需要理由的，不快乐也是需要理由的。

每个人都有自己快乐的理由，也有自己不快乐的理由。关键是，你是否主动去寻找那些快乐的理由。比如，有的人工作轻松，自由，压力小，但工资有点儿低。他要想感到快乐，眼睛就不能老盯着工资低不放，而应该多想想——自己多自在啊。

反过来，有的人工资很高，但压力大，不自由。他要想感到快乐，眼睛就不能老盯着工作压力大不放，而应该多想想——自己的工资待遇是大多数人所没有的。

紧紧抓住不快乐的理由，无视快乐的理由，就是你总是觉得不快乐的原因了。当你感到实在承受不了的时候，要及时给自己减压。

上帝不可能把什么都给你。

一个穷人与妻子、6个孩子，还有女儿、女婿，共同生活在一间小木屋里，局促的居住条件让他感到活不下去了，于是便去找智者求救。他说："我们全家这么多人只有一间小木屋，整天争吵不休，我的精神快崩溃了，我的家简直是地狱，再这样下去，我就要死了。"智者说："你按我说的去做，情况会变得好一些。"穷人听了这话，当然是喜不自胜。智者听说穷人家还有一头奶牛、一只山羊和一群鸡，便说："我有让你解除困境的办法了，你回家去，把这些家畜带到屋里，与人一起生活。"穷人一听大为震惊，但他事先答应要按智者说的去做的，只好依计而行。

过了一天，穷人满脸痛苦地找到智者说："智者，你给我出的什么主意！事情比以前更糟，现在我家成了十足的地狱，我真的活不下去了，你得帮帮我。"智者平静地说："好吧，你回去把那些鸡赶出房间就好了。"过了一天，穷人又来了，他仍然痛不欲生，他哭诉说："那只山羊撕碎了我房间里的一切东西，它让我的生活如同噩梦。"智者温和地说："回去把山羊牵出屋就好了。"过了几天，穷人又来了，他还是那样痛苦，他说："那头奶牛把屋子搞成了牛棚，请你想想，人怎么可以与牲畜同处一室呢？""完全正确，"智者说，"赶快回家，把牛牵出屋去！"

故事的结局是这样的：过了半天，穷人找到智者，他是一路跑着来的，满脸红光，兴奋难抑，他拉住智者的手说："谢谢你，智者，你又把甜蜜的生活给了我。现在所有的动物都出去了，屋子显得那么安静，那么宽敞，那么干净，你不知道，我是多么开心啊！"

当你不快乐时，不要一味地去想"我怎么这么倒霉"。可以尝试下有效调整情绪的小技巧：改变自己的注意力——注意事情的正面而非负面，去寻求注意力想要的最终结果，而非你所恐惧和烦恼的。改变肢体动作、表情、呼吸，尝试去做充满活力让人兴奋的运动（跑步、跳舞、游泳、登山、打太极）。不失幽默，把幽默当成化解紧张气氛的锦囊妙计。

当然，最重要的还是改变消极的思考方式，学会问积极的问题：透视学的基本原理是近大远小，快乐亦然。会比较——“比”字是两把匕首，一把刺自己，另一把刺别人，自己苦恼别人也苦恼，这是因为总与别人比结果。反过来就对了，即与别人只比态度，与自己的昨天比结果，每天能进步1%就会取得相当不错的业绩！

别让坏情绪毁了你

情绪是人对事物的一种最浅、最直观、最不用脑筋的情感反应。它往往只从维护情感主体的自尊和利益出发，不对事物做复杂、深远和全面的考虑，这样的结果，常使自己处在很不利的位置上或为他人所利用。本来，情感离智谋就已距离很远了，情绪更是情感的最表面部分，最浮躁部分，以情绪做事，焉有理智的？不理智，能有胜算吗？看来是不可能的。

但是我们在工作、生活、待人接物中，却常常依从情绪的摆布，头脑一发热（情绪上来了），什么蠢事都愿意做，什么蠢事都做得出来。比如，因一句无关利害的谈话，我们便可能与人打斗，甚至拼命；又如，我们因别人给我们的一点假仁假义，而心肠顿软，大犯根本性的错误；还可以举出很多因情绪的浮躁、简单、不理智等而犯的过错，大则失国失天下，小则误人误己误事。事后冷静下来，自己也会感到其实可以不必那样。这都是因为情绪的躁动和亢奋，蒙蔽了人的心智所致。

这些情绪实际上就是个人心态的反映，而这种心态有时将你作为完全掌控的对象。要想把握自己，你必须控制你的思想，你必须对思想中产生的各种情绪保持警觉性，并且视其对心态的影响是好是坏而接受或拒绝。乐观会增强你的信心和弹性，而仇恨会使你失去宽容和正义感。如果你无法控制自己的情绪，你的一生将会因为不时的情绪冲动而受害。

三国时，诸葛亮和司马懿祁山交战，诸葛亮千里劳师欲速战决雌雄。司马懿以逸待劳，坚壁不出，欲空耗诸葛亮士气，然后伺机求胜。诸葛亮面对司马懿的闭门不战，无计可施，最后想出一招，送一套女装给司马懿，羞辱他如果不战小女子是也。古人很以男人自尊，尤其是军旅之中。如果在常人，定会接受不了此种羞辱。司马懿另当别论，他落落大方地接受了女儿装，情绪并无影响，而且心态继续保持平静，还是坚壁不出，连老谋深算的诸葛亮也对他几乎无计可施了。

这就是战胜了自己情绪的例子。生活中，更多是成为情绪俘虏的。

诸葛亮七擒七纵孟获之战中，孟获便是一个深为情绪役使的人，他之不能胜于诸葛亮，非命也，实人力和心智不及也。诸葛亮大军压境，孟获弹丸之王，不思智谋应对，反以帝王自居，小视外敌，结果一战即败，完全不是对手。孟获一战既败，应该坐下慎思，再出敌招，却自认一时晦气，再战必胜。再战，当然又是一败涂地。如此几番，把个孟获气得浑身直颤。又一次对阵，只见诸葛亮远远地坐着，摇着羽毛扇，身边并无军士战将，只有些文臣谋士之类。孟获不及深想，便纵马飞身上前，欲直取诸葛亮首级。可想，诸葛亮已将孟获气成什么样子了，也可想孟获已被一己情绪折腾成什么样子了。结果，诸葛亮的首级并非轻易可取，身前有个陷马坑，孟获眼看将及诸葛亮时，却连人带马坠入陷阱之中，又被诸葛亮生擒。孟获败给诸葛亮，除去其他各种原因，孟获生性爽直、不爱动脑筋、为情绪蒙蔽，当也是一个重要的因素。

情绪误人误事，不胜枚举。一般心性敏感的人，头脑简单的人，年轻的人，爱受情绪支配，头脑容易发热。问一问你自己，你爱头脑发热吗？你爱情绪冲动吗？检查一下你自己曾经因此做过哪些错事，犯傻的事，以警示自己的未来。

记住，情绪成就一切。

如果你正在努力控制情绪的话，可准备一张图表，写下你每天体验并且控制情绪的次数。这种方法可使你了解情绪发作的频繁性和它的力量。一旦你发现刺激情绪的因素时，便可采取行动除掉这些因素，或把它们找出来充分利用。

关键时刻要沉着

足球场上，两队经过90分钟激战，又度过了随时可能遭遇“突然死亡”的30分钟加时赛，紧张刺激的时刻终于到了——点球决胜！

生死在此一举。此时对于被指派上场的球员而言，什么是最重要的？信心？力量？技术？不！是沉着！此时唯有沉着方能助你完成这最后的致命一击，方能助整个球队走向辉煌的胜利。

历史上的法奥马伦哥战役是拿破仑执政后指挥的第一个重要战役。这次战役的胜利，对于巩固法国脆弱的资产阶级政权，对于加强拿破仑的统治地位都有着重要的意义。在这场战役中，拿破仑把他的沉着冷静与临危不乱的品质发挥到了极致，并最终取得了战役的胜利。

> 首先，他有效地制造和利用了敌人在判断上的错误，真正做到了出其不意，出奇制胜。从亚平宁山进入北意大利是法国人在历史上入侵意大利经常走的一条老路。这一次，拿破仑一反常规，偏偏避开了他在第一次意大利战争中也曾走过的那条路线，而选择了一条历史上很少有人走过、在一般人眼里根本无法通行的道路。结果，完全出乎奥军意料之外，实现了战略上的突然性，收到了战略奇袭的效果。正是由于这一战略奇袭，他成功地避开了梅拉斯的主力，弥补了自己兵力的不足。
>
> 其次，他机敏，能够在复杂的形势下趋利避害，避实就虚。拿破仑率领预备军团翻过大圣伯纳德山口，进入北意大利后，面临着两种选择：一种是迅速南下，增援马塞纳，倾全力解热那亚之围，使意大利军团免遭覆灭的厄运；另一种是暂时置马塞纳于不顾，迅速挥师东进，直取伦巴第的首府米兰，截断奥军退路，以求一举切断奥

军主力与本土之间的联系，迫使奥军北撤，尔后与其进行决战。拿破仑从战役全局出发，审时度势，权衡利弊，冷静作出了选择后者的正确决策。

最后，他沉着冷静地应付着险象环生的战斗环境，在关键时刻指挥若定，临危不惧。拿破仑在马伦哥战役中，正好显示了这样一个突出的特点。在6月14日下午的几个小时里，法军的处境可谓岌岌可危。按照一般人的看法，出现了这种情况，法军肯定是必败无疑了。可是，拿破仑却仍然镇定自若，继续从容不迫地指挥部队抗击敌人的进攻，并且因而争取了时间，等到了援兵的到达。尽管德赛率部队及时赶到具有一定的偶然性，但拿破仑在这危急关头的坚定态度，对于稳定法军的情绪，鼓舞法军继续进行顽强的抵抗，无疑是有重要作用的。没有他的坚定指挥，法军早在德赛的援军到达以前就崩溃了。

不管你是否承认，只有沉着才是力挽狂澜的法宝。这种品质总能产生战无不胜的力量。

别让负面的批评阻碍你

艾列克在大学主修音乐。同学鲍勃对他那种对音乐全然地投入、每天花那么多时间练琴的精神感到相当敬佩。毕业后，艾列克顺利申请到了奖学金继续深造。

不久后，鲍勃顺道去拜访他。艾列克告诉鲍勃他每天仍苦练8～10个小时的琴。鲍勃并不感到意外，他相信艾列克成为钢琴家的梦想最终能够实现。

一年之后，鲍勃又见到艾列克。不料，艾列克却整个人都变了。

他申请到最好的音乐学院的奖学金，但只读了8个月就中途辍学了，他之所以作此决定，主要原因就在于：他常常在不同的听众面前演奏，并接触到各类批评——有的极中肯，有的却是恶意攻击，他难以承受住这些批评，从此一蹶不振。

当鲍勃再看到他时，他已有整整一个月没碰他心爱的钢琴了！他深感沮丧，令他的父母也十分担忧。

不管鲍勃怎么劝，都没法让艾列克释怀。那些无谓的批评像利剑一般刺入他的心中。他在心理上无法面对恶意的批评，因而丧失了追求梦想的勇气。

他决定改行去做老师，回大学去拿教育学位，不过，不管朋友和家人怎么劝他，他甚至连"教"音乐也不愿意。

鲍勃为自己的同学感到遗憾：他是那么有天分，然而却因为一些负面的批评阻碍了他在音乐方面的发展，断送了追求艺术更臻完美的机会。

有一些别人的批评是值得听的。对于改进工作的建设性讨论，是进步的重要动力所在。知道你的错误并改正，才能有所长进，因此，能以鼓励的方式指出你的错处的人，是最好的顾问。但是，在确定自己终身职业的时候，坚持自己作决定是非常必要的。如果轻易听从别人的评判，你可能会感到无所适从，最终一事无成。

让忧虑走开

心理学的研究表明，一个长期处于忧虑状态的人，是很难让自己的思维处于最佳状态的。因此，一定要改掉忧虑的习惯。

励志大师卡耐基曾在他的书里写过这样一些故事：

我永远也忘不了几年前的那一夜。我班上的一个学生马利安·道格拉斯告诉我们，他家里遭到不幸的悲剧，并且是两次。第一次他失去了他五岁的女儿，一个非常可爱的孩子。他和他的妻子都认为他们没有办法忍受这个打击。可是，祸不单行，"十个月以后，上帝又赐给我们另外一个小女儿——而她只活了五天也死了"。

这接二连三的打击，使人几乎无法承受。“我承受不了，”这个做父亲的告诉我们说，“我睡不着，吃不下，也无法休息或是放松。我的精神受到了致命的打击，信心尽失。”最后他去看了医生。一位医生建议他吃安眠药，另外一位则建议他去旅行。他两个方法都试过了，可还是没有一个方法能够对他有所帮助。他说：“我的身体好像被夹在一把大钳子中，而这把钳子愈夹愈紧，愈夹愈紧。”那种悲哀给他的压力——如果你曾经因悲哀而感觉麻木的话，你就知道他在说些什么了。

“不过感谢上帝，我还有一个孩子——一个四岁大的儿子，他使我们得到了解决问题的办法。有一天下午，我呆坐在那里沉浸在悲哀中的时候，他问我：‘爸爸，你肯不肯为我制造一条船？’我实在没有兴致去造那条船。事实上，我根本就没有兴致做任何事情。可是我的儿子是个很会缠人的小家伙，我不得不顺从他的意思。

“造那条玩具船大约花了我三个钟头。等到船弄好之后，我发现用来造船的那三个小时，是我这几个月来第一次有机会放松我的心情。

“这个大发现使我从昏睡中惊醒过来。它使我想了许多——这是我几个月来第一次思考。我发现，如果你忙着去做一些需要计划和思考的事情的话，就不会再去忧虑了。对我来说，造那条船就把我的悲哀一扫而光，于是我决定让自己不断地忙碌。

“第二天晚上，我巡视家里的每个房间，把所有该做的事情列出一张单子。有好些地方需要修理，比方说书架、楼梯、窗帘、门钮、门锁、漏水的龙头等。在两个礼拜以内，我列出了242件需要做的事情。

“在过去的两年里，那些事大部分已经完成了。另外，我也使我的生活里充满了启发性的活动：每个礼拜，有两天晚上我到纽约市参加成人教育班，并参加了一些小镇上的活动。我现在是校董会的主席，参加许多的会议，并协助红十字会和其他的机构募捐。我现在简直忙得不可开交，因而没有时间去忧虑。”

没时间去忧虑，这正是丘吉尔在战事紧张到每天要工作18个小时的时候所说的。当别人问他是否为那么重的责任而忧虑时，他说："我太忙了，我没有时间去忧虑。"

查尔斯·柯特林在发明汽车的自动点火器时，也碰到这样的情形。

柯特林先生一直是通用公司的副总裁，负责世界闻名的通用汽车研究公司，德高望重。可是，当年他却穷到要用谷仓里堆稻草的地方做实验室。家里的开销，都须靠他太太教钢琴所赚来的1500美金。后来，他不得不用他的人寿保险抵押借了500美金。有人问他太太，在那段时期她是否很忧虑。"是的，"她回答说，"我担心得睡不着，可是柯特林先生一点也不担心。他整天埋首于工作中，没有时间去忧虑了。"

伟大的科学家巴斯特曾经谈到"在图书馆和实验室中所找到的平静"。平静为什么会在那儿找到呢？因为在图书馆和实验室的人，通常都埋首于工作中，不会为他们自己担忧。做研究工作的人很少有精神崩溃的现象，因为他们没时间来享受这种"奢侈"。

为什么"让自己忙着"这么一件简单的事情，就能够把忧虑赶出去呢？有这么一个定理——这是心理学上所发现的最基本的一条定理——不论一个人多么聪明，人类的思想，都不可能在同一时刻想一件以上的事情。让我们来做一个实验：假定你现在靠坐在椅子上，闭起双眼，试着在同一个时刻去想：自由女神，你明天早上打算做什么事情。

你会很快地发现你只能轮流地想其中的一件事，而不能同时想两件事情，对不对？在你的情感方面，也是这样。我们不可能既激动、热诚地想去做一些令人很兴奋的事情，同时又因为忧虑而拖累下来。

一种感觉会把另一种感觉赶出去，就是这么简单的发现，使得军方的心理治疗专家们，能够在战时创造出这一类的奇迹。当有些人因为在战场上的经历受到打击而退下来时，他们都被称为"心理上的精神衰弱症"。军方的医生，都以"让他们忙着"为治疗的方法。除了睡觉的时间以外，每一分钟都让这些在精神上受到打击的人充满了活力：比方钓鱼、打猎、高尔夫球、拍照片、种花，以及跳舞等，根本不让他们有时间去回想那些可怕的经历。

每一个心理治疗医生都能告诉我们：工作——让你忙着——是精神病最好的治疗剂。

著名诗人亨利·朗费罗在他年轻的妻子去世以后，发现了这个道理。有一天，他太太点了一支蜡烛，来熔一些信封的火漆，结果烛火引燃了衣服。朗费罗听见她的叫喊声时，已经晚了，他虽拼命地扑救，可她还是因为烧伤而死去。有一段时间，朗费罗无法忘掉那次可怕的经历，几乎发疯。幸好他那三个幼小的孩子需要他照料。虽然他很悲伤，但还是要父兼母职。他带他们出去散步，给他们讲故事，同时与他们一起玩游戏，还把他们父子间的亲情永存在《孩子们的时间》一诗里。同时他也翻译了但丁的《神曲》。这些工作加起来，使他忙得完全忘记了自己，也重新得到思想的平静。

对绝大多数人来说，在为日常的工作忙得团团转的时候，“沉浸在工作里”大概不会有什么问题。可是在下班以后——就在我们能够自由自在享受我们的悠闲和快乐的时候——忧虑的魔鬼就会开始攻击我们。这时候我们常会不由自主地想，我们的生活里有什么样的成就，我们有没有上轨道，老板今天说的那句话是否“有什么特别的意思”，或者我们的头是不是开始秃了。

不忙的时候，我们的脑筋常常会变成真空。每一个稍懂物理常识的人都知道“自然中没有真空的状态”。打破一个电灯泡空气就会进去，充满了理论上说来是空的那一块空间。

你的脑筋空出来，也会有东西补充进去，这些东西通常都是你的感觉。因为忧虑、恐惧、憎恨、嫉妒和羡慕等情绪，都是由我们的思想所控制的，这种种情绪都非常猛烈，会把我们思想中的所有平静的、快乐的情绪都赶出去。

詹姆斯·穆歇尔是哥伦比亚师范学院的教育学教授。他在这方面说得非常清楚。“你最容易受忧虑伤害的时候，是在一天的工作做完了以后。那时候，你的想象力会混乱起来，你会想起各种荒诞不经的可能，把每一个小错误都加以夸大。在这种时候，”他继续说道，“你的思想就像一部没有载货的车子，横冲直撞，摧毁一切，甚至使自己也变成碎片。消除忧虑的最好办法，就是让你不停地忙碌，去做一些有用的事情。”

卡耐基把这些总结起来说：“让人愁苦的原因就是，有空闲来想想自己到底快不快乐。所以不必去想它，摩拳擦掌地让自己忙起来，你的血液就会加速循环，你的思想就会开始变得敏锐——让自己一直忙着，这是世界上最便宜也是最有效的一种药。”

所以，要改掉你忧虑的习惯，就请记住卡耐基的话吧：“让自己一刻不停地忙着，忧虑的人一定要让自己沉浸在工作里，否则只有在绝望中挣扎。”

摆脱压力的困扰

现代社会，快节奏的生活和工作弄得我们像个陀螺，不停运转才能保持一定的节奏。但突然有一天，就像商量好了似的，各种烦恼、不幸和失意抱成一团包裹了我们，压迫得我们呼吸不均，脸色也变成了苹果绿。我们抵抗不住这种压迫，仿佛一夜之间走到了世界的尽头。

上述世界末日的感觉不一定是每个人都曾有过的，但对于压力，我们每个人都或多或少地体验过：当我们匆匆赶往一家咖啡屋和女友幽会时，交通却突然发生了大混乱；我们想加快工作进度，可隔壁却在叮叮当当地搞装修……类似的这些都是小压力，它们不会把我们压垮，但如果我们掉以轻心，让这些压力长久地困扰我们，我们的身心必然要受到损伤。

我们不能不承认，相对于堵车和噪声来说，我们生活和工作中所遇到的某些压力要严重得多。工作岗位能否保住，保住了又能否升迁；没房子想买，买了房子又想买车；为了适应竞争激烈的人力资源现状，必须不断学习、提高；周围的同事和朋友已经做出了不凡的业绩，必须努力迎头赶上……如此种种，时时都让人肩头沉甸甸的，大有喘不过气来之势。

就像我们不能逃避生活一样，我们也无法逃避压力。同时，我们要认识到有压力并非坏事。铁人王进喜说过：“人无压力轻飘飘，井无压力不出油。”人有一定的耐压能力是很有必要的，它可以锻炼意志，使我们不致过于脆弱。当然，压力过大则绝非好事，会由此陷入紧张、焦躁、疲劳中。这时，我们要学会缓解压力，释放压力。

一个人的能力再大，总是难以应付生活的方方面面。比如把精力投到工作上，就会疏懒了家务；反之，则又把工作干得一塌糊涂。这些看起来都是小事，但却实实在在地构成了我们生活中的最大困扰。很多夫妻不就是因为柴米油盐酱醋茶日夜争吵，继而导致感情破裂的吗？如果发挥全家人的能力、利用大家的闲暇时间，各尽其能，合理地分配家务，不仅可以减轻家务带来的压力，还可以享受天伦之乐，压力自然而然也就被驱之门外，不亦乐乎？

年轻人或许没有家务的拖累，但也总是有分身乏术的时候，因此也就需要合作共事，分担压力。这个时候，与我们分担压力的，可以是家人，可以是朋友，也可以是恋人，还可以是同事。总之，各种各样的合作共事，既富有创造性和趣味性，也使得世界看起来更好驾驭。

我们总是抱怨那些使我们处于某种压力下的人和事，如我们的老板、我们所处的环境等，而从来不去检查一下压力的承受者——我们本人。确实，压力不是由我们造成的，但大多数情况下，恰恰是我们自己招来的压力。所以，我们还应该自己想办法，自我减压，把自己从压力中拯救出来。

首先要解决认识问题。一个人如果能真正认识到自己遇到的不如意只是生活的一部分，并且不以这些难题的存在与否作为衡量是否幸福的标准，那么他就不会被压力所困扰。

为了自我减压，我们不妨实行以下的“三步走”：第一步，我们可以考虑自己所面临的压力是否能马上改变。可以改变的就努力去改变，一时无法改变就要勇于去接受。第二步，再想想这件不如意的事会糟糕到什么程度。第三步，面对压力，分析原因，并依靠自己的努力去争取别人的理解和支持，去寻求和创造转机，化压力为动力，走出困境。

最后，我们一起来读读以下这段温馨浪漫的故事，它或许会对我们摆脱压力的困扰提供启示。

在加拿大魁北克山麓，有一条南北走向的山谷。山谷里有一个独特的景观：西坡长满了松柏、杉树等大大小小的树，东坡却像被精心挑选过一般——只有雪松。这一奇异景观曾经吸引不少人前去探究其中的奥秘，但却一直无人能够揭开谜底。

1983年冬，一对婚姻濒临破裂而又不乏浪漫情怀的加拿大夫妇，准备作一次长途旅行，以期重新找回昔日的爱情。两人约定：如能找回就继续生活，否则就分手。当他们来到那个山谷的时候，下起了大雪。他们只好躲在帐篷里，看着漫天的大雪飞舞。不经意间，他们发现，由于特殊的风向，东坡的雪总比西坡的雪下得大而密。不一会儿，雪松上就落了厚厚的一层雪。然而，每当雪落到一定程度时，雪松那富有弹性的枝丫就会弯曲，使积雪滑落下来。就这样，反复地积雪，反复地弯曲，反复地滑落，无论雪下得多大，雪松始终完好无损。西坡的雪则下得很小，树木很少受到损害。

妻子若有所悟，对丈夫说："东坡肯定也长过其他的树，只不过由于不会弯曲而被大雪摧毁了。"丈夫点头之际，两人似乎同时恍然大悟，旋即忘情地紧拥热吻起来。丈夫兴奋地说："我们揭开了一个谜——对于外界的压力，要尽可能去适应；在适应不了的时候，要像雪松一样弯曲一下，这样就不会被压垮。"

一对浪漫的夫妇，通过一次特殊的旅行，不仅揭开了一个自然之谜，而且找到了一个人生真谛。

撵走忧伤

从前有一个人，生活得很快乐，世界上的任何东西都使他感到高兴。就是看一棵小草，他也会喜笑颜开。

有一次，他忽然想要弯下腰来看一看他的快乐还在不在。可是，他刚一弯腰，快乐就不见了。"怎么会这样呢？"他自问道，"快乐刚才还在，忽然一下子似乎掉进地缝里去了！"

于是他走遍山川河谷、森林和田野，去寻找自己的快乐。人们各种各样的快乐他看到不少，但就是看不到自己的快乐。他弯腰弓背，找遍了每一个角落，失去的快乐还是没有找到。这时，他直起身子对自己说："不找了，丢了就丢了，有什么办法呢。难道要弯腰走一辈子吗？"

但是很奇怪，当他刚一直起身子，快乐又回到了他的身上。

快乐如光明，只有我们处于阳光下，才能感知光明的存在。快乐又如空气，谁都需要它，可又不知它躲在什么地方。其实，快乐就在我们身边。

“快乐就是这样，它往往在你为着一个明确的目标忙得无暇顾及其他的时候突然来访。”苏格拉底如是说。

一群年轻人到处寻找快乐，却遇到许多烦恼，于是他们向苏格拉底请教：“快乐到底在哪里？”苏格拉底说：“你们还是先帮我造一条船吧！”这群年轻人开始不太理解，既然是来请教，苏格拉底的话又不好不听，或许造好了船，就会得到苏格拉底正面的回答。就这样，他们暂时把寻找快乐的事放到一边，找来造船的工具，用了七七四十九天，造出了一条独木船。船下水的那一天，他们把苏格拉底请上船，一边合力摇桨，一边高声唱歌。这时，苏格拉底问他们：“孩子们，你们快乐吗？”年轻人齐声回答：“快乐极了！”

这则关于苏格拉底的小故事至少给了我们两点启示：第一，快乐是一种感受、一种体验，它就存在于我们的工作和生活之中；第二，我们的快乐是由自己创造的，别人的赐予是对我们付出的回报。原来，快乐时时刻刻都伴随着我们，只是我们不曾注意罢了。

富兰克林说：世界上有两种人，他们的健康、财富，以及生活上的各种享受大致相同，结果，一种人是幸福的，另一种人却得不到幸福。他们对物、对人和对事的观念不一样，那些观点对于他们心态的影响也就不一样。他们的痛苦和快乐的分界正在于此。

当我们感到难过时，不要抗拒它，试着放松，保持从容与镇定。不要对抗自己的负面情绪，只要我们从容面对，它们就会像落日一样消失在夜幕中。

人活着，如果整天担心这个、忧虑那个，岂不是活得太痛苦了？

这种人无疑是身悬一块招牌：“此处专卖忧伤。”这样，身体怎么会健康呢？大好的人生时光，不要让忧愁占据了，当晨曦来临，就应当脱下睡衣，迅速起来，然后告诉自己：“这是快乐的一天，我要好好地干。”

走出灰暗的心境

某部战士小李刚到部队时，看到的是整洁的营区，听到的是嘹亮的号角声，感受到的是官兵情、战友爱，这一切令他兴奋。此时，军队的一切在他眼里都那么富有诗意。新兵训练结束后小李被分配到炊事班，整天和锅碗瓢盆打交道，没有摸爬滚打，没有真枪实弹，有的只是买不完的菜，做不完的饭。这时小李再也没有那份惬意了，往日的军营生活在小李眼中变得枯燥、单调、乏味，毫无生机，他开始对什么都不满意，看什么都不顺眼了。

同样的军队，同样的环境，为什么在很短的时间内在小李的内心会有两种截然不同的感受呢？是什么使军队生活大变脸呢？是小李的“心境”使然。

心理学上，心境是指一种比较微弱而持久的情绪状态。它具有弥漫的特点，往往会影响人的整个精神状态，使这段时间的所有活动都染上同样的情绪色彩。

心境不同，对生活的态度也会不同。如果心境是愉快的、积极的、乐观的，你就会备感振奋、朝气蓬勃、信心百倍；如果心境不佳，你就会觉得一切都令人生厌，就会灰心丧气，毫无生机。所以说心境对学习、工作、生活乃至健康都有很大的影响。

控制不良心境，培养良好的心境对每个人都是很重要的。如果你是一个心境灰暗的人，请你注意了，你要想办法走出灰暗，进入光明。那么如何才能保持良好的心境呢？

心境产生的原因是多方面的，工作的成败、生活的顺逆、人际关系的好坏、个人健康状况及自然环境的变化等，都可能成为引起某种心境的原因，但这些是影响心境的表面的原因。其实，一个人的理想、信念、人生观和世界观才是影响心境的决定性因素。

因此，首先要有积极的生活态度。工作是美丽的，生活是幸福的，要有这种积极的态度，看问题、想事情就会向积极的方面看，朝积极方面想，就会看到光明，获得内心的愉悦。

其次，应该勇于面对新生活，主动体验生活的不同乐趣。在今天这个绚烂多彩的时代，你应该既能在激荡人心的活动中体验激情的热烈，又能在平淡的日常生活中享受悠然自得的乐趣。既能在群体活动中感受快乐，又能在独自生活时营造充实。这样，你在遇到困难时或者不顺时，就不会陷入情绪的低谷。

再次，要有正常的期望值。要正确认识社会环境，正确认识自己、评价自己，客观评估自己的价值，对人生不能有过高的期望值。因为每个人的能力是十分有限的，制订计划和目标一定要从实际出发，切不可好高骛远。否则，事事落空，处处碰壁，就会产生不满情绪。只有一切切实可行，使自己有了某种成就感，生活才会令你感到充实，心境才会好转。

邹先生是一家外企的员工，工作兢兢业业。工作几年后，邹先生一直期望有一个提升的机会，而他的上司也曾暗示，他很有可能做到更高的职位。于是，邹先生开始设想新的职位可能带来的一系列变化：工作更加轻松，薪金会增加，还能够住进更好的房子……

可事情往往并不朝想象的方向发展。他所在的公司被兼并，兼并的直接后果就是邹先生被提升一事化为泡影。而且他的顶头上司也换了人，这意味着他要从头开始。

没过多久，邹先生一直期盼的职位被上司的原助手接任了。于是他陷入抑郁和苦闷之中，他很颓丧，觉得没有任何希望了。在这样的情绪下，邹先生失去动力，办事也不够尽职尽责了，新领导当然也不会器重他，很快他就被调到一个无关紧要的部门去。

他更感到暗无天日了。

如果邹先生能够调整一下自己的“期望值”，事情就不会朝不利的方向发展了。

还有一种重要的方式是建立良好而稳定的心理状态，用顽强的意志战胜不良情绪的干扰，保持良好的心境。在生活中遇到烦恼，自我调节，用理智战胜生活中的不顺。任何理智和情感都可以化为行为的动力，无论是满意的情感，还是悲痛不快的情感，都能激励人去工作和学习。

你还可以尝试以下方法暂时解除不良心境的困扰。

方法一：学会放松自己。当感到过分紧张、烦恼、郁闷时，可采用深呼吸的方法，或自我暗示的方法，使自己的身心完全放松。

方法二：学会情绪转移。各种情绪的产生都离不开环境。避免接触强烈的环境刺激，也不失为好办法，但最好是学会情绪的积极转移，通过自我调节、自我疏导，从主观上变不良情绪为积极情绪。如果你喜欢音乐，在烦恼、郁闷时不妨去听听音乐；如果你喜欢运动，可以去打球、游泳等。这种转移可以使你忘却不愉快，摆脱不良心境。

方法三：学会适当的宣泄。如果有不顺利的事情或者郁积很久了，不要一直压在心里，应该学会向亲朋诉说或者大哭一场，又或者采取其他方式来排遣，这样对身心有利。

这些简单的方法能起到一定的作用，但更重要的是，你应不断地学习并充实自己，这样生活中的种种不如意也就不致使你消沉和失望。同时要善于寻找生活中美好的一面，善于用积极因素克服消极因素，只有这样，你才能不断创造最佳的心境。

不要压抑，更不要冲动

有人将人们那种一触即发的爆发性情绪比做是圈在牢笼中的猛虎，一旦放出去危害是难以估量的。

举例来说，如果你曾给人留下很好的第一印象，同时却又允许自己越过界限，去大叫大嚷，去对人怒目相向，甚至做一些连你自己也要后悔的事情，这样一来，又有那样一个“你”被别人记住了，你好不容易赢得的积极印象就会毁于一旦。而每次出现诸如此类的爆发，你就得花九牛二虎之力才能把它补偿回来。

试想你穿了一身刚买的时装在街上行走，忽然一辆汽车从你身边擦身而过，溅了你一身肮脏的积水，还险些把你撞倒，而司机却头也不回地扬长而去。这时你脸色发白，微微颤抖，额头冒汗，心跳加速，满脸怒容，你简直想把那家伙杀了。

如果你的想法比较宽容："也许那个人没看见我，或者发生紧急事情要赶时间。"这里你的善意克制了怒气；起码你宽大的心胸联想到多种可能性，怒气也就无从爆发。亚里士多德说，人只应有适度的怒气。的确，愤怒是很容易失控的。富兰克林也说："任何发怒多是有理由的，只是很少是教人信服的理由。"

平息怒气的常见方法是：独处以便让怒气冷却。此外，深呼吸或放松肌肉等放松的方式也对息怒很有帮助，可能是因为这可以使身体从愤怒的高度警戒状态改变过来，也可能是因为注意力可从愤怒的原因转移开去。

但如果你在冷却期间回忆思索引发愤怒的事件，就达不到冷却效果。因为每一线思维都是一条导火线。转移注意力的根本意义就是让你暂停与愤怒有关的思考。多数转移注意力的活动都有助于平息怒火，诸如看电视电影、阅读等，但疯狂采购或大吃大喝则没什么效果，因为你在逛街或狂饮暴食时可能仍在思考引发愤怒的事件。

有些人认为发泄怒气不失为处理愤怒的好方法，一般的说法就是"心里会爽快一点"。事实上这对平息怒火效果微乎其微（因为愤怒本身的特殊激昂感，发泄者可能会一时觉得爽快）。在某些情况下发泄或许可能达到出气的效果，比如直接发泄在愤怒的对象身上，让你重新取回掌控权或觉得正义得以伸张，或是给予对方"适度的惩戒"，使其翻然悔悟而又不会对你施以报复。然而，怒火一发足以燎原，这些条件说来容易，做起来难上加难。

发泄怒气是冷却怒火最糟糕的方式，发作时常会使情绪中枢火上浇油，结果只会让人更加愤怒，或使愤怒的情绪更加延长。比较有效的方式是先冷却一段时间，然后以具有建设性的态度与对方面对面找出解决方案。有人问一位高僧应如何处理愤怒，他的回答是"不要压抑，但也不要冲动"。

很多烦恼都是自找的

每天我们都有可能遇到一些烦心的事，这是生活的常态。现代都市沉重的生活压力，越来越多的追求和欲望更是让人心变得异常躁动，而一颗躁动不安的心往往就是烦恼之源。只是，那些困扰我们的事情，到底有多少真的能发生呢？一个心理学家为了研究人们常常忧虑的"烦恼"问题，做了下面这个很有意思的实验。

心理学家要求实验者在一个周日的晚上，把自己未来7天内所有忧虑的“烦恼”都写下来，然后投入一个指定的“烦恼箱”里。

过了三周之后，心理学家打开了这个“烦恼箱”，让所有实验者逐一核对自己写下的每项“烦恼”。结果发现，其中90%的“烦恼”并未真正发生。然后，心理学家要求实验者将记录了自己真正“烦恼”的字条，重新投入了“烦恼箱”。

又过了三周之后，心理学家打开了这个“烦恼箱”，让所有实验者再次逐一核对自己写下的每项“烦恼”。结果发现，绝大多数曾经的“烦恼”已经不再是“烦恼”了。这让实验者切身地感到了，烦恼这东西原来是预想的很多，出现的却很少。

心理学家从对“烦恼”的深入研究中得出了这样的统计数据和结论：一般人所忧虑的“烦恼”，有40%是属于过去的，有50%是属于未来的，只有10%是属于现在的。其中92%的“烦恼”没有发生过，剩下的8%则是可以轻易应付的。因此，烦恼大多是自己找来的。这就是所谓的烦恼不寻人，人自寻烦恼。

是啊，那40%属于过去的烦恼，是我们用过去的失败体验给自己搭建起来的藩篱，使我们固步自封，疑虑重重；而50%属于未来的烦恼则完全是我们自己杞人忧天的结果；此外，10%的烦恼多是那些不应该困扰你的琐事。比如，在候车的时候，你等的公交车一直踪影全无；在超市结款柜台前的长龙里站了半天才挪了一小步，那速度比蜗牛还要慢，而另一边的队伍似乎移动得快多了……

这样的烦恼的确是让人郁闷透顶。可是，很少有人想得明白，不管你怎样地不耐烦，事情往往是客观存在的，其结果不会因为你的心情而有丝毫的改变。你与其在这个不可更改的过程里唉声叹气、看表跺脚、咬牙切齿，为何不干脆悠然惬意一些，听听MP3，看看包里随身带的书，静静等待，这个过程就不至于让你烦恼不堪了。即使你什么装备也没有，也不妨欣赏周围各色人等的种种面貌，为他们如热锅蚂蚁般惶惶不安、眉头皱成疙瘩的可笑样子在脑中画一幅生动的漫画，同时为你自己的理智和超然而自豪。

心理学家将自己对“烦恼”的研究介绍给了自己所带的十几个研究生。一些研究生向心理学家请教：能不能用身边的事例，对“很多烦恼真的是自己找来的”这一结论给予具体的说明？心理学家笑而不语，从房间里拿出了二十多个水杯摆在茶几上。这些杯子各式各样，材料也不相同，有玻璃的，有塑料的，有瓷的，有纸的；有的杯子看起来高贵典雅，有的杯子看起来粗陋低廉……心理学家说：“都是我的学生，我就不把你们当客人看待了。你们要是渴了，就自己倒水喝吧。”

正值天气闷热，大家口干舌燥，便纷纷拿了自己中意的杯子倒水喝。等学生们杯子里都倒满水时，心理学家讲话了。他指着茶几上剩下的杯子说：“大家有没有发现，你们挑选去的杯子都是比较好看、比较别致的，像这些塑料杯和纸杯，被选用的就少得多。这也是人之常情，谁都希望手里拿着的是一只好看一些的杯子。但是，现在我们需要的是水，而不是水杯。杯子的好坏，并不影响水的质量。想一想，如果我们有意无意地把心思用在选好的杯子上，用在鸡毛蒜皮的琐事上，甚至用在互相攀比上，自然就难免自寻烦恼。这就是：野花不种年年开，烦恼无根日日生。”

针对现代人总爱自寻烦恼，美国心理学家曾得出四个论断：

第一，自寻烦恼是人的本性。人并不完全是理性的动物，常为情绪所困扰，而困扰的原因多半是来自于自己，很少是由于外界因素造成的。

第二，人有思考能力，但在考虑自身问题时，则多表现出心态上不平衡的倾向。对与自己息息相关的事，往往作过多的无谓思考，这是困扰自己的根源。

第三，没有事实根据，单凭想象就可形成自以为是的信念，这是人有别于其他动物的特征之一。这种无中生有的想象力过于丰富，就会使人陷入无尽的烦恼中。

第四，人有自毁倾向，同时也有自救能力，合理的情绪疗法可以通过转化前者来帮助发展后者。

每个人都有理性的一面，同时也有非理性的一面。人生来都具备以理性信念对抗非理性信念的能力，但又常常被非理性信念所干扰。也就是说，每个人都有不同程度的不合理信念，只不过有心理障碍的人所持有的不合理信念更多、更复杂而已，然而，就是这种不合理的思维造成了心态上的不平衡。我们所能感觉到的世界只是整个世界的一小部分，由这一小部分所得出的观念往往是不正确的，但人们又总是把这些不正确的观念当做生活真理，结果使自己陷入了不必要的苦恼之中。

有一个和尚，每次坐禅时都感觉有一只大蜘蛛在干扰他，他想赶走它但总是束手无策，这使他很烦恼。师父知道后，让他在坐禅前先预备一支笔，等蜘蛛来时就在它身上画个记号，以便知道它来自哪里。和尚照办了，等他坐禅完毕，一看，原来记号画在了自己的肚皮上。

这个故事告诉我们，烦恼就源于我们自己。

美国心理治疗专家比尔·利特尔经过研究认为，一个人若有以下心理或做法，必定会促使你自寻烦恼、无事生非。

① 盯着消极面。牢牢记住你有多少次受到不公正的待遇，或者记着有多少次别人对你说话的态度不友善。只要这样，把注意力集中在那些不好的、吃亏的事情上，你就会运用这种消极的思想方法来给自己制造烦恼。

② 做不可能实现的梦。最可怜的人是那些惯于抱有不切实际的希望的人。如果你想让自己灰心丧气，就把目标制定得高不可攀吧！

③ 蠢人的黄金律。把其他人都看得一钱不值。运用这条定律的关键是首先嫌弃自己，一旦贬低了自己的价值，接下来就会觉得其他人也同样浅薄，于是对他们不屑一顾，自己变得众叛亲离。

④ 制造隔阂。绝不去赞扬别人，首先做到不使用任何鼓励之词；其次，喋喋不休地批评、挑剌、埋怨，小题大做。这是制造隔阂、自寻烦恼的妙法。

⑤ 以殉难者自居。母亲们过度地承担家务劳动，然后对自己说：“没有一个人真正心疼我，对我们家来说，我不过是个仆人而已。”当父亲的也能采

取同样的方法："我的骨架都累散了，谁也不把我当回事，大家都在利用我。"经常这样想，必定会使你烦恼异常，而且还会使周围的人感到讨厌，令你的感觉变得更糟。

⑥"我早就知道会如此"综合征。如果你预料到有什么坏事会出现，它们多半是会实现的。

⑦ 滚雪球式地扩大事态。当问题第一次出现时就正视它，它就很容易化为乌有。反之，如果让问题像滚雪球一样不断地扩大下去，最后滚雪球的人总是遵照一条简单的规则行事："如果错过了解决问题的时机，索性再往后拖拖。"这样，只会使问题变得更糟，必定会导致你的忿怒和苦恼埋在心底几个月甚至几年。

⑧ 把别人的问题揽到自己身上。如果你把别人的问题揽到自己身上而自怨自艾，把某些人不喜欢你的责任也统统归因于自己，那么要不了多久，你就会忧郁成疾。

世界就像一面镜子，你对它笑，它就对你笑；你对它哭，它就对你哭。人的生命太短促、太宝贵了，千万不要去自寻烦恼。

嫉妒的人是最悲哀的

嫉妒是对于某方面比自己强或比自己幸福的人而产生的怨恨心态。嫉妒伤人最狠之时，正是那被嫉妒之人最为春风得意之时。这一方面是由于这种情况促使嫉妒之心更加强烈，另一方面是由于在这种情况下被嫉妒者最容易受到打击。那些把嫉妒和邪恶作为营养的人，见了最好的人也敢去咬一口。

你很羡慕朋友的皮衣，如果有一天她将这件皮衣送给你，也许你会高兴地穿上它。然而，过不了多久，你会开始嫉妒朋友的慷慨：有很多的物品可以转送，而你却连一件也没有。

有个妇人一直羡慕邻居的偌大屋子，她就预支一些费用在邻居附近买了新房屋。此后，她又开始嫉妒邻居有很多佣人做杂务，而不快乐。

嫉妒就像无底洞，让你越陷越深，无法自拔。

嫉妒是一种不愉快的感觉，想得到属于别人的东西，如果得不到就会很不舒服。

在人类的一切情欲中，嫉妒是最持久不休的。所以，有句话说得好：“嫉妒无假期。”因为它永无宁日。除此之外，嫉妒是最卑劣的情欲，嫉妒富有恶魔的特征。《圣经》曾说：“魔鬼之所以要趁着黑夜到麦地里去种上稗子，就是因为他嫉妒别人丰收的喜悦，就像毁掉田间麦子一样，嫉妒这恶魔总是暗中活动，行踪诡秘去损坏人间的好的事物！”所以，嫉妒是最悲哀的。

有这样的一个故事：

古希腊常有竞技比赛，吸引各地英雄豪杰参加。

在一次比赛中，某人夺得了第一名，大家给他冠军的荣誉，并为他戴上桂冠。

而屈居第二名的人十分嫉妒他，居然半夜里偷偷跑到众人为那冠军所立的石碑处，想用铁铲子破坏它，以消心头之恨。

他拼命地挖，石碑终如所愿倒塌下来，但也恰巧压在他的身上，把他活活地压死了。

第二天他被人发现时，早已身亡多时。

嫉妒的杀伤力大得惊人，所以有人说“妒忌心强的人以恨人开始，以害己告终”。

嫉妒对个人而言，好比身上的一颗毒瘤，任其发展会毁人心性。而对社会而言，如果一个社会中，嫉妒之心成风，那么这个社会离崩溃也就不远了。

嫉妒既是一种恶习，也是苦恼的一项来源。我们必须把它视为我们的幸福之敌，对它邪恶的念头加以遏制。

你正为某人的成就而愤愤不平吗？试着把这些感觉写出来，然后再撕成碎片丢掉，让这些感觉随风而去，绝不使自己的心继续受到更大的伤害。

心存嫉妒，往往要寻找对策来压倒人家，但结果往往事与愿违，失败和打击，又必然给心理造成压抑感。巴尔扎克说：“嫉妒的人所受的痛苦比任何其他人遭受的痛苦都大，他自己的不幸和别人的幸福都使他痛苦万分。”

《黄帝内经·素问》说：“妒火中烧，可令人神不守舍，精力耗损……疾病滋生。”德国曾针对嫉妒能引发多种症状的事实，把嫉妒列为一种疾病，与麻风病同享免费治疗。可见，嫉妒对人的身心会产生极大的危害。

嫉妒常常使人的思想禁锢起来。

你知道什么是螃蟹心理吗？你知道渔民们如何抓螃蟹吗？把盒子的一面打开，开口冲着螃蟹，让它们爬进来，当盒子装满螃蟹后，将开口关上。盒子有底，然而没有盖子。本来螃蟹可以很容易地从盒子里爬出来跑掉，然而由于螃蟹有嫉妒心理,结果一只都跑不掉。原来当一只螃蟹开始往上爬的时候，另一只螃蟹就把它挤了下来，最终谁也没有爬出去。大家不用想就知道它们的结局：它们都成了餐桌上的美味佳肴。

人一旦嫉妒起来就好像那些螃蟹一样。嫉妒的人以消极的人生观为基础，他们信奉你好我就不好的信条，所以这种心理常常给他们的人际关系带来破坏性的影响。

嫉妒的起因是我们发现别人比我们过得更好，别人比我们拥有得更多。嫉妒有推动力，但是它不能给我们正确的导航。

它给我们指明一条道路，但是却让我们去妨碍和伤害别人。用拖别人后腿的方式来赢得胜利或者至少保持不败是相当愚蠢的做法。

嫉妒使我们放弃对自身利益的关注，别人的优势恰好映照出我们的不足，想要完成一个健康完善的自我塑造，必须要懂得为自己加油。去拖别人的后腿只会使别人和我们一样差劲，而不会使我们获得进步。

嫉妒是心灵上的毒瘤。嫉妒的人总是拿别人的优点来折磨自己。别人年轻他嫉妒，别人长相好他嫉妒，别人身材高他嫉妒，别人风度潇洒他嫉妒，别人有才学他嫉妒，别人富有他嫉妒，别人的妻子漂亮他嫉妒，别人学历高他嫉妒……

嫉妒是一种卑劣的心理状态。善妒的人总和别人攀比，凡事唯恐别人抢先一步。看到别人超过自己，却不努力、不进取，只怨别人有本事，只恨别人比自己强。

善妒的人往往自大。因为自大，想高人一等，所以就容不下比他强的人。看到周围的人有超过自己之处，要么设法去贬低，要么设置陷阱去坑害对方。

善妒的人必然自私，自私的人必然善妒。嫉妒和自私犹如孪生兄弟。法国作家拉罗什弗科就曾说过："嫉妒是万恶之源，怀有嫉妒心的人不会有丝毫同情"，"嫉妒者爱己胜于爱人"。因为嫉妒，他不希望别人比自己优越；因为自私，他总是想剥夺别人的优越。

善妒的人从来不为别人说好话。嫉妒的人，因为容不下别人的长处，所以他就通过说别人的坏话来寻求一种心理的满足。

善妒的人没有朋友，因为他容不下别人的长处，而每个人也都有自己的长处，所以他就把所有的人视做自己的敌人，以冷漠的目光注视别人。

妒火中烧，能使人头脑发昏、丧失理智，甚至堕落到极其卑劣和凶残的地步。古往今来，嫉妒就像一股祸水，不知害了多少人。

庞涓与孙膑曾一起学习兵法，但庞涓学业不如孙膑。庞涓在魏国任将军时，担心孙膑的才能施展后对自己不利，于是派人将正在齐国的孙膑请到魏国，设法陷害，使孙膑受到挖去膝盖骨的酷刑，成为残废。韩非是先秦法家思想集大成者，秦王嬴政读了他的著作，赞叹不已，非常想见到他。韩非来到秦国后，与韩非同出一师之门的李斯，不愿韩非受到秦王信任器重，进谗言陷韩非入狱，使之被迫自杀。

奥地利作曲家莫扎特，其音乐天赋曾被誉为18世纪的奇迹。他的死，据说同样是嫉妒造成的恶果。当时，宫廷作曲家萨利埃里看到莫扎特的才华远在自己之上，便挖空心思要陷害莫扎特。他乘莫扎特贫困之机，先以一笔可观的报酬诱使莫扎特写作，后又将交稿期一再提前。莫扎特被迫日夜挥笔，拼命工作，以致积劳成疾，终年还不到36岁。

诚如罗兰所言："嫉妒，一种迫害的倾向，而且通常包括疯狂在内。"一个人越是没有理性，越是觉察不出伤害了别人为什么也是伤害了自己，因为仇恨和妒忌蒙住了他的眼睛。

古语说："善莫大于恕，恶莫大于妒。"把嫉妒列为最大的恶行，是不为过的。

所以，我们必须切除这颗心灵上的毒瘤。

第十章　别把成功当做一种交易

不要为虚荣牺牲了幸福

人人都有虚荣的一面，人人也都渴望成为优秀的人，因为优秀就意味着成功，成功就能带来幸福。对成功的渴望，对幸福的追求，是每个人都希望的，甚至是本能的需求。但是，幸福不会从天而降，优秀也不能凭空而来。梅花香自苦寒来，吃得苦中苦，方为人上人，优秀总伴随着某种痛苦、牺牲。这似乎也是一种必然。然而，当我们为了优秀而牺牲掉自己的幸福时，这样的优秀还值得吗?

一些人为了虚荣，刻意成为优秀的人，不得不与繁重的工作压力相伴。当生活中的压力不断累积，又不能或不知道如何缓解、释放时，难免会导致精神崩溃。这种现象在现代社会中并不少见。在现实中我们也能看到，有的人为了寻求所谓的成功，急功近利，不惜代价。以牺牲生命、爱情、友情乃至亲情作为交换条件，这样换来的金钱、地位以及荣誉又有什么意义?这样的成功、优秀又有什么价值?

其实，优秀应该和人们的幸福相关。当我们成为优秀的人时，我们应该能感受到其中的幸福。但是不少人的成功并没有带来想象中的幸福快乐。一个有意思的对比是，不少事业有成的人，自觉举步维艰；而一位普通退休工人，却能感受到家庭和乐、儿女孝顺，笑眯眯地说自己活得很成功。

要明白，一个人变优秀的最终目的是为了幸福。但是，当以失去幸福、快乐为代价变得优秀时，这样的优秀就很值得怀疑，大可不必。在追求优秀的路上，我们是否快乐，是否幸福是最重要的路标。

20世纪初，有一个少年，他做梦都想成为帕格尼尼那样的小提琴演奏家。他一有空闲就练琴，练得心醉神痴，走火入魔，却进步甚微，连父母都觉得这可怜的孩子拉得实在太蹩脚了，完全没有音乐天赋，但又怕讲出真话会伤害少年的自尊心。

有一天，少年去请教一位老琴师，老琴师说："孩子，你先拉一支曲子给我听听。"

少年拉了帕格尼尼24首练习曲中的第三支，简直破绽百出，令人不忍再听。一曲终了，老琴师问少年："你为什么特别喜欢拉小提琴？"

少年说："我想成功，我想成为帕格尼尼那样伟大的小提琴演奏家。"

老琴师又问道："你快乐吗？"

少年回答："我非常快乐。"

老琴师把少年带到自家的花园里，对他说："孩子，你非常快乐，这说明你已经成功了，又何必非要成为帕格尼尼那样伟大的小提琴演奏家不可呢？你看，世界上有两种花，一种花能结果，一种花不能结果。不能结果的花更加美丽，比如玫瑰，又比如郁金香。它们在阳光下开放，没有任何明确的目的，纯粹只是为了快乐，这就够了。在我看来，快乐本身就是成功。"

少年听了琴师的话，深受触动，他回家后又思索良久，方才明白过来，琴师教给他的是一种人生哲学，快乐胜过黄金，能让人真实受用。倘若舍此而别求，就很可能会陷入失望、怅惘和郁闷的沼泽。少年心头的那团狂热之火从此冷静下来，他仍然常拉小提琴，但不再受困于帕格尼尼梦想。

这位少年就是日后以狭义相对论和广义相对论名震天下的物理学家爱因斯坦，他一生都喜欢小提琴，在拉琴的过程中自得其乐。

还有一些人为了虚荣，总会放弃自己喜欢的其他东西。为了不辜负他人期望，只好勉力去做。这样，他们的成功之路注定会比别人辛苦，成功后也不会得到预期的回报。错过路上的风景，不懂得驻足停留，这样的辛苦似乎不值得，也是太高的代价。

不能让虚荣在我们身后作祟，让自己变得优秀不代表要让我们的生活偏离了平衡。人们最容易犯的毛病就是行为常常背离生命与精神的真义。不择手段地实现一种目标，不惜代价地成为优秀，往往会让自己失去更重要的东西。人生的路上，我们最难掌控的就是平衡，失去平衡我们只会迷失自我。所以，我们能看到很多人感叹活得累，活得不容易，一身疾病，一生苦闷，遗憾多于自豪；有的人甚至只剩下空空的躯壳而灵魂无法安置，金满箱、银满箱而内心十分的孤独和空虚；有的人自轻自贱，羡慕别人，鄙薄自己。

每个人在追求优秀时，都不妨问问自己到底为什么要成为优秀的人，自己想从中得到什么。进一步的追问是：到底要成为什么样的人才算优秀？什么样的人才是真正优秀的人？不要让优秀阻碍你的幸福！这是给一切渴望成功者的警言。

在亚里士多德看来，我们选择幸福是为了幸福本身，而不是为了别的东西。有时我们之所以选择荣誉、快乐、智慧等，那是因为我们相信通过它们，我们能够获得幸福。

被成功困扰的人总是患有优秀综合征。这是人们在追求成功过程中片面理解成功和片面追求成功的种种心灵和行为的病症。其具体表现有：

第一，生命单一。在他们的眼中，似乎唯有“优秀”才让自己拥有美好的生活；标准单一，只想着超过他人，出人头地，显示自己。

第二，盲目自我。突出自我中心，有时甚至不惜以伤害他人和社会为代价；不懂合作，盲目竞争，过于患得患失，对周围充满敌意和嫉妒。

第三，忽略内在。谋求金钱、物质、权力、名气等外在价值，忽略内在的价值；身心疲惫，身心总是处于紧张、不安全和不愉快的状态，并因此而染上种种疾病。

不停地奋斗、追求成功，所要的结果就是幸福。当我们在不断地超越自己，锻炼自身，通过更加优秀来取得成功时，一定要明白自己的出发点是什么。很多人因为走的时间太长，以至于不知道自己的目的地在哪儿了。优秀是我们取得成功的途径和方式，也是我们获得幸福的方式。以幸福为代价换来的优秀只会是一个空壳。

把你的期望值调低一点

大多数年轻人都存在期望值过高的问题，在与现实脱钩太远的情况下，应学会把它降低一点，因为低目标更易实现，更易让人品尝到成功的喜悦。在社会中，人们爱抱幻想、好憧憬，往往对现实的艰巨性、复杂性估计不足，那些一直处于顺境或有过成功体验的人，更容易染上好高骛远、自以为是的毛病。有个大学生在企业工作两年后，总结自己的挫折时说道："当初我把工作想得太理想化了，就像一首诗。不是有句话'海阔凭鱼跃，天高任鸟飞'吗？当时我太相信这句话了，总以为到了大企业我就可大显身手、大展抱负了。其实开始都不会是自己想象的那样，想象永远是高于现实的！"这番话颇能反映大多数年轻人涉世之初时的状况和境遇。

"期望值"是一种理想，也是一种目标，有"期望值"正是人们积极向上的表现，也会对人们的追求和进取产生动力，但"期望值"必须合适，合适的"期望值"在人生成长中能产生积极的影响。现实是复杂的，不断变化着的，"期望值"也只是个变数。善于适时调整"期望值"也是一种"识时务"，是明智的表现。反之，必然会在逆境中沉没。

不敢面对现实的人是懦弱的人，敢于接受现实的才是一个勇敢者。现实中，有些事情是我们不能左右的，但有一点是明确的，即我们在左右不了现实时，可以左右自己对现实的态度。如果我们改变态度，将每次的失意当做是考验和磨炼自己的机会，把它作为超越自我的一次机遇，那么，我们就会不再那么激愤，甚至还可能感谢对手。生活中遭遇挫折是很正常的事，关键是不能让它成为一种消极情绪，而要把它作为反省自我、调整自己的触媒和契机。如果能做到这些，你最终总能确立一个合适的"期望值"，也会从根本上把握自我，面对现实保持平和的心态和健康的心理。

志向也好，理想也罢，最重要的一点就在于它能否实现。如果期望值脱离现实，奋斗无望，那它不仅对你人生没有任何益处，反而更是一种拖累。

面对自己的现实是真实做人的根本，是自我发现、自我探索、追求心灵成熟的起跑线。它能使你正视自己的不足，调整自己的期望值，避免你在做人做事时心猿意马、好高骛远。

每个人都有自己的人生，不管你是胖、是瘦、是高、是矮、是贫、是贱、是富、是贵，你都要坦然地面对自己，选择自己的生活与事业。一个敢于面对现实的人才会把自己看得更清，这不仅是你做人、做事的出发点，更是你心灵的一扇门，打开了，才会走得更远。

有这样一个故事：

一个年轻人去寻访一个被人称为圣人的人。他住在山边一个幽静的林子里。正当他们谈论着什么是美德的时候，一个土匪拄着拐杖吃力地爬上山岭，跪在圣人面前说："啊，圣人，请你帮助我解脱我的罪过，我罪孽深重。"

圣人答道："我的罪孽也同样深重。"

土匪说："但我是盗贼，还是个杀人犯。"

圣人说："我也是盗贼也是个杀人犯。"

土匪说："我犯下了无数的罪行。"

圣人回答："我犯下的罪行也无法计算。"

土匪站了起来，他两眼盯着圣人，露出一种奇怪的神色。然后他就离开了他，失望地下山去了。

年轻人转过头去问圣人："你为何给自己加上莫须有的罪名？你没有看见此人走时已对你失去信任？"

圣人说道："是的，他已不再信任我，但他走时毕竟如释重负、一身轻松，他需要的是自己看清自己。"

正在这时，他们听见土匪在远处引吭高歌。

从此，这个年轻人懂得了面对现实，在不断的自我发现、自我探索中，追求心灵的成熟，在曲折的人生道路上行得更稳更快。

人要正视自己的不足，调整好自己的期望值，追求心态的健康，坦然地面对自己，才是最大的收获。

大家可能都有这样的体会：掷铅球时，要想掷得远，就不要抛得太高，抛得太高的人往往不是投得最远的。做人做事不能像掷铅球一样，想着"高"而忘了远。

活得从容就要看淡名利

光荣和耻辱在人心中总是很重要。人们爱惜它就像爱惜生命一样。什么叫光荣和耻辱呢？得到时惊喜万分，失去时心灰意冷，这就是心理的大障碍。

由于荣宠和耻辱的降临往往象征着个人身份地位的变化，所以，人们得宠之时也就是春风得意之时，他们当然唯恐一朝失去，就不免时时处于自我惊恐之中。

得宠的人怕失宠的心理是正常的。一般来说，一个飞黄腾达的人是较少受辱的。所以，一个人在受辱的时候也往往意味着他个人地位的降低或低下。与得宠的荣耀相比，受辱当然是一件很丢脸面的事情，人们普遍认为是一件极为没面子的事，所以得失之间都不免惊慌失措。另外，当一个人功成名就的时候，容易欣喜若狂，甚至得意忘形，这就为受辱埋下了祸根，因为他对成就太在意了。所以有些人就吸取了这方面的经验：淡泊名利。这成了保全自己的办法，更是一种修养。

一片冰心在玉壶，追求自身的高洁，用淡泊的心怀看待世事，这是高超的做人和处世的哲学。自己内心纯洁，就不怕别人的恶意诋毁和诽谤；抱着淡泊的胸怀，让名利如浮云一般，入不得耳目，扰不了心志。只有这样，人生才踏实、充实。

天下熙熙，皆为利来；天下攘攘，皆为利往。人生看不破“名利”二字，就会受到终身的羁绊。名利就像是一副枷锁，束缚了人的本真，抑制了对于理想的追求。现代人生活在节奏越来越快的年代，成就感的诱惑始终存在，有太多的诱惑，太多的欲望，也有太多的痛苦，因此我们身心疲惫不堪。一个人要以清醒的心智和从容的步履走过岁月，在他的精神中就不能缺少气魄，一种视功名利禄如浮云的气魄。

不拘于物，是古往今来许多人一生的所求。视功名利禄如浮云，不必为过去的得失而后悔，不必为现在的失意而烦恼，也不必为未来的不幸而忧愁。抛开名利的束缚和羁绊，做一个本色的自我，不为外物所拘，不以进退或喜或悲，待人接物豁然达观，不为俗世所滋扰。

烦恼和羁绊都是由于自己的不能舍弃或是看得太重而引起的。人生于世，无论君子圣贤雅士也好，还是小人俗人凡人也好，谁也不可能无所谓地舍弃。俗人爱财，难道君子就不需要了吗？圣贤如果没了一日三餐，他也要去赚钱的。但不要执著，要懂得放下。拿得起放得下，这才是俗世的淡泊。

德国哲学家康德就非常厌恶“沽名钓誉”。他曾经幽默地说：“伟人只有在远处才发光，即使是王子或国王，也会在自己的仆人面前大失颜面。”也许，正是因为有了这样一分淡泊的心境，世界才又多了几丝温暖、几分快乐；也许正是少了几分对名利的追逐，世界才又多了几分自在，几般快慰。

淡泊胸怀，独善自身，人生便不受困扰，心神才会一片安泰！

不要给自己的人生加行李

生命之舟需要轻载，如果行李太多，它将不堪负重，甚至有翻船的危险。卸下不必要的行李，轻装上阵，我们才能快速顺利到达成功的彼岸。

一叶飘摇的生命之舟，从时空的长河中缓缓驶向前方。

一个刚刚诞生的生命，他不会说，不会笑，不会跳，不会闹，也不会思考，他只是沉睡着。远处传来一个声音：“你从何处来，要到何处去？”

刚刚诞生的小生命也重复道：“我从何处来，要到何处去？”

生命之舟在时空的长河中默默而又轻松地前行。忽然，又传来一个声音：“等一等！我们想与你一同旅行，请载我们同去！”向着声音传来的方向看去，只见痛苦与欢乐、爱与恨、善与恶、得与失、成功与失败、聪明与愚钝，一起手拉着手向生命之舟游来。

痛苦从左边上了船，欢乐从右边上了船；爱从左边上了船，恨从右边上了船……待这些人生的伴侣们都进到了船舱，这个飘摇的生命之舟顿时沉重了许多，舱中的气氛顿时也活跃起来，哭声和笑声接连不断从舟中传出来。

忽然，又一个喊声传来：“等一等！等一等！还有我们。”随着声音，只见清醒与糊涂、路人与朋友双双携手游来。清醒从左边上了船，糊涂从右面上了船。路人从左边上了船，朋友从右面上了船。

这艘生命之舟有了充实的欢笑，但是也充斥了烦恼，它变得越来越沉重，行动也逐渐迟缓，几个大浪过后，它差一点就被掀翻。这时候，又有一个声音传来："等一等，别忘了我！我一直在追随着你啊！"这是死亡的呼喊。生命之舟摇摇晃晃地逃走了，死亡紧紧地在后面追赶着。

就在死亡要追上生命之舟时，烦恼被抛了下来，生命之舟速度加快了，不一会儿，失败也被抛了下来，生命之舟越来越快，离死亡也越来越远。

生命之舟载不动太多的东西，要想使船在抵达彼岸时不在中途搁浅或者沉没，就必须轻载，只取必要的东西，把不该要的统统搁下。

有一寡妇，为了抚养小儿，辛辛苦苦地教书赚钱。儿子长大成人后，又被送到美国留学。完成学业后，儿子留在国外上班、赚钱、买房子，也在国外娶老婆生子，建立美满家庭和辉煌的事业。

寡妇为此欣慰不已，盘算着退休后，带着退休金前往美国与儿子媳妇一家人团圆。每天早晨可以到公园散步，也可以在家享受晚年含饴弄孙之乐。

于是，她在距离退休不到三个月的时候，赶紧给儿子写了一封信，告诉他她就要飞往美国和他们一家团聚。信寄出后，她一面等待儿子的回音，一面把产业、事务逐一处理。

不久，她接到儿子从美国寄来的一封回信。信一打开，有一张支票掉落下来。她捡起来一看，是一张3万美元的支票。她觉得很奇怪，儿子从来不寄钱给她，而且自己就要到美国去了，怎么还寄支票来？莫非是要给她买机票用的？她心中涌上一丝喜悦，赶紧去读信。只见信上写道："妈妈！我们经过讨论的结果，还是决定不欢迎你来美国同住。如果你认为你对我有养育之恩，以市价计算，约为2万多美金，现在我添了些，寄一张3万元美金的支票给你，希望你以后不要再写信来打扰我们。"

母亲的一颗心由欣喜的巅峰，坠入了痛苦的谷底。自己辛辛苦苦地抚养儿子，就换来了如此的忘恩负义。她老泪纵横，只觉得一生守寡，从此老年凄凉，如风中残烛，她有些难以接受这个事实。

她心情沉重，几乎难以自拔。一天下来，她就苍老了很多。她望着红彤彤的夕阳，忽然有所觉悟。她想到：自己一生劳碌，没有一天轻松的生活，而退休后，将无事一身轻，何不出去透透气？很快，她就振作起来，为自己规划了一趟环游世界之旅。

在旅行中，她见到大地之美，看到各国不同的民情，于是她又寄了一封信给她的儿子。信上写道："你要我别再写信给你，那么这封信就当做是以前所写的信的补充文字好了。我接到了你寄来的支票，并用这张支票规划了一次成功的世界之旅。在旅行中，我忽然觉悟。我非常地感谢你，感谢你让我懂得放宽自己的胸襟，让我看到天地之大，大自然之美。"

我们经常听到老人因为子女不孝而痛苦不堪的故事，这些子女的行为的确令人齿冷，但是作为父母，如果看不开，心中怒不可遏，一旦怒气难消，必因怨恨攻心而生病。病到后来死了，也只在当时留下一段人间不平事，几年后烟消云散，谁还会去凭吊这段往事？何况不久之后世人的记忆将消失，如此，这段往事又有什么意义可言？反过来我们再看看故事中的这个老妇人，她是多么的明智，生命之舟已然负重，又何必和自己过不去，让它更加沉重，直至超载？

人生毕竟是一条单行道，永远没有回头的可能，只有朝着前面的路，奋力前行，才不至于辜负了一生。然而，很多人却忽略了一点，总是在低谷中悲伤，在失意中哀叹，使自己平白地添了许多心事。人生是不需要太多行李的，背着超负荷的行李上路，重担压弯了肩膀，使自己透不过气来，在人生的路上非但不能加快步伐，反而会越来越吃力。

有人在为房租太贵而烦恼，但是生活在印度加尔各答的街头流浪汉，从来不必为房租问题烦恼，他们生在街头，也死在街头，然而他们要操心的事情，却是晚上睡觉前能否找到一块破布当枕头。知道了这些，你还在为房租烦恼吗？有人的答案是会的，他们知道世界上很多地方还存在这么多的惨状，那里的人们总是被迫默默接受，却还是会因为在某个高雅的餐厅没占到好座位而大发雷霆，为了每个月的收入抱怨不休，因为体重没有减轻而深感懊恼。这不是自寻烦恼吗？

人生本来就是一个背负行李前去旅行的愉快而放松的过程，这就需要你在一个个驿站一次次卸去人生的旧行李，而后再背起新的行李去继续前方的人生之路。因此每一次背起行李，都要想想自己此行的目的，放弃那些不必要的行李，让自己轻装上阵，并且让自己在每一次到目的地之后卸下行李，这样人生才不至于太沉重和痛苦。

别让自己活得太累

人的一生，不如意事十有八九，面对困难和挫折，我们应该学会放下，自省自励，不要让自己活在无穷无尽的烦恼之中，不要让自己活得太累。佛教一个重要的思想就是要人放下，放下不必要的执著，轻松超脱地生活。

佛陀住世时，有一位黑氏梵志来到佛陀的座前，运用神通，两手拿了两个花瓶站在佛陀的前面，想把这两瓶花奉献给佛陀。

佛陀见了，说："放下。"

梵志以为佛陀叫他把花瓶里的花放下，立刻把左手里的那个花瓶放下。佛陀又说："放下。"

梵志以为佛陀要他把右手的那瓶花也放下来，所以他就把右手里的花瓶又放下来。

佛陀还是对他说："放下！"

梵志非常不解地问道："我已经两手空空，没有什么可以再放下的了。请问佛陀，现在我还应该放下什么？"

佛陀说："我叫你放下，并不是叫你放下手里的东西。我要你放下的是心灵的负担。当你把这些负担都放下时，你就再也没有什么对待，没有什么分别，你就可以从人生的痛苦、生死的桎梏中解脱出来了。"

梵志这时才了解佛陀叫他放下的真义。

日常生活中，很多人总是喊着活得太累，工作压力大、生活负担重、人际交往复杂，其实就是不能放下。如果我们都像佛陀指示的那样能够放下，便会获得轻松，获得幸福。我们无法左右命运的走向，但是却可以放弃心中的负担。因为太多的记忆，反而会影响我们生活的质量。

一个青年背着个大包袱千里迢迢跑来找无际大师，他说："大师，我是那样的孤独、痛苦和寂寞，长期的跋涉使我疲惫到了极点；我的鞋子破了，荆棘割破了双脚；手也受伤了，血流不止；嗓子因为长久的呼喊而喑哑……为什么我还不能找到心中的阳光呢？"

大师问："你的包裹里装的什么？"青年说："它对我可重要了。里面装的是我每一次跌倒时的痛苦，每一次受伤后的哭泣，每一次孤寂时的烦恼……靠着它们，我才能走到您这儿来。"

于是，无际大师带着青年来到河边，河水哗哗地流淌着，看起来很深。大师和青年一起砍下一棵树，放在河里，踩着树过了河。上岸后，大师说："你扛了树赶路吧！""什么，扛了树赶路？"青年很惊诧，"它那么沉，我扛得动吗？""孩子，你扛不动它，也不用扛它。"大师微微一笑，说："否则，它会变成我们的包袱。痛苦、孤独、寂寞、灾难、眼泪……这些对人生都是有用的，它能使生命得到升华，但如果时刻不忘，就成了人生的包袱。放下它吧！孩子，生命不能太负重。"青年放下包袱，继续赶路，他发觉自己的步子轻松而愉快。原来，生命是可以不必如此沉重的。

在如今快节奏的都市生活中，人就像是旋在高速运转的机器上的螺丝，只有铆在上面跟着转的份儿，绝无擅自离开或者中途停下来的道理。有许多人感到"活得太累"，这种"累"并不仅是体力上的疲劳，更主要是心理上的感受和体验，是精神负担过重、极度疲劳的表现。

现实生活中，我们每个人为了生活疲于奔命，都已经非常辛苦了，如果时刻再牢记过往的痛苦和悲伤，那岂不是跟自己过不去？过去的事情，该忘记就应该忘记。多想想那些快乐的事情，这样以后的路走得会更轻松；不快乐的事情就该忘掉它。虽然说失败、苦难会给我们以后的人生提供经验，但是太多，就会使人对未来没有希望，失去向前的勇气。

小说家荷摩·克洛伊说：“不要为了打翻的牛奶哭泣。否则，打翻的将不是牛奶，而是你的心血……”

一生中，我们要经历的事情很多，有快乐也有悲伤。对于智者来说，他们忘记的总是那些不快乐的事，而记住的却是那些快乐的事，所以，他们过的是一种轻松而充实的生活。

世界上最恐怖的监狱并没有铁窗和围墙，那就是我们为自己所造的心灵监狱。走在路上，看着匆忙的行人及眉间带着的疲惫，我们真的应该给自己减轻一些压力，让那些痛苦与忧虑远离我们原本纯洁本真的心灵。

生命有时候也是很脆弱的，不能背负太多的痛苦与悲伤，所以我们每一个人都应该乐观一些，放弃忧伤与不快，方能活得轻松，活得快乐。

走出欲望的泥潭

法国杰出的启蒙运动代表人物卢梭认为，现代人物欲太盛，他说：“10岁时被糖果，20岁被恋人，30岁被快乐，40岁被野心，50岁被贪婪所俘虏。人到什么时候才能只追求睿智呢？”可见，内心不能清净是物欲太盛所导致的。

人生在世，不是说不能有欲望，欲望在一定程度上是促进社会发展和自我实现的动力。可是，除了生存的欲望以外，要有节制地预防其他欲望的侵害，时常提醒自己，要淡泊明志，只有内心干净，才不至于腐化变质。

但是现实生活中，很多人的欲望无边无际，物欲、情欲、权欲、金钱欲……他们为了满足这些生不带来、死不带去的形形色色的永远也无法填满的欲望尔虞我诈。贪污受贿、招摇撞骗，或活得相当累，他们成了欲望的奴隶。

一个沿街流浪的乞丐，每天总在想，假如我手头有两万元钱，我就不再有别的想法了。

一天，这个乞丐无意中发现了一只跑丢了的很可爱的小狗，乞丐见四周没人，便把狗抱回了他住的窑洞里，拴了起来。让人没有想到的是，这只狗的主人是该市有名的大富翁。这位富翁丢狗后十分着急，因为这是一只血统纯正的名犬。于是，就在当地电视台发了一则寻狗启事：如有拾到者请速还，并付酬金两万元。第二天，乞丐沿街行乞时，看到这则启事，便迫不及待地抱着小狗，准备去领那两万元酬金，可当他匆匆忙忙抱着狗又路过贴启事处时，发现启事上的酬金已变成了3万元。原来，大富翁寻狗不着，很着急。又打电话通知电视台，把酬金提高到了3万元。

乞丐似乎不敢相信自己的眼睛，向前走的脚步突然间停了下来，想了想又转身将狗抱回了窑洞，重新拴了起来。第三天，酬金果然又涨了，第四天又涨了，直到第七天，酬金涨到了让市民都感到惊讶时，乞丐这才跑回窑洞去抱狗。可想不到的是那只可爱的小狗已被活活地饿死了，而乞丐当然还是乞丐。

其实人人都有欲望，都想过美满幸福的生活，希望丰衣足食，这是人生存的合理欲求。但是，如果把这种欲望变成不合理的欲求，变成无止境的贪婪，那我们无形之中就成了欲望的奴隶。在欲望的支配下，我们不得不为了权力，为了地位，为了金钱而削尖了脑袋向里钻。我们常常感到自己非常累，但是仍然觉得不满足，因为在我们看来，很多人比自己的生活更富足，很多人的权力比自己大，所以我们别无出路，只能硬着头皮往前冲，在无奈中透支着体力、精力与生命。

民间流传着一首《十不足诗》："终日奔忙为了饥，才得饱食又思衣。冬穿绫罗夏穿纱，堂前缺少美貌妻。娶下三妻并四妾，又怕无官受人欺。四品三品嫌官小，又想面南做皇帝。一朝登了金銮殿，却慕神仙下象棋。洞宾与他把棋下，又问哪有上天梯。若非此人大限到，上到九天还嫌低。"

永不知足是一种病态心理，其病因多是权力、地位、金钱等引发的。这种病态如果发展下去，就是贪得无厌、欲壑难平，其结局是自我毁灭。

其实人生在世，好多美好的东西并不是我们无缘获得，只是我们的期望太高，往往在刚要接近一个目标时，又会突然转向另一个更高的目标。西方一位哲人曾说过这样一句话："人的欲望是座火山，如不控制就会害人伤己。"

我们很多人就是过多地考虑利害得失，结果总是跟在欲望后面跑来跑去，两手空空地走完了自己的一生。知足者能够认识到无止境的欲望带来的痛苦，明白由于太贪婪了，欲望太强了，而其能力又有限，这样必然会导致可怕的后果。

伊索说过："许多人想得到更多的东西，却把现在拥有的也失去了。"这可以说是对得不偿失最好的诠释了。人生太多的沮丧都是因为得不到想要的东西。其实，我们辛辛苦苦地奔波劳碌，最终的结局不都是只剩下埋葬我们身体的那点土地吗？

欲望是无止境的，我们有太多的需求，面对着太多的诱惑。然而，在我们满足欲望的同时，也会相对地迷失自己，并产生一种错觉，认为财富和地位就代表了一切。可是当一切都失去的时候，我们的精神就会张皇失措，无所依靠。

托尔斯泰曾经说过：欲望越小，人生就越幸福。人生最大的苦恼，不在于自己拥有的太少，而在于自己向往的太多。向往本身不是坏事，但向往得太多，而自己的能力又达不到，就会构成长久的失望与不满。

因此，不管我们做什么，一定要适可而止，不要过于强求自己，放弃那些无止境的沉重的欲望，这样才不会徒增烦恼与压力，才能轻松享受生活，稳步取得成功。

贪婪之心是幸福的杀手

贪婪，是一切罪恶之源。贪婪，能让人忘记一切，甚至是自己的人格。贪婪的人，不论男女，总是年纪越大越想用饰物来装饰自己，迫切地想通过地位、声望、财富和权力来得到世人的认同。

有个人善于游泳。一天，河水暴涨，水势很急，他与同村的五六个同伴一起乘船到河岸去办事。哪知天有不测风云，船到河中间的时候，突然破了，水一个劲儿地涌进了船里。眼看船就要沉了，因为都识得水性，于是大家干脆跳下船去，准备游到对岸去。这个人也跳下了船，虽然拼命地向前游，却游得很慢。

他的同伴问他："你平时游泳比我们都强，今天怎么啦，竟然落在了我们后面？"这个人十分吃力地说道："我腰上缠着五百大钱，很沉，我游不动。""赶快把它解下来，丢掉算了。"同伴们都劝他。可是他摇着头，舍不得扔掉这五百大钱。渐渐地这个人越游越慢，已经筋疲力尽了。

这时，同伴中的一些人已经游到了对岸，看见这人马上就要沉下去了，于是就冲他大喊着："快把钱扔了！你为什么这样愚蠢，连性命都保不住了，还要这些钱有什么用？"可是这个人终究还是舍不得扔掉这些钱。不一会儿，他就沉下去淹死了。

一个人的真正的价值，可以根据他所轻贱和重视的对象来衡量。生命是我们最大的财富，它与我们所拥有的一切共存，没有了生命就什么都没有了。许多人为了追求财富和权力，碰得头破血流仍乐此不疲，他们看不到，生命才是人间的瑰宝，没有任何土地或钱财能与这些无价之宝相比。

我们终身劳苦而获得的财富，和我们所能享受到的世俗的欢乐，都只是过眼云烟，我们是不可能带着它们离开这个世界的。我们可以允许财富进入我们的屋内，但永远不要让它主宰我们的心灵。

一个人长大了，就和出生时截然不同了。出生时，我们一无所有，但年复一年，我们却被生活的包袱压得喘不过气来。同时，我们也被各种欲望折磨着。如果我们的欲求总是不着边际，我们便永远得不到它，我们便会无止境地追求它，直到我们筋疲力尽的那一天。从某种意义上来说，这样的生活已不是一种乐趣，而是一种折磨了。所以，我们要放弃贪欲，珍惜自己幸福的生活。

不要做金钱的奴隶

"金钱不是万能的，但没有金钱是万万不能的"，某电视剧中有一句台词一直被大家广为传诵。在当今金钱社会中,金钱可以换取各种各样的物质快乐，没有金钱是寸步难行，但是，金钱也并不是万能的，并不一定能买到人们向往的幸福。因为幸福是每个人的内心感受，而金钱只能买到身外之物。因此，作为一个现代人，必须要有正确的金钱观。

“金钱永远只能是金钱。而不是快乐，更不是幸福。”这是希尔的一句名言。一个人如果只盯着金钱，那么他很容易就会掉进金钱的泥淖中。我们都要小心控制自己对金钱的欲望，现实生活中，没有钱什么事情也办不好，然而有了钱而不去合理地消费，同样是一文不值。

亲情是世上无法分割的感情，但是，我们也看多了为了金钱而反目的兄弟手足。有人整天为钱，一生一世忙碌，低的为求温饱，高的为求大富大贵，得不到的时候，苦心焦虑，劳形苦神，不惜与人争夺，所以，永远为得失心所缠绕，片刻不得脱身。

一个富翁忧心忡忡地来到教堂祈祷后，去请教牧师。

“我虽然有了金钱，但我感觉不到幸福，我甚至不知道我应该用我的金钱做些什么！它能买来欢乐和幸福吗？”

牧师让他站在窗前，看外面的街上，问他看到了什么。富翁说：“我看到来来往往的人群，感觉很好。”

牧师又把一面很大的镜子放在他面前，问他看到了什么。他说：“我看到了自己，我很忧愁。”

牧师语重心长地对他说：“是啊，窗户和镜子都是玻璃制作的，不同的是镜子上镀了一层水银。单纯的玻璃让你看到了别人，也看到了美丽的世界，没有什么阻拦你的视线，而镀上水银的玻璃只能让你看到自己。是金钱阻拦了你心灵的眼睛，你守着你的财富，像守着一个封闭的世界。”

富翁听罢，顿时心宽眼明。

从此以后，他总是尽可能地去资助那些困难的人，把自己的仁爱带给他们，而得到帮助的人则用无尽的感激和祝福报答他。

太在意金钱，反而成了金钱的奴隶了。古语说得好，君子爱财，取之有道，用之有度，这是一种对待金钱应该有的正确态度。生活在经济社会中，我们需要金钱，但是我们要做金钱的主人，不能被金钱所役使。金钱固然可以换取诸多物质享受，可不一定能获取真正的开心。

一个大富翁，他的家里有良田万顷，身边妻妾成群，可是日子过得并不开心。挨着他家高墙的外面，住着一户穷铁匠，夫妻俩整天有说有笑，日子过得很开心。一天，富翁小老婆听见隔壁夫妻俩唱歌，便对富翁说："我们虽然有万贯家产，还不如穷铁匠开心！"富翁想了想笑着说："我能叫他们明天唱不出声来！"于是拿了两根金条，从墙头上扔了过去。

打铁的夫妻俩第二天打扫院子时发现了两根金条，心里又高兴又紧张，为了这两根金条，他们连铁匠炉子上的活也丢下不干了。男的说："咱们用金条置些好田地。"女的说："不行！金条让人发现，会怀疑我们是偷来的。"男的说："你先把金条藏在坑洞里。"女的摇头说："藏在坑洞里会叫贼娃子偷去。"他俩商量来，讨论去，谁也想不出好办法。从此，夫妻俩吃饭不香，觉也睡不安稳，以往的快乐再也没有了。

每个人都有自己的活法，有钱的人有有钱的苦恼，没钱的有没钱的辛酸。打铁的夫妻俩本来过得虽清贫但还算是幸福，拥有了金条没有使他们得到幸福，因为他们被金钱所累。有钱的人不一定就是幸福的，没钱的人未必就是不幸福的，幸福不能用金钱来衡量。金钱也是一把双刃剑，关键是我们如何适度地利用它。

其实，金钱只有在使用时，才会产生它的价值，如果放着不用，就如废纸毫无意义。就像文学上塑造的四大吝啬鬼形象之一的阿巴贡，他爱财如命，吝啬成癖。他不仅对仆人及家人十分苛刻。甚至自己也常常饿着肚子上床，以致半夜饿得睡不着觉，便去马棚偷吃荞麦。他不顾儿女各有自己钟情的对象，执意要儿子娶有钱的寡妇，要女儿嫁有钱的老爷。当他处心积虑掩埋在花园里的钱被人取走后，他呼天抢地，痛不欲生。这样对待金钱的态度是变态的。人生除了金钱还有其他更有意义的事情，不要一味地追求金钱，有时候金钱也是有毒的，它毒害的是人的心灵。

聪明的人善于取舍，与我有益者，不懈追求；不利身心者，纵然好得天花乱坠，也不为所动。金钱够用即可，毅然拒绝额外的诱惑，这才是智慧。否则，盲目地追求只能让自己背上沉重的包袱，累得喘不过气来。要让金钱为人所用，为我所用，而不要成了不肯花钱的守财奴，主动钻进金钱的陷阱里，把自己送进绝境。因为过度追求金钱，不但不会获得幸福快乐，而且很可能将自己推向充满痛苦的欲望深渊。

我们虽然无法改变我们的境况，但可以改变自己的心态。我们拥有的金钱不够多不要紧，但不能没有快乐，如果连快乐部失去了，那么人生还有什么意义？快乐是人的天性追求，开心是生命中最顽强、最执著的律动。

物质世界和精神世界是相辅相成的，只要过得开心，生活的趣味就会更浓厚，更有意义，恐惧和压抑感自然会在内心深处消失。开开心心地生活，坦坦荡荡地做人，才会让我们感到生活的快乐和自己的可爱。

人的一生当中，享受生命比追求财富更重要。人要在有限的生命进程中尽量让自己活得富裕一些，但是不可以不择手段地获取财富，承担风险的享受远不如清贫的日子安逸。每个人都可以随时享受生活，有钱人有有钱的快乐方式，钱少省吃俭用照样也可以玩得尽兴。

所以，放弃那些使我们生命过分沉重的金钱欲望，不做金钱的奴隶，才能使金钱为我所用，为自己服务，才能实现自己的梦想。

真正的随遇而安是一种理智的清醒

“塞翁失马，焉知非福”，这句至理名言道出了一个生活智慧——随遇而安。

在日常生活中，不少人爱用“随遇而安”这个词来批评他人或自嘲，以致使其成了满足现状、不思进取的同义词。细细品味这四个字，其实它不但含义颇深，而且还包含着两层意思。“随遇”者，顺随境遇也。“安”者，一可理解为听天由命，安于现状；二可理解为心灵不为不如意之境遇所扰，无论于何种处境，均能保持一种平和安然的心态，并继续坚持自己的追求。前者之“安”，或许可以称之为“消极处世”；而后者之“安”，则需要一种良好的心理调节能力，甚至需要一种超脱、豁达的胸襟，不是人人都能做到的。

真正的随遇而安，不是一种消极的态度，而是一种理智的清醒。它所提倡的不是得过且过，而是尽人事听天命。生活中很多东西，不是以人力就可以得到、可以改变的，比如容貌，比如机遇，比如感情。一个真正积极的人，不会执著于那些自己不能把握的东西，只要把自己能够做到的做得尽善尽美，就是一种胜利了，至于能不能最终获得回报，则不要放在心上。

很多人执著在付出与回报的平衡关系上，认为付出就要有所回报，如果没有回报，那就不值得付出。这种态度正是强求心态的思想基础。“不值得”的态度很容易使人们变得急功近利，从而扰乱了心灵的平静。

有这样一个仙人球，它曾待在一间漂亮的屋子里。然后，它又被主人送给了一个朋友。

到了新环境的仙人球待在电脑旁边。仙人球长得很慢，三四年过去了，仍然只有苹果大小，甚至还有些未老先衰的模样。

一天，主人买来一盆红、黄、绿搭配的植物，将仙人球置换下来，放在阳台不显眼的角落里。转眼间，又是一两年过去，这家主人似乎忘了仙人球的存在。

有一天，主人在阳台晾衣服时无意中低头瞥了一下，看到阳台角落里伸出了一枝长喇叭状的花朵，花形优美高雅，色泽纯白亮丽。

主人探下身去才发现，这朵美丽的花竟然是从仙人球上开出的。他立即把花盆洗干净，将仙人球放到窗台上。面对这株花，主人心生愧意：仙人球从落户他家到开花，整整默默无闻了六年，终于换来一朝的绚烂绽放。

从这个故事里，我们能读出一份坚持，仙人球无论环境怎么变化，都能生存，不因他人的冷漠而封闭自己。仙人球无论遭遇怎样的环境，都能开出漂亮的花，而我们要做的也是以一种随遇而安的心态去看待环境，坚守自己，自己也能在内心里开出一朵花。

随遇而安的人不强迫自己。不强迫自己不是不思进取，不是止步不前，更不是拒绝接受挑战，而是有所选择，抛弃那些异想天开和不切实际，客观准确地衡量自己的能力，对于能做到的事情尽全力去完成，对于自己认为正确的意见认真接受，该放弃的就要放弃，该争取的就要去争取。

随遇而安是一种智慧的生活态度，它可以使人保持一颗平静的心，使人能够理性地去看待生活和工作中的得与失。随遇而安的人不从众，他们独立、自我，不会为迎合别人而委屈自己。他们乐观、自信，并且不急功近利。他们思维不偏激，行事不过头，既不置别人于死地，也不对自己苛求。他们全力投入生活，但并不渴望生活回报自己更多——他们更多的是在做事情的过程中享受生活的充实和愉快，而不是在意生活会回报自己什么。

凡事顺应境遇，不去强求，才能过上自由安乐的生活。这就是顺应命运、随遇而安的人生态度。无论顺境还是逆境，人都应该保持这种乐观的生活态度。

在这个世界上，凡事不可能一帆风顺、事事如意，总会有烦恼和忧愁。当不顺心的事萦绕着我们的时候，我们该如何面对呢？“随缘自适，烦恼即去”。随遇而安是智者的行为、愚者的借口。何为随？随不是跟随，是顺其自然，不怨恨，不躁进，不过度，不强求；随不是随便，是把握机缘，不悲观，不刻板，不慌乱，不忘形；随是一种达观，是一种洒脱，是一份人情的练达。

人生有所求，求而得之，我之所喜；求而不得，我亦无忧。若如此，人生哪里还会有什么烦恼可言？苦乐随遇而安，以“入世”的态度去耕耘，以“出世”的态度去收获，这就是随遇而安的人生最高境界。

随遇而安离不开一颗宽容的心。要想使自己的生活更加和谐，使朋友之间的友情更加牢固，人们要学会宽容别人，接受别人不同的看法、不同的观念，即使这些思想和观念确实存在着错误，但只要不影响大局，就不要强迫对方改变，要学会随遇而安的生活态度，对任何事情、任何人都不要勉强。

随遇而安，是对凡事都有一个正确、清醒的认识，是对人生彻悟之后的糊涂，是“聚散离合本是缘”的达观，是“得即高歌失即休”的超然，更是“一蓑烟雨任平生”的从容。拥有一份随遇而安之心，你就会发现，天空中无论是阴云密布，还是阳光灿烂，生活的道路上无论是坎坷还是畅达，心中总是会拥有一份平静和恬淡，你的心就永远在光明之中。

第十一章　征服自己才能征服世界

看清自己才能成就自己

从前有一个财主，十分贪财。一天，他遇见一个道士，道士拿一根草送给他，并且说：“这是隐身草，手持此草，别人就看不见你。”

次日，财主举着草到了集市上，走进一家店铺，拿起店主的箱子就走。店主追上来抓住他就打。那财主举着草，边躲边叫：“任你怎么打，就是看不见我！”

这叫财迷心窍。

一个心窍不通的人，怎么会看清自己？所有迷路的羔羊，皆因为心性已失。你想拥有光明的前途，就该时时打开心窗让自己看清自己的灵魂，时时告诫自己该做什么，不该做什么。

在少年劳教所里有这么一个现象：凡坚持写日记的少年犯，往往改造得特别好。写日记是一种自我检测内心的过程，因为看清了自己，而知善恶，也明方向。

很多人在犯错误的时候，就是因为挡不住外界的刺激或诱惑，而失去自我与良知。一个人睡觉时，会打鼾，可他醒着时，就不会如此“出丑”了。

日本有人不惜花大钱，要求私人侦探调查自己。这是一项严肃的工作，因为一个人对自己往往不是太了解。

看清了自己，才知如何取长补短，才知什么位置适合自己，才有新的努力方向，才知哪里是自己的误区，才知什么时候该小心谨慎……

成就自己不是世俗的成功，它是一种永不停息的人生事业。它永远的主题就是完善你自己。

成就自己意味着发现自我，孤独但不是寂寞地与自己交流，倾听自己内心的呼声。从内心中微妙的、纤弱的、易被忽略的低语中探寻自己喜欢什么，厌恶什么；需要什么，不要什么；相信什么，忧虑什么；什么让你快乐，什么使你难过；如何看待事物，如何理解世界；是积极还是冷漠，是热情还是冷淡。

成就自己需要一种对目标与希望急切的关注与忧虑。人无远虑，必有近忧。在你行动的时候，你必须清楚，你在为什么付出，你需要从努力中发现什么。

发现自我为成就自己提供了可能，而诚以待己便是它们之间永恒的桥梁。诚以待己意味着按自己的愿望真诚地活着。敢于自我暴露，卸下人格面具，将自己呈现，让别人理解，也增加自我的理解。

诚以待己意味着敢于与众不同，不随波逐流，不人云亦云，不循规蹈矩，不让外部世界将你异化。因为真正心理健康的人是超越环境，是按自己内在的东西去行事，而不是以是否顺应外界与社会来衡量的。

诚以待己意味着充分地、生动地、全神贯注地去体验生活，诚恳地、和谐地成为真实的、内涵的、深刻的自己。不必为内心深处的冲动与渴望惊慌，尽可能满足自己内心的真正渴求。也不必为内心的自私过分忧虑，因为你将发现，在你的真实的自我中，也存在同情、仁慈与爱！

把握人性的优点

为人处世最根本的是要能够知进退，不要毫无节制地为所欲为。有些人以为自己很行，不时用嘲讽的语言，挑起别人愤懑的情绪。把别人的痛苦，当做让自己得意的行径，实在有损人性的尊严。

有一个劳教犯人，在外出修路的过程中，意外捡到了1000美元，他毫不犹豫地把它交给狱警。可是，狱警却轻蔑地对他说："你别来这一套。你这是拿自己的钱贿赂我，想换取资本得到减刑。你们这号人，就是不老实。"囚犯万念俱灰，他觉得世界上再也不会有人相信他了。当天晚上，他就愤然越狱了。

在逃命的途中，他大肆抢劫财物，准备外逃。在抢得足够多的财物后，他乘上开往边境的火车。火车上很挤，他只好站在厕所旁。此时，有位漂亮的姑娘走进厕所，关门时，却发现门锁坏了。她走出来，微笑地对他说："先生，你能为我把门吗？"他一愣。看着姑娘纯洁无邪的眼神，他点点头。姑娘红着脸进了厕所，而他像一个忠诚的卫士一样，严严把守着那扇门。

在这一刹那间，他突然改变了主意。在下一站，他下车了，到警察局投案自首。

诚如巴禾乌拉所言的"人类有禽兽的一面，也有天使的一面"。而一个人是天使还是禽兽，就要看当时是哪个灵魂占上风了。

别人的信任和很高的期望，往往会激发一个人灵魂中的善良与忠诚。可是每个人都容易看见别人的过失，难以发现自己的短处，有时闭门思过，反而令自己产生自责和自卑感。

我们不要盯着别人的过失和缺点不放，也不要斤斤计较自己的失败和缺点，而作良心谴责，这是消极悲观的想法。

反过来说，我们转移目标，挖掘别人的好处、美德和优点，尊重它、效法它、赞美它，同时把自己的长处、特有的才干，加以发扬光大，这样才能改变自己的人生观，并向积极、乐观的方面发展。

战胜人性的弱点

有一些弱点是一般人都不能避免的，除非我们有很深的修养来控制自己。

当我们取得一定成绩，财雄势大的时候，便自负起来，自命不凡，目中无人，这是人们情感并未成熟的表现，也是一般人的弱点。然而有些弱点常常被我们所忽视。

有一天，一个小和尚带着一个问题去请教禅师。"人最大的并且自身又发现不了的弱点是什么？"

禅师只用了六字作答："愚昧、残忍、怯懦。"

小和尚听完，十分不解，便要求师父作一番详尽的分析。

于是，禅师讲了几个关于愚昧、残忍与怯懦的故事。

第一是愚昧：一位老太太80岁得了一个孙子，自然非常欢喜。并且她要亲自给孩子喂饭，结果过了一段时间，孩子便患肺病夭折了。原来那肺病就是由老太太给传染的。当老太太知道事情真相后，她悲痛欲绝，于是上吊死了，儿媳妇也变成了疯子。这就是愚昧所导致的。

第二是残忍：有户人家失火了，一些人都在四周看热闹，丝毫没有同情之心，更不用说伸出援助之手，帮忙救火了；还有的人居然因为火灭得太快而备感扫兴和失望。其中不难看出这些人的残忍。

第三是怯懦：人们或是怕丢面子，或是怕受伤害，或是害怕失去自身所拥有的，于是他们成天生活在提心吊胆之中，实在是怯懦至极。

每个人都有自己看不到的弱点。可悲的是，许多人都以人性脆弱为辩护，原谅自己的弱点。岂不知，正是这些弱点妨碍了你的出色发挥。

人是一个矛盾的统一体：一方是真、善、美，一方是假、恶、丑，两方从来没有停止过交战。哪一方占上风，人格、行为就表现出哪一方的特征。

假、恶、丑总是披着真、善、美的外衣，时时刻刻在引诱着我们。若我们头脑中第一个念头被我们自己认为不妥，马上纷至沓来的念头就会制造美丽的借口和谎言，来麻痹我们的意志，为我们的懒惰、自私、虚荣等邪欲打开大门。

人性的弱点是什么？是生命本能意识和道德之间的矛盾。只有战胜人性的弱点，我们才能有出色的发挥。

尼采说：“人是一根绳索，架于超人与禽兽之间。”尽管我们无法脱离禽兽般的人性弱点，我们仍然试着走向崇高的超人。

突破“自我设限”，超越自我

世界对人有两种设限：一种叫做“他人设限”，另一种叫做“自我设限”。而后者比前者可怕得多，正所谓“最大的敌人是自己”。

人失败的诸多原因中，最主要的是“自我设限”。一是囿于教条、经验等精神枷锁，畏首畏尾，阻碍了自己的步伐；更多的是由于自己先天不足所存在的局限性，被自己的狭窄见解所阻碍了。

要突破“自我设限”，关键在于超越自我。

超越，是升华，是突变，是人生不可缺少的一大武器，正是这种超越，才使人类从蒙昧无知的远古，走到文明昌盛的今天。

超越自我的过程就是创造的过程。人活在世上，不能只贪图安逸享受，慵懒自私的人永远也享受不到人生的真正乐趣。只有努力创造，全力拼搏，拼命超越，才能在激烈的竞争中占有自己的位置，使生命的碰撞发出耀眼的火花。

超越自我意味着不断地追求，顽强地奋斗，意味着走前人没有走过的路，在你所从事的工作中开拓新的天地。

宋朝著名的禅师大慧，门下有一个弟子道谦。道谦参禅多年，仍难以开悟。一天晚上，道谦诚恳地向师兄宗元诉说自己不能悟道的苦恼，并求宗元帮忙。

宗元说：“我能帮忙的当然十分乐意，不过有三件事我无能为力，你必须自己去做！”

道谦急问是哪三件。

宗元说：“当你肚饿口渴时，我的饮食不能填你的肚子，我不能帮你吃喝，你必须自己饮食；当你想大小便时，你必须亲自解决，我一点也帮不上忙；最后，除了你自己之外，谁也不能驮着你的身子在路上走。”

道谦听罢，心扉豁然洞开，十分高兴，他感到了自我的力量。

成功，是靠自己。爱默生说得好：“人无谓伟大或渺小，任何一个人都会由自己主宰指引着走向成功，任何一个人都有大于自身的力量，就是你自己。”

从恐惧中彻底解脱

恐惧是人类最原始的意识之一，它是人类生存本能的反应。人类的意识在求生中进化，但始终摆脱不掉恐惧感。

朱志平，杭州人，中国同方联合控股集团有限公司董事长，担任浙江省私营民营企业协会副会长兼直属分会会长，被评为2004年度浙江省杰出青年民营企业家、2004年浙江省房地产业十大风云人物。但他似乎从没有走进公众视野，以至于互联网上几乎没有任何关于他的只言片语。直至2005年2月28日参与“狗不理”股权转让事件，一夜之间，朱志平成了公众人物。

跟大多数浙商一样，朱志平出身草根，参加工作时的学历为初中肄业——后来进修获得了大学文凭，但这并不妨碍他拥有发达的商业头脑和敏锐的市场触觉。

当人们还在看好一份稳定工作的时候，他已经下海经商了。在挖到第一桶金后，他又赶上股市刚刚起步，于是坐看股市风云。在股市到顶峰的时候，他又传奇般地全身而退，并迅速向房地产行业挺进。

为什么朱志平的点总能踩得这么正？是机遇对他格外垂青吗？他自己是这样说的：“我只是很好地把握住了每一次机会，同时又很好地规避了每一次风险。”

当他谈起自己的创业经验时，他说“恐惧是人性的弱点。很多人因为惧怕风险而错失很多机遇。”

投资奇才巴菲特有句名言：“我们也会有恐惧和贪婪，只不过在别人贪婪的时候我们恐惧，在别人恐惧的时候我们贪婪。”

轻度的恐惧是人的一种自我保护机制，由于恐惧，人在做事时自然会小心谨慎，也就在客观上给人带来一定的安全，从这个意义上说恐惧也是一种保护。轻度的恐惧不仅是正常的，也并没有什么坏处，而且由于恐惧的存在，人的焦虑情绪也能得到适度的缓解，所以轻度的恐惧不必刻意掩饰和强行战胜，不妨就带着这种恐惧前行。

但是，如果你对什么事情都心存恐惧，做事畏首畏尾，那就要努力克制了。因为恐惧会使你停滞不前，你的目标永远无法实现；恐惧会使你囿于现状，不敢冒险，安于平庸的生活。也许很多次只是由于恐惧，你与机会擦肩而过，那样你就永远也无法实现自己的梦想。

亨利·克劳德博士作为一个作家和顾问，在一篇《克服恐惧感》的文章中提到可以采取一些积极的行动来缓解和摆脱恐惧感。

首先，多交流。不论你多么恐惧，你都不要一个人扛着，你应该找好朋友、亲人，告诉他们你的恐惧。他们会从旁观者的角度来帮你分析为什么会产生这种恐惧，他们会支持你，鼓励你，帮助你，配合你采取一些有效的行动，从而克服恐惧。

其次，多放松。生活中放松的方法很多，如打太极拳、练瑜伽、散步、郊游等。你也可以试着做做下面这个训练，这种方法叫“渐进放松训练”，是心理治疗中常用的放松方法。首先全身放松，然后把注意力集中在脚趾上，先绷紧该部位的肌肉，坚持一会儿，再放松，体验该部位放松的感觉。接着是小腿、大腿、臀部、腹部、背部、胸部、肩部、上臂、前臂、双手、颈部、面部、头部，循序进行放松。这样把全身各部位都体验一遍，一般这个过程持续 15 ~ 30 分钟，整个身体就会进入一种平时不能达到的放松状态。

再次，多充实。平时要多充实你的精神生活，因为在紧急情况下，精神层面上的东西可以给你带来无比的安慰。如果你还没有一种信仰或者精神寄托，你可以找有经验的长者谈一谈，或者自己买一些经典来阅读。

最后，去面对。无论哪种方法，都需要你面对自己的恐惧。其实恐惧不是来自外界，是来自自己内心，那么你就要有意识地去面对和解决自身这些问题。记住要从第一步起逐渐开始。例如你对当众讲话很恐惧，就试着循序渐进地克服，你可以先在几个人面前讲话，再主持小规模会议，慢慢地主持一次股东会议等，就这样把整体的事情分成数个小部分，按轻重缓急一步一步去实行，慢慢就会减少恐惧。一般而言，恐惧心理本身也存在着一个衰减的过程，强烈的恐惧在 4 ~ 6 周后会随着人的心理承受能力的提高而得到逐步缓解。

一般来说，你如果能坚持进行自我训练，慢慢会摒弃恐惧心理，最后从恐惧中彻底解脱，重塑自己的勇敢和无畏，让恐惧永远止息。

做境遇的主宰者

逆境是什么？相信许多人听到这一个问题，都会皱着眉头说，逆境就是人生的苦难，人生的不幸……那么做如此回答的人，在面临逆境时肯定会为此所苦，不能自拔，意志消沉，进而带来更多的不幸。但是会有另外一种人给你一个全新的答案，逆境是上天的恩赐，逆境是一种幸福……这样的人往往是生活中的强者，工作中的成功者。为什么会这样呢？因为换个角度看问题，你会得到完全不同的结局。

在波涛汹涌的大海中，有一艘船在波峰浪谷中颠簸。一位年轻的水手爬向高处去调整风帆的方向，他向上爬时犯了一个错误——低头向下看了一眼。当时的浪高风急顿时使他恐惧，两腿开始发抖，身体也失去了平衡，马上就要掉下来了。这时在甲板上有一位老水手大声地喊："向上看，孩子，向上看！"这位年轻的水手如抓到了救命稻草，马上按照他的方法去做，终于重新获得了平衡，顺利地将帆调整好了。船驶向了预定的航线，躲过了一场灭顶的灾难。

其实，这个小故事就是要告诉我们，如果你能换个角度看问题，也许会有不同的视野，造成不同的结局。即使处在同一个位置，我们未尝不可从多个角度去分析事物、看待事物。就像我们每个人都希望自己一直好运一样，永远过着悠闲的生活，但换个方式、换个角度想，其实，很多时候，逆境、困难，对我们才是真正重要的。因为，逆境是一个人的试金石，逆境造就人才这是亘古不变的真理。

英国哲学家培根说过："超越自然的奇迹大多是在对逆境的征服中出现的。"我国古代也早有"宝剑锋从磨砺出，梅花香自苦寒来"的名句。人也是这样，凡在历史上有作为的人物，都是经过困难和挫折磨炼出来的。俄国著名的物理学家列别捷夫说得好："平静的湖面练不出精悍的水手，安逸的环境造不出时代的伟人。"

在一次记者招待会上，一名记者问美国副总统威尔逊贫穷是什么滋味时，这位副总统讲述了一段他自己的故事。

"我在10岁时就离开了家，当了11年的学徒工，每年可以接受一个月的学校教育。在11年的艰辛工作之后，我得到了1头牛和6只绵羊作为报酬。我把它们换成了84美元。从出生一直到21岁那年，我从来没有在娱乐上花过一个美元，每个美分都是经过精心算计的。我完全知道拖着疲惫的脚步在漫无尽头的盘山路上行走是什么样的痛苦感觉，我不得不请求我的同伴们丢下我先走……在我21岁生日之后的第一个月，我带着一队人马进入了人迹罕至的大森林里，去采伐那里的大圆木。每天，我都是在天际的第一抹曙光出现之前起床，然后就一直辛勤地工作到天黑后星星探出头来为止。在一个月夜以继日地辛劳努力之后，我获得了6美元的报酬，当时在我看来这可真是一个大数目啊！每个美元在我眼里都跟今天晚上那又大又圆、银光四溢的月亮一样。"

在这样的穷途困境中，威尔逊先生下决心，不让任何一个发展自己、提升自我的机会溜走。很少有人能像他一样深刻地理解闲暇时光的价值。他像抓住黄金一样紧紧地抓住了零星的时间，不让一分一秒无所作为地从指缝间流走。

21岁之前，他已经设法读了1000本好书——想一想看，对一个农场里的孩子，这是多么艰巨的任务啊！

所以，要想真正地战胜自己，就必须对自己说："我知道我不是境遇的牺牲者，而是它们的主人。"

人生路途并非平川坦途，充满风雨崎岖、险滩暗礁，一个人受不了委屈，经不起挫折，害怕困难，是不可能面对未来竞争激烈的大千世界的。正如巴尔扎克所说："苦难对于人生是一块垫脚石，对于能干的人是一笔财富，对于弱者是万丈深渊。"经受住逆境的考验，就要时刻铭记"艰难困苦，玉汝于成"

的名言，用智慧和力量走出逆境，磨砺斗志，增强素质，锻炼自我，努力把握好人生路上的每一步，书写出辉煌的未来！只要换个角度看逆境，就会发现原来困顿中还是别有一番洞天的。

不要再做平庸的跟随者

法国著名科学家法布尔发现了一种很有趣的虫子。这种虫子都有一种“跟随者”的习性，它们外出觅食或者玩耍，都会跟随在另一只同类的后面，而从来不会换一种思维方式，另寻出路。发现这种虫子后，法布尔做了一个实验，他花费了很长时间捉了许多这种虫子，然后把它们一只只首尾相连，放在了一个花盆周围，在离花盆不远处放置了一些这种虫子很爱吃的食物。一个小时之后，法布尔前去观察，发现虫子一只只不知疲倦地在围绕着花盆转圈。一天之后，法布尔再去观察，发现虫子们仍然在一只紧接一只地围绕着花盆疲于奔命。7 天之后，法布尔去看，发现所有的虫子已经一只只首尾相连地累死在了花盆周围。

后来，法布尔在他的实验笔记中写道：这些虫子死不足惜，但如果它们中的一只能够越出雷池半步，换一种思维方式，就能找到自己喜欢吃的食物，命运也会迥然不同，最起码不会饿死在离食物不远的地方。

其实，该换一种思维方式生存的不仅仅是虫子，还有比它们高级得多的人类！

一个非常著名的公司要招聘一名业务经理，丰厚的薪水和各项福利待遇吸引了数百名求职者前来应聘，经过一番初试和复试，剩下了 10 名求职者。主考官对这 10 名求职者说：“你们回去好好准备一下，一个星期之后，本公司的总裁将亲自面试你们。”一个星期之后，10 名作了准备的求职者如约而至。结果，一名其貌不扬的求职者被留用下来，总裁问这名求职者：“知道你为什么会被留用吗？”

这名求职者老实地回答："不清楚。"总裁说："其实，你不是这10名求职者中最优秀的。他们作了充分的准备，比如时髦的服装、娴熟的面试技巧，但都不像你所作的准备这样务实。你用了一种超常规的方式，对本公司产品的市场情况及别家公司同类产品的情况作了深入的调查与分析，并提交了一份市场调查报告。你没被本公司聘用之前，就做了这么多工作，不用你又用谁呢？"

世上的事情有时就这么简单得让人难以置信：如果你墨守成规，等待你的只有失败；相反，如果你稍微动一下脑筋，对传统的思维方式进行一番创新，就能获得成功。比如，那种具有"跟随者"习性的虫子，为什么就不能动动脑筋，对自己固有的习性进行一下创新——不跟在别人身后漫无目的地奔跑，而像那个其貌不扬的求职者一样换一种思维方式呢？

懒惰可以轻而易举地毁掉一个人

比尔·盖茨说："懒惰、好逸恶劳乃是万恶之源。懒惰会吞噬一个人的心灵，就像灰尘可以使铁生锈一样。懒惰可以轻而易举地毁掉一个人，乃至一个民族。"

下面这则寓言就是一个很好的例子：

大海里有一条小巧玲珑的小鱼，长得十分精致，特别是那双美丽的大眼睛，那么明亮。可它有一个坏毛病，那就是懒惰。

海里的同类都很喜欢它，也想帮它改掉这个坏毛病。

一只螃蟹游到小鱼身边说："漂亮的小鱼，跟我到河口去走走？来个长途旅行，开阔一下视野，也锻炼锻炼身体！"

"到河口去？"漂亮的小鱼摇摇头，"那么远，太累了！我可受不了，不去。"

螃蟹失望地游走了。

一只虾游过来对小鱼说："美丽的小鱼，跟我学跳高怎么样？这对身体可有好处。"

“学跳高？”小鱼慢慢吞吞地说，“听说，跳高很累的，还是在松软的水草上躺着舒服，不去。”

虾也失望地游走了。

一条鳟鱼游过来，对小鱼说：“可爱的小鱼，和我到大海去漫游吧！那里能看到很多新事物，还能学到很多本领。”

“那多累啊，我才不去呢！”小鱼一边打着哈欠一边说。

鳟鱼失望地走了。

就这样，小鱼还是每天躺在水草上休息。

时光过得好快，一转眼，螃蟹从河口回来了，它变得很健壮。虾也回来了，变得雪亮，动作敏捷。

当鳟鱼从大海旅游回来时，它已经变成了大学者。它想起童年的好朋友——漂亮的小鱼。于是去看它。

它看见的小鱼，身体单薄得像一片秋后的树叶，在水草上目光呆滞地躺着。

“怎么会这样？”鳟鱼有些同情地问。

小鱼长叹一声，说；“由于我每天不动，失去了活力，变成现在这样的丑八怪了。”说着悲伤而懊悔地哭了。

鳟鱼学者说：“懒惰会改变容貌，毁掉肌体，原来这是真的！”

懒惰者总是有这样那样的借口，在贪图安逸、碌碌无为中等待生命的完结。他们只相信运气、机缘、天命之类的东西。看到人家发展了，就说：“人家运气好。”看到他人知识渊博、聪明机智，就说：“人家有天分。”发现别人德高望重、影响广泛，就说：“人家有机缘。”

他们从来看不见人家在实现理想过程中付出的辛劳与汗水，经受的考验与挫折。

这是一位长者给年轻人的一封信：

“你所谓没有时间等，都只是一种借口而已，你总是用种种漂亮的借口来为自己辩解，我看你最根本的一条就是不肯努力，不肯下工夫，你的理论就是每一个人都会把他能干的事情干好的。如果有哪一个人没有干好自己的事情，这表明他不胜任做这件事情。你没有写文章表明你不能够写，而不是你不愿意写。你没有这方面的爱好证明你没有这方面的才干。这就是你的理论体系——多么完整的理论体系啊！如果你这个理论体系能为大众普遍接受的话，它将会产生多大的负面作用啊！”

由于他们不肯付出，因此不可能在社会生活中成为一个成功者，只能是失败者。成功只会眷顾那些勤劳的人。一旦产生懒惰的情绪，就只会整天怨天尤人、精神沮丧、无所事事。

懒惰会使人们精神沮丧、万念俱灰。所以你要远离可怕的懒惰，努力培养自己勤劳的习惯。因为只有劳动才能创造生活，给你带来幸福和欢乐。

懒惰者不可能成就大事。因为懒惰的人总是贪图安逸，遇到一点风险就吓破了胆，他们缺乏吃苦实干的精神，总在等着天上掉下馅饼来。懒惰会吞噬人的心灵，会毁灭人的肌体。

那么，如何征服惰性呢？我们可以通过以下六个步骤来完成：

1. 承认辛苦的代价，看重愉快的结果

大多数人产生惰性延误工作的主要原因是因为要付出代价，让我们多少感觉有些辛苦，哪怕只有一点。就像我们都喜欢干净的厨房，但洗碗又是一件讨厌的活。人们总是渴望成果却不愿意忍受痛苦的过程。一个好的开端是承认需要付出代价，同时也要强调工作完成后的结果，肯定这个结果值得付出的代价。比起最终的成就感，这点痛算什么？

2. 提高对辛苦的承受能力

每个人对辛苦都有一定的承受能力，并且都可以一点一点地将其提高。一个好办法就是从小事和相对简单的事情做起，循序渐进，慢慢提高对“辛苦”的接受程度。

3. 从小事做起

勿以善小而不为。当你知道有什么小事需要你马上去做时，立刻就去做，一分钟也不要耽误。如果你心里有什么声音告诉你一堆理由妨碍你去完成这件事，不要理它们，立刻去做。不要犯嘀咕，做完就完了，只是件小事，不值得你左思右想。

4. 大事化小

当你已经可以克服小的阻碍完成工作后，只要学会把分量更重的工作划分成很多小的部分，一部分一部分地完成，大的困难也就不在话下了。不过，要确认这些小的部分的确有意义，而不是找借口拖延时间。

5. 不要计划太多，马上动手做

不要花太多时间整理和规划，只着眼于整体会让你看到做这件事多困难多辛苦，你应该找出可以付诸行动的小的突破点，马上开始行动。没有什么大事是一蹴而就的，总是一个一个小困难一一攻破，才能获得最后的胜利。你的任务就是找到下一步能马上开始做的事情。

6. 不要害怕浪费时间

另一个让很多人束手不前的原因是害怕浪费时间。好像没有把什么事情都安排好就没法开始。其实，只要开始做就不可能是完全的浪费，哪怕失败也是有价值的，从失败中我们可以获得很多经验。最重要的是，在尝试中，我们除了获得失败，还能获得成功。

最好的结局都是自己努力的结果

曾经有位心理学家做过这样一个实验：将一只饥饿的鳄鱼和一些小鱼放在水族箱的两端，中间用透明的玻璃板挡开。刚开始，鳄鱼毫不犹豫地向小鱼发动攻击，失败了，但它毫不气馁；接着它又向小鱼发动第二次更猛烈的攻击，它失败了，并且受了重伤；它还要攻击，第三次，第四次……经过多次的攻击无望后，它不再攻击了。这个时候，心理学家将挡板拿开。鳄鱼还会攻击那些小鱼吗？它不再攻击小鱼了，无望地看着那些小鱼在它眼皮底下悠闲地游来游去，放弃了一切的努力。

当你选择了自己的梦想之后，你可知道光有梦想是不够的？如果你真的想要实现自己的梦想，就要有追求到底的决心，并且要肯付出行动和努力。

有的人整天怀抱着自己的所谓的梦想，等待着“天上掉馅饼”的好事，这样的想法谁都知道是多么不切实际。但生活中偏偏就有一些人终日沉湎于幻想之中，不作任何努力，整天做着春秋大梦，认为成功就像馅饼一样，有一天也会从天而降落在自己的头上。这样的人不会成功，永远不会。因为这样的人根本不懂得：成功的关键在于付出努力的行动。只要努力就会成功，抱着这种信念的人，一定能够取得成功。

成功，多么诱人的一个字眼。其实，人只要不放弃努力，任何事情都会有转机。然而很多人并不坚信这一点，一遇到困难，就放弃努力，结果事情还未开始就失败了。而那些在人生中成就辉煌的人，无不是用积极行动改变危局的。

同样，在如今这个竞争异常激烈的社会中，不付出艰辛与努力是不可能取得成功的。那些成功人的经历向我们证明，只有努力才会有成果，成功才会向你靠近。正如富兰克林所说："宝贝放错了地方便是废物。"在现实中，只要正确审视自己，扬长避短，朝最适合自己的方向努力，就会取得最大限度的成功。

数学家陈景润为了证明哥德巴赫猜想，仅演算的草稿纸就不止几万张；发明家爱迪生为了找到合适的电灯丝也不止做了几千次试验。设想一下，如果他们都不付出努力，还会有现在的成功吗？俗话说得好："书山有路勤为径，学海无涯苦作舟。"付出努力了，就会获得成功！

雅芳公司女总裁钟彬娴的母亲是一位非常优秀的女性。她早年曾就读于加拿大的多伦多大学，当时，她是班上唯一的一名就读化学专业的女生。

钟彬娴的母亲希望女儿也能像她一样，自强自立。因此，她经常教导钟彬娴说："男孩子能做的事，女孩子也绝对都能做。只要努力，女人无论在哪个领域都能到达顶峰。"

钟彬娴永远记住了母亲的这句话。

为了自己，我们必须努力；为了别人，我们必须努力；为了我们心中的梦想，我们必须努力。因为只有努力才能成功，最好的结局就是自己努力的结果。

成功，不是偶然就能换来的。它不仅是知识和经验的结晶，也是努力和汗水的凝聚。在下定决心努力前，弄清自己的目标，在自己的优势上努力，就会取得最大的成功。

如果成功是一颗花生，那努力就是滋润种子的雨水。没有雨水的滋润，种子就不能结出好吃的花生；相同地，没有辛勤的努力，就不可能会有成功的一天。

举世闻名的美国天后级歌手玛丽亚·凯莉，她有着天籁般的嗓音，出道以来，优美的歌声不知打动了多少人的心，然而她也曾有一段艰苦的成名历程。在初到纽约时，她默默无闻，想要在这个人才济济的大社会出头，简直难如登天，所以她决定除了每天努力练歌外，也要到高级餐馆打工，一方面可以赚取生活费，同时也希望有机会能见到一些唱片公司的重要人物。工夫不负苦心人，有一天果然让她遇见了索尼唱片公司的大老板，这位大老板基于礼貌，收下了她自制的歌唱录音带，上车后随意放来听听，不料只听了几句，惊为天籁，立刻要司机掉头去找她……一颗熠熠之星就此诞生了。

成功是每个人的梦想。然而，成功不会无缘无故地为一些好高骛远之辈、不思进取之流大开方便之门。要取得成功，就要付出一番努力。因为只有今日的努力拼搏，才能叩响明天的成功之门。

曾有俗语说："成才不容易，容易不成才。"命运是要靠自己掌握的，只要努力，就会成功。

成功是九十九分的努力加一分的天赋。有人曾说：天才来自勤奋。真实世界是残酷的，努力的过程会遇到数不尽的艰辛万苦，只有不畏艰险，始终不渝，永远努力的人们，才有希望到达成功的境界！努力才是成功的根基！古今中外，凡是成大功、立大业的人，无不是不断努力的人。每个人都应明白，努力才是通往成功之路的金钥匙，只有脚踏实地地努力，才能看见成功的曙光。面对人生，只有努力奋斗，你才能获得最大的成功。

仅有勤奋是不够的

很多人都意识到，一个人要想做出点成就，没有勤奋是不行的。但是，光知道勤奋还是远远不够的。我们必须要转变思维方式，给勤奋加点"智慧"。

1. 不要在迷失中勤奋

为什么有的人在工作中能创造出很高的效率，而有的人忙忙碌碌却最终一事无成呢？关键在于他没有注意到所做的事情的方向性，把他的精力消耗在偏离方向的不重要的事情上，从而做了一些无用功。他们在羡慕他人成功的同时还往往不知道自己的失误到底在哪里。

有这样一个真实的故事。

18世纪后半叶，欧洲探险家来到澳大利亚，发现了这块“新大陆”。1802年，英国派弗林达斯船长带船队驶向澳大利亚，想最快地占领这块宝地。与此同时，法国的拿破仑为了同样的目的也派阿梅兰船长驾驶三桅船前往澳大利亚。于是，英国和法国进行了一场时间上的比赛。

法国先进的三桅快船很快捷足先登，占领了澳大利亚的维多利亚，并将该地命名为“拿破仑领地”。随后他们以为大功告成，便放松了警惕。他们发现了当地特有的一种珍奇蝴蝶，为了捕捉这种蝴蝶，他们全体出动，一直纵深追入澳大利亚腹地。

这时候，英国人也来到了这里，当他们看到法国人的船只，以为法国人已占领了此地，非常沮丧。但仔细一看却没发现法国人，于是，船长立即命令手下人安营扎寨，并迅速给英国首相报去喜讯。

等到法国人兴高采烈地带着蝴蝶回来时，这块面积相当于几十个英国大小的土地，已经牢牢地掌握在英国人的手中了，留给他们的只是无尽的悔恨。

法国人虽然提前到达了目的地，但是他们在没有完全达成目的时不小心就偏离了自己的方向，导致功亏一篑，前功尽弃。这个惨痛的教训告诉我们，不论是学习，还是工作，都必须注意行动的方向性和有效性。这样不仅节省时间，同时也有成效，从而避免忙忙碌碌而又毫无所为。一个最简单的做法就是经常问一问自己：我的目标是什么？我的所作所为对实现目标是否有益？

成功的人都有一个共性，就是善于把握方向。无论他们做什么事情，都把目标看得很清楚才开始行动。如果没有明确的目标，一味地蛮干，是绝不会获取成功，达到理想的彼岸的。一个人最重要的成功原则就是，要时刻清醒地认识到自己是什么样的人和要做什么样的事情。

如果拼命地在错误的事情上浪费精力，努力工作，即使是做得十全十美，那也只能是南辕北辙，不会给生活带来成功和快乐。

很多人在生意场上或是在工作中，大都以赚钱或是获得名誉为最终的目标，并且把这一目标无限扩大，使自己总是处于紧张、繁忙和无序的状态下，很少考虑他们的职业技能、生意天赋、兴趣爱好等其他方面的问题。在行动的方向上，总是处于盲从的状态，而不是根据自己的实际状况来考虑问题，这样的结果，会使自己对工作失去乐趣和激情，最终将会摆脱不掉失败的结果。

保持自我是很重要的，要忠于自己的梦想和克制随波逐流的欲望，无论是在工作中还是在生活中，都要意识到，你的生活是你自己选择的。

如果你不满意你现在的状态，你想让你的住房更大些，或是你想拥有一部你做梦都想要的汽车，那么你就要为你的梦想付出代价，这个代价就是在你的生活中有一些改变，某种程度上，你要付出得多一些，多思考，改变工作方式，更聪明地工作，你总会得到你想要的。

有很多的改变都是前进路上的方向标，虽然这些改变看上去很细微，但是它们的作用要比速度重要得多，在人生之路上，就好像是一次旅行，可以有不同的速度，但首先要明确方向，大多数人在匆匆赶路的时候，不考虑方向的问题，结果去了一些根本不值得去的地方。没有了方向，速度就失去了意义，要记住，方向永远比速度更重要。

“跛足而不迷路的人能赶过虽健步如飞但误入歧途的人。”根据自己的才能特点，发挥自己的性格优势，选择适当的目标，这样，才能少走弯路，早出成果，早日走上成功之路。

决定方向的因素有很多，要在生活中对它们进行严格的审视，比如你选择什么样的人作为朋友，你的时间安排、创造性思维的能力、热情、对工作的态度，等等。不要小看每一天的生活状态和快乐指数，这些可能都在潜移默化地影响着你对事物的看法，坚持自己的正确观点，付出勇气和行动，为驱动力加油，这的确是一种简单而有效的成功方法。

关于自己的人生方向你是否已作出规划？也许你仍在学校里继续深造，但这不会影响你为自己设计未来的美好蓝图，有了这蓝图，你才不会浪费过多的时间，因为“时间就是金钱”；也许你已是一个“社会人”，那就更应该了解有一个目标会使你少做很多的无用功，能更轻松、更快捷、更有效地实现它。

其实，无论干什么事都要掌握好方向性，即目标性。没有方向，漫无目的地去干，那样就等于是在白白浪费时间，根本就不会有什么高效率可言。

成功的路，就好像是一次马拉松，需要坚持不懈的奔跑，但首先要明确方向。没有了方向，勤奋就失去了意义，要记住，勤奋并不是毫无目的地奔跑。

2. 勤奋需要有聪明伴随着

有两只蚂蚁想翻越一段墙，寻找墙那头的食物。

一只蚂蚁来到墙脚就毫不犹豫地向上爬去，可是当它爬到大半时，就由于劳累、疲倦而跌落下来。可是它不气馁，一次次跌下来，又迅速地调整一下自己，重新开始向上爬去。

另一只蚂蚁观察了一下，决定绕过墙去。很快地，这只蚂蚁绕过墙来到食物前，开始享受起来。

第一只蚂蚁仍在不停地跌落下去又重新开始。

未来世界的竞争，比拼的是人与人之间的技能，因此方法训练被提到了一个极高的地位，每个企业和个人都努力在方法训练上下工夫。结果证明，其训练效果千差万别。

训练不是为了教会被训练者某一项技能，训练是要让被训练者学会自我训练，这种方法其实不是单纯的方法论，而是认识论。

只有当你学到并悟到这些时，你才开始快速成长。

聪明地工作，好事就会来到你的身边。大部分人都专注于他们的欲望，无所作为地工作，以至于没有时间来思考少花时间和精力的方法。过于为生计奔忙，是什么钱也赚不到的，是什么成就也不会有的。

“努力就能成功”、“努力就能得到名利与财富”，很多人都把这两句话当做真理，把“努力”、“勤奋”当做自己的座右铭，因而整天忙忙碌碌，常年忍受着劳累，但这样就一定能够成功吗？就一定会获得富裕生活所需要的一切吗？

无论是一个打工者还是一个老板，无论是蓝领阶层还是白领阶层，都在被一个美德所束缚着，那就是努力工作。

无数的人证明了这一点，单纯地努力工作并不能如预期的那样给自己带来快乐，一味地勤劳并不能为自己带来想象中的生活。

告诉你一个既可以多一些时间享受生活，又可以获得最佳业绩的好方法，那就是聪明地工作，而不是单纯地努力工作。聪明地工作意味着你要学会动脑，如果你一味地忙碌以至于没有时间来思考少花时间和精力的方法，过于为生计奔忙，那是什么钱也赚不到的。

自古房子出售，都是先盖好房，再出售，对此，霍英东反复问自己："先出售，后建筑不行吗？"正是由于霍英东这一顿悟，使他摆脱了束缚，走上了由一介平民变为亿万富豪的传奇般的创业之路。霍英东是中国香港立倍建筑置业公司的创办人。在香港居民的眼中，他是个"奇特的发迹者"。"白手起家，短期发迹"、"无端发达"、"轻而易举"、"一举成功"等，这些议论将霍英东的发迹蒙上了一层神秘的色彩。霍英东的发迹真的神秘吗？不，他主要是运用了"先出售、后建筑"的高招，而这一高招来自于他的思考。

在工作中，勤奋当然是必不可少，这是一种优秀的品质，但要想获得成功，最大化地体现你的人生价值，就要多思考，无论看到什么，都要多问为什么，把思考变成自己的习惯。

辛苦工作与轻松创造是不相匹配的。和那些鼓吹辛苦工作的人不同，懒惰的成功者知道与长时间地辛苦工作相比，重要的、具有想象力的付出能产生令人印象深刻得多的经济效益和个人满足感。选择成为一个懒惰的成功者，你就能成为一个顶尖人物。你不必为了赚到丰厚的收入而工作，但你要聪明地工作。

挑战自己的潜能

人的潜能是无极限的，人的潜能更多的是表现为一种精神的力量。人们在选择控制自己的情感和与人交流思想感情方面也有巨大的潜能可以开发利用。人的言谈举止、交际水平和心律、血压、消化器官以及脑电波都可以受到精神力量的控制和影响，比如有的人不幸患了不治之症，但一旦心态积极、精神振作，就能创造出奇迹。

这类事例世界各国都有，并有案可查，所以，科学家们正在预言：终有一天，我们会发现人体有能力使自身再生。这不是指医学手段的新发展在人体内更换各种零件的技术，而是精神力量的巨大作用。

约翰是一名特种兵，他每天的生活就是不断地挑战自己的极限。从进入特种兵训练营的那一天起，就要接受一次次极为严格的挑战，随时都有被淘汰的可能。

特种部队在作战时的每一次挑战，都是对成员承受能力的考验。内务整理、体能训练、队列训练、严格的考试等都让学员懂得：只有积极接受挑战、不断进步，才有可能成为优秀的特种兵。

对于特种兵来说，有些挑战是已知的，有些挑战则是未知的。队员们必须有良好的身体素质和心理承受力，勇敢地面对。比如在热带丛林中，特种部队的士兵不仅要预防蚊虫和毒蛇的叮咬，而且要面对虎狼等猛兽；在极地气候中，特种士兵要面对零下40℃左右的严寒。除了复杂的气候外，还要面对几百公里的长途奔袭、食物的匮乏……对于这些挑战，能否顺利完成作战任务，就在于士兵能否积极应对自我、超越自我。不能做到的人，只有被淘汰。

人脑的潜能是无限的，就算是众多取得伟大成就的成功人士，如爱因斯坦、牛顿等，他们的大脑潜能也不过只开发了10%。而平常之人所利用的大脑潜能，更是少之又少，造成巨大的浪费。大量的大脑能量都被消耗在人类的自我怀疑和盲目自信中。

人，贵在自知，就是要充分认识自己，挖掘自己的潜能，就像挖掘一个无穷尽的金矿一样，然后，你才能自信地奔向成功。

纵观整个人类发展史，你会发现这是一部从不可能到可能，再从可能到现实的不断创新的历史。6000多年前，没有人相信手中的石器会被更为坚利的铁器所取代；1000多年前，没有人相信火药会造就一个新时代；500多年前，没有人相信水蒸气会推动生产力的飞速发展；100多年前，没有人相信人类会实现飞天的梦想；50年前，没有人相信计算机会在人们的社会生活中扮演如此重要的角色……如今，所有这些先人眼中的“不可能”，都已经成为我们的生活常识。

在训练鲸鱼跳高时，训练师首先用白线标示一定的高度，只要鲸鱼跳到这个高度，就会给予它们一定的食物奖励。这样，鲸鱼从1米、2米、3米……一直到十几米。

成功不是一蹴而就，而是一步一个台阶不断提升的。有很多人都急于求成，一旦初试未成，就会认为自己没有这方面的能力，对自己灰心丧气，彻底否定，不肯再付出真正的努力，最终半途而废。

其实，不是他们没有能力，而是他们限制了自己的潜能，阻碍了自己能力的发挥，最终也就不可能有真正的收获。有些人不相信自己还有能力可以提升，因此，他们始终只会做目前能做的事情，最终只能被后来者所淘汰。

人的潜力犹如一座待开发的金矿，蕴藏无穷、价值无比。我们能够想出的办法、创造的财富也是无穷无尽的。当你相信自己的潜力是无穷的，你就是足够优秀的。

小陈大学毕业后进入一家化妆品公司工作。刚刚接受完培训时，公司经理决定派一名销售代表，到另外一个城市去建立一个新的市场拓展点。但是，当经理宣布动员令的时候，一些有经验的老员工却都没有激情，谁也不愿意去承担这份风险。

就在大家一片沉默的时候，还是新员工的小陈举起手说：“经理，我想去。”

经理也有点吃惊，说：“但是，你……”经理的话还没有说完，小陈便抢着说：“经理，虽然我是新员工，但是我相信只要我全力以赴，没有什么不可能，我一定能克服困难，顺利完成任务。”

出于对新员工的考验，经理同意了她的要求。而且，专门为她制订了一套细致的工作方案，并在后方提供咨询服务。

最终，小陈用事实证明了自己的选择和能力。经过将近半年的艰苦奋战，小陈终于在那个城市建起了一个稳定的市场拓展点，而且规模不断扩大，发展的势头很快。

当一个人没有真正了解并运用潜意识的力量时，他最多发挥自己 1/10 的潜能；如果他了解了自己的潜意识的力量，他就会主动寻找机会发挥自己的全部能力，去实现自己的人生价值和人生意义。没有什么是不可能做到的，永远都有你尚未开发出的潜力，等着你在关键的时刻爆发出来。

相信自己，没有不可能。你能够相信自己的成绩远不止眼前这些，你就能真正实现你心中的目标。

跟自己说“没有什么不可能”，只要积极思考，想尽一切办法，付出艰辛的努力去朝着自己的人生目标靠近，你就能够实现梦想。永远也不要消极地认为有什么事情是自己不可能做到的，很多事情不是不可能，而是看你有多大的决心和信心去尝试。

在你工作的每一个时刻里，都充满着你所“不可能完成”的某些任务。如果你想拥有更大的成就，那么遇见问题和困难时，就别说“不可能”！挑战自己，相信一切皆有可能，然后想尽一切办法把问题解决掉。

“只有想不到，没有做不到。”人的潜力是无限的，只要你相信自己能做到，并真正踏踏实实地去努力，你就真的能做到。

第十二章　活出自我才是最重要的

生命，不要被别人设定

一位成功人士回忆他的经历时说：

“小学六年级的时候，我考试得了第1名，老师送我一本世界地图。我好高兴，跑回家就开始看这本世界地图。很不幸，那天轮到我为家人烧洗澡水。我一边烧水，一边在灶边看地图。当看到一张埃及地图时，我便想到埃及很好，有金字塔，有埃及艳后，有尼罗河，有法老王，有很多神秘的东西，心想长大以后如果有机会，我一定要去埃及。

“看得入神的时候，突然有一个大人从浴室冲出来，用很大的声音对我说：‘你在干什么？’我抬头一看，原来是我爸爸。我说：‘我在看地图！’爸爸很生气，说：‘火都熄了，看什么地图！’我说：‘我在看埃及的地图。’我爸爸跑过来给我两个耳光，然后说：‘赶快生火！看什么埃及地图！’打完后，他还踢我屁股一脚，把我踢到火炉旁边去，并带着很严肃的表情跟我讲：‘我跟你保证！你这辈子都不可能到那么遥远的地方！赶快生火！’

“我当时看着爸爸呆住了，心想：‘我爸爸怎么给我这么奇怪的保证，真的吗？我这一生真的不可能去埃及吗？’20年后，我第一次出国就选择了埃及。我的朋友都问我：‘到埃及干什么？’那时候还没开放观光，出国是很难的。我说：‘因为我的生命不要被保证。’然后自己就跑到了埃及旅行。

“到埃及后的第1天，我坐在金字塔前面的台阶上，买了张明信片寄给我爸爸。我写道：‘亲爱的爸爸：我现在在埃及的金字塔前面给你写信。记得小时候，你打我两个耳光，踢我一脚，保证我不能到这么远的地方来，可现在我就坐在这里给你写信。’写的时候我感触很深。爸爸收到明信片时跟我妈妈说：‘哦？这是哪一次打的，怎么那么有效？一脚把他踢到埃及去了。’”

你是自己的设计师，你的生命要靠自己去雕琢。你要选择自己的生活道路，确定人生的目标，也就是对自己“人生道路怎么走”、“朝着什么方向走”、“最终要达到什么目的”进行设计。

被别人保证，并且照着别人的保证去做的人，他的生命注定只能平淡无奇、碌碌无为。只有对自己的生命充满激情和幻想的人，才会不断地超越自己，登上一个又一个高峰，让人生也因此而绚丽多彩、跌宕多姿。

索菲亚·罗兰在她的自传《爱情与生活》中这样写道：“自我开始从影起，我就出于自然的本能知道什么样的化妆、发型、衣服和保健最适合我。我谁也不模仿。我从不奴隶似的去跟着时尚走。我只要求看上去就像我自己，非我莫属……衣服的原理亦然，我不认为你选这个式样，只是因为伊夫·圣罗兰或迪奥告诉你该选这个式样。如果它合身，那很好，但如果还有疑问，那还是尊重你自己的鉴别力，拒绝它为好……衣服方面的高级趣味反映了一个人的健全的自我洞察力，以及从新式样中选出最符合个人特点的式样的能力……你唯一能依靠的真正实在的东西……就是你和你周围环境之间的关系、你对自己的估计，以及你愿意成为哪一类人的估计。”

索菲亚·罗兰谈的虽然是化妆和穿衣一类的事，但她却深刻地谈到了做人的一个原则，那就是凡事要有自己的主见，自己的生命不要被别人设定，要学会自己拿主意，而不是像个奴隶似的听信别人。

人生短暂而时间有限，我们不可因为别人的看法而改变了自己的追求，也不可让别人的意见淹没了自己内在的心声。如果将自己的将来建筑在别人对自己的定位上，而没有自己的人生目标，没有自我实现的欲望，那就不可能做出一番事业。

你是独一无二的你

社会是如此的五彩缤纷，充满无数的诱惑和机遇，连空气里都散发着一种狂热的躁动与欣喜，冲击着每个人火热的心，牵引着每个人追求成功的脚步，也催生了许多名利双收的成功者。功名显赫的成功者总是能激起很多人的羡慕、钦佩，当这些人站在人们面前时，他们浑身上下闪现的人格魅力，他们言行中流露出的自信力，令人折服。可他们并非都是先天优越的幸运儿，他们都经历了认识自己、肯定自己的漫长过程。只有不断了解和认识自己，使自己底气十足，才能赢在起跑线上。

有一位智者在河边遇见了一个唉声叹气、满面忧郁的年轻人。

"孩子，你为何如此闷闷不乐呢？"智者关切地问。

年轻人叹了口气，说："我没有房子、没有老婆、没有工作、没有收入，整天饿一顿饱一顿地度日。像我这样一无所有的穷光蛋，怎么能高兴得起来呢？"

"傻孩子，"智者神秘地笑道，"其实，你应该笑才对啊，因为你很富有，你是一个百万富翁。"

"百万富翁？您别拿我这个穷光蛋寻开心了。"年轻人有些不高兴。

"我怎么敢拿你寻开心？孩子，现在我能问你几个问题吗？"

"什么问题？"年轻人有点好奇。

"假如，我现在出 20 万元买走你的健康，让你变成一个病人，你愿意吗？"

"不愿意。"年轻人摇摇头。

"假如，我现在出 20 万元买走你的青春，让你变成一个老头儿，你愿意吗？"

"当然不愿意！"年轻人的头摇得像个拨浪鼓。

"假如，我现在出 20 万元买走你的容貌，让你从此变成一个丑八怪，你愿意吗？"

"不愿意！当然不愿意！"年轻人干脆地回答。

“假如，我现在出20万元买走你的智慧，让你从此变成一个白痴，你愿意吗？”

“傻瓜才愿意！”年轻人一扭头，想走开。

“假如，现在我出20万元，让你去杀人放火，让你从此丧失道德，你愿意吗？”

“魔鬼才愿意干这种伤天害理的事！”年轻人愤愤地说。

“你看，刚才我5次总共开出了100万元的价格，但仍然买不走你身上的任何东西，你说，你是百万富翁还是穷光蛋？”智者微笑着问。

年轻人恍然大悟，他笑着感谢智者的指点。从此，他不再叹气，不再忧郁，微笑着寻找他的新生活去了。

一座教堂的墙上有这么一句话：“这个世界上，你是独一无二的一个，你生到世上是什么，这是上帝给你的礼物；你将成为什么，这是你给上帝的礼物。”其实，我们每个人都是如此。有人把你抬得很高，有人把你贬得很低，而你自己究竟怎样、价值几何，完全取决于你用什么样的眼光看待自己。不要刻意参与无聊的比较，你就是你，是这个世界上独一无二的你！

命运掌握在自己的手中

平庸的人总是有一种幸灾乐祸的心理，因为成功者总是给他们强有力的刺激。他们总是希望成功者能够功败垂成，沦为和他们一样平庸的人。

但是真正的成功者都有这样的心理素质，那就是宠辱不惊、镇定、沉着，认真地走好人生的每一步。

一位举世闻名的走钢索高手，正准备面对自己人生当中一次最重要的挑战——在钢索上横渡尼亚加拉大瀑布。

这位走钢索高手，不知道能否顺利地完成这一次的表演，成天忐忑不安，情绪上烦躁异常，给自己造成极大的困扰。经过热心朋友的建议，他找到了一位极负盛名的预言家，请预言家为他预测这一次是否能顺利走完全程。

预言家一开口，就带来最可怕的预测。预言家建议取消这一次表演，他告诉走钢索高手，他命中注定将会在这一次的表演当中，从钢索上跌落，死于非命。

走钢索高手听了预言家所说的话，全身如坠冰窖。但这次表演的通知，早已发遍全世界，已无法取消。

表演的日期终于来到，走钢索高手在众人的期待中，出现在钢索上，他手持平衡杆，一步一步地走上钢索。预言家所说的那些话，早已随着媒体的报道传遍全世界，几乎所有的人，都在等候走钢索专家的失足跌落。

果然，在这位高手走到1/3的距离时，他脚下一个不稳，从钢索上滑了下来。但是走钢索高手很快地一个回身，双手抓住钢索，尽管平衡杆掉落在湍急的瀑布中，他还是凭着熟练的技巧，走完了全程。

观众中爆出了最热烈的喝彩声，只有在一旁的预言家愁眉深锁，不知自己以后该如何去混口饭来吃。

命运掌握在自己手中，走钢索高手以他的行动证明了这句话。生活中有很多人，过于注重别人对自己的说法，久而久之，按着别人的模式生活，这是多大的悲哀啊！

成功者的人生之所以精彩，就在于他们不容易受到与事业无关的事情的干扰，认真地走好人生的每一寸钢索，没有人能够让他们轻易失足。

放下虚伪，展现本色的自己

我们都说人生是一场戏，在这出漫长的戏里，你打算怎样演出？在这个人生大舞台中，有些人表现得很自然，因为他们是用心去演，展现自己最真实的一面，不虚伪，不做作，不装腔作势，不口是心非，他们用真心对待每一个人，因此换来他人的掌声与祝福。相反，也有些人完全将自己的角色戏剧化，在不同时间、不同地点、对不同的人有着不一样的表现，他们为了获取功名利禄，不得不戴上虚伪的面具，在自己为自己设置的各种角色之中不断变换。为了不被别人发现真实的自己，他们活得很累，最可悲的是最后连真正的自己都找不到了。

在社会中行走，我们往往会戴一个虚伪的面具，让别人看不清我们的脸，也看不清我们的心灵。在这个面具的掩护之下，我们小心翼翼地走在人生的旅途之中，用尽心力地“扮演”着自己的角色，但是没有勇气彻底摘掉面具，因为有太多的牵绊。

张楠研究生毕业后，凭借出色的设计才华，一路过关斩将，顺利地进入国内一家顶级的广告公司。本想在设计领域施一番拳脚的她却并没有想象中工作得那么顺利。张楠设计出来的作品总是与众不同，创意充满了个性。同事们都认为很好的创意，总经理却总是看不上眼，他始终强调的一句话是：我们要满足客户的意愿。

由于张楠形象较好，总经理为了发挥她的形象优势，总是找她陪客户吃饭，后来索性把她调过来，做经理助理。张楠心里是不愿意的，可是为了能得到总经理的好感，为了以后得到更多的话语权，张楠还是接受了。张楠想：“只要以后自己有地位了，就可以设计自己的作品了。”总经理对她说：“我要你做我的助理，不是为了别的，是为了要你知道客户到底需要什么东西。到时候你仍然可以做你的设计工作。”

为了应酬，张楠在酒桌上也强迫自己向客户敬酒。这真是一件痛苦的事情，张楠最讨厌喝酒了，也不喜欢看见男人酒气熏天的模样，但她必须忍着。客户经常出入夜总会，这是张楠感到恶心的一件事，还有很多客户邀请张楠跳舞。面对客户的要求张楠只能委屈自己，在舞池里，张楠觉得自己是个小丑。

张楠就这样整天忙忙碌碌的，不知道为了什么。在和客户接触的日子里，张楠终于了解到客户对作品的要求和品位。于是张楠向总经理提出要求，重新回到设计工作岗位上去。

张楠按照客户的意思设计出了一幅广告作品，她拿给同事们看，几乎每一个同事都摇摇头，以前对张楠那种欣赏的目光不见了，取而代之的是一种不屑。但是，总经理却告诉她，她的作品客户很满意。张楠失去了判断能力，只好求助于以前的大学教授，大学教授给了她四字批语：俗不可耐。这样的批语让张楠伤心不已，在大学的时候，这位教授经常称赞张楠的才气。

教授对她说："张楠，你已经失去了真正的自己，难道你忘了我们在课堂上讨论什么是艺术的本质吗？艺术的本质是真实，尤其是心灵的真实，而你的作品却充满了虚伪。现在有两条路供你选择，一条是继续虚伪下去，另一条是做另外一个凡·高。"张楠终于醒悟，向总经理递交了辞职书。那一刻，张楠感到从未有过的轻松和快乐。亡羊补牢，为时不晚。张楠的悔悟挽救了自己。

从张楠的故事中我们是否或多或少能看到自己的影子呢？虚伪的面具可能在某种意义上使自己得到了保护，可是，与失去自己相比，究竟哪个更得不偿失呢？在别人面前曲意逢迎、扭曲本心，会让自己越来越圆滑，变成一个连自己都觉得冷漠可怕的陌生人。放下虚伪，按照自己的步子走下去，开心与否，坚强与脆弱，都是真实的自己；放下虚伪，才会感知自己和别人的真心，获得你想要的幸福和快乐；放下伪装，才会认清自己，尽情挥洒自己的才华和梦想。风靡一时的韩国电视剧《我叫金三顺》里面有句话：去唱歌吧，就像没有人聆听一样；去跳舞吧，就像没有人欣赏一样；去爱吧，就像不曾受过伤一样。只有放下伪装，才能活得潇洒，做回真正的自己。

虚伪这东西，一旦陷入就很难脱身。人们之所以日复一日戴着一副假面具，或许是因为已经习惯了这种伪装。本来是一个率性的人，可是为了生活而掩饰自己，这是一种无可奈何的痛。

生活在这个现代社会里，为了保护自己不受伤害，我们或多或少都会为了自己的生活去伪装一下自己，这也是情有可原的。只是如果一味地带着厚重的防备，不免太过沉重。也许我们可以在有的时候暂时把自己的虚伪放下，让你的亲人和朋友看到真实的你，这样也可以使你自己得到暂时的休息。

活得简单才能自由

存在主义有一句名言说，"拥有就是被拥有"。文明发展了，社会进步了，生活富裕了，人们在解决了生存这个最基本问题后，接下来就是如何生活，提高生活质量的问题。消费时代的到来，人们以攫取金钱和占有财富来极大满足感官生活的需要，于是许多矛盾接踵而至，拥有的东西太多，吃喝玩乐，追逐时尚，盲目趋同，应接不暇。这样一来，人的生命内涵淡化了，人的注意力分散了，人变成了物的奴隶，人得牺牲时间侍候物，以致精疲力竭，力不从心，其结果是人的心智内存被强占，人的精神生命被消解，人被物化异化，人情味丧失，麻木不仁。对此，台湾学者傅佩荣先生提出现代人的"简朴生活"概念，它有两个原则：一是"东西用到坏为止"，二是"不拥有不需要的东西"。

有位作家这样说："让你的生命之舟，只承载你所需要的东西。例如，你只要一个朴素的家和一种单纯的喜悦；一个或两个值得交的朋友；一些你爱的人或是爱你的人；一只狗、一支笛子；刚好足够的食物和衣服；还有稍微多一点的水分，因为口渴是件危险的事。"这些外在的东西满足生活需要就可以了，重要的是将心境拓宽，让心灵恬淡起来，让心智活跃起来，这样活着，你会光彩照人。其实，生活，就这么简单。

一种被称为"简单生活"的生活方式现在正风行一些欧美国家，同时被中国一些大城市的高级白领有选择地接受。从形式和现象上看，欧美"简单族"的简单似乎包含以下指标：不看电视，不上网，不过夜生活，不在人际关系和衣着上花费过多时间，不大规模购物以造成不必要的经济压力，甚至不驾车，等等。总之，做自己想做的事，比如跑到没人的山野，除了吃饭睡觉享受自然风光，什么也不做。这当然是一种复杂之后的简约，华贵之后的淡雅。

究竟什么是简单生活呢？"简单生活"的倡导者、被誉为"21世纪新生活的导师"的珍妮特·吕尔斯认为，简单生活并不意味着清苦与贫困，"它是人们深思熟虑后选择的生活，是一种表现真实自我的生活，是一种丰富、健康、平凡、和谐、悠闲的生活，是一种让自然沐浴身心、在静与动之间寻求平衡的生活，是一种无私、无畏、超凡脱俗的崇高生活"。

简单生活的最主要特征是"悠闲"。在现实生活中我们被太多的物欲驱使着——豪华的房子、尽可能多的金钱、漂亮的女人、体面的男人、出人头地的子女……随波逐流的追逐使我们精疲力竭，太多的追求使我们失去了心灵的自由。我们没有时间问自己这一切是为了什么，我们真的需要这些吗？

某种舒适的享受是必要的。我们需要有生存所不可缺少的衣、食、住、行，我们需要有酬或无酬的工作。作为人，我们不能一无所有，我们需要一定程度的对美和美的事物的追求。但我们往往不知适可而止，随之便陷入了债务、劳累和新出现的困境，使我们因此失去了生活的激情。

根据简单生活的原则，人们生活的最低标准是：满足生活的基本需求——住房、营养食品和衣服，做到自给自足并为之付出精力和时间。那么，在剩余时间里，所有该做的事就是使自己成为一个安谧悠闲的人，而不是把时间耗费在无谓的应酬和劳作中。

简单生活不等于简陋，简单有简单的规则。简单生活之一，就是对频繁交际说“不”。现代都市人很少有下班就准点回家的。这与现代社会的社会环境和压力有关。下班后的应酬聚会这些事情非常耗费时间和精力，用于交际往来的金钱数量也相当可观，这些给人留下的是平白的操劳和精力的透支。按自己喜欢的方式去生活。比如，下班后一个人回到家，洗一个舒服的热水澡，然后坐在沙发上，听听音乐，看看杂志。幸福的生活可以很简单，不需要华丽的物质，只需要有自己喜欢的人、有自己喜欢的东西即可，享受生活并不等于享受物质，重要的是要了解自己的需要。

简单生活之二，就是下班生活不插电。“呼机、手机、商务通”带来了通信的便捷，也成了束缚人的锁链，很多白领不得不把自己的神经吊在可能突然炸响的紧张之中。当然也有人开始反抗了，不少人一到下班就关掉手机、呼机，绝对把自己隔绝在现代化之外。

简单生活之三，抛弃烦琐的讲究。其实简单衣食住行是减压的最好办法，简单的T恤牛仔、棉布衣裤舒适大方，活动自如；几样家常蔬菜、一碗蛋花汤，色香味俱佳而且营养丰富；新鲜的饭后水果、规律的生活作息以及充足的睡眠都是美容的根本，健康的生活加一些最质朴的护肤品，走的就是于美丽最有效的捷径；散步与打球都是最朴素最有益的运动，只要舍弃一些无关的聚会，这样的安排再合理不过；婚礼节日，用一次浪漫的旅行取代满堂宾客的觥筹交错，激情和幸福会像泉水一样源源再生。

简单不是单调。很多人认为生活越丰富越好。诚然，丰富是一种美，而简单是另一种美，全看个人选择。把简单当做单调是错误的，单调是一种枯燥的重复，简单是摒弃复杂，还原生活本质，在最单纯的时间做最实在的事情。

简单不是无为。其实很多成功人士生活简单，绝对不是无为。他们只是省却了复杂无谓的事情来做更喜欢的更值得他们奋斗的事业。就像拥有无数财富的李嘉诚先生，据说他的午餐也只是在写字楼里吃炒粉青菜汤，并且觉得这种生活是一种幸福。

简单不是空虚，不是无所作为，听歌看碟做饭都是生活，并且都是简单生活。而且这种简单制造了一个轻松自由的空间，使心灵得到充实。

不过，令人遗憾的是，我们许多人没有自己的主见，天天在效仿别人，被左邻右舍牵着走，吃喝在效仿，住房在效仿，旅游在效仿，管孩子也在效仿，穿着打扮更是不断赶时髦，什么都在随俗随大流，个性不个性是无关紧要的。还有，有些人把简单生活与惯性生活等同起来，惯性滋生着惰性，人既没有压力，也没有理想，轻飘飘的，懒洋洋的，像没有上过发条的钟摆，无精打采。人在这种惯性的日常生活中，遗失了激情，甚至连梦也不会做了。做事没劲，上班没劲，打麻将没劲，网上聊天没劲。人找不到生活的意义，没有了方向，精神上锈迹斑斑，脑子里空空荡荡。台湾心理学家余德慧说："俭不是物质的缺乏，而是精神的自在；朴不是生命的空虚，而是心灵的单纯。"

现代人最大的特点就是忙，而透过忙这个生活表层，却是精神倦怠，审美疲劳，心灵不快乐。究其原因，就在于盲目攀比，错把赶流行当成生活本身。别人有才华，自己也希望有；别人有地位、财富，自己也希望和他一样；别人有好的享受，自己更要向他看齐。结果，欲望脱离了生活实际，像雪球那样越滚越大，欲求越多，越不能实现，于是徒生烦恼，心灵一刻也不能宁静。心灵的宁静对于人来说，是极为重要的。因为人是整体的，内外相通的，若心气浮躁，便会视而不见，听而不闻，食而不知其味。人必须拥有宁静的心灵，心胸开阔，心无旁骛，内外通明，灵魂开窍。"水静则明，而况精神乎？"

人生于世，是不断寻找的过程，寻找与他人的关联，与世界的关联，与宇宙的关联，这种种关联都是基于人与自己关联的基础上的。王希希有一篇文章叫《肉身》，文中说："人的身体易于满足于小小的快乐与收获。眼睛看到愉悦的颜色，鼻子呼吸到清新的空气，耳朵听到顺畅的声音，舌上尝到朴素的味道，皮肤接触着棉布的软糯或不着一物，它便富足了，再不求别的。它并且对灵魂挽留说：你安下心来吧，这样已经很好了，寻常衣食才是真如本质。"

人与自己的关系，就是肉体与灵魂的关系；人与自己的和谐，就是身心安顿。只有身心安顿了，才能寻找人与外物的真正关系，从而确立个性人生的支点。尼采说，"一个人知道自己为了什么而活，他就能忍受任何一种生活。"

人为什么而活呢？仅仅为了肉体，与动物有何区别？仅仅为了灵魂，与神仙有何区别？所以，人既不是兽，也不是神，人既要为肉体，也要为灵魂而活。精神有了托付，生活才有意义。

追求简单生活是一个人真实活法的最核心内容。有人曾说，“任何一种真实的活法必定包含两个要素，一是健康的生命本能，二是严肃的精神追求。生命本能受到压制，萎靡不振，是活得不真实。精神上没有严肃的追求，随波逐流，也是活得不真实。这两个方面又是互相依存的，生命本能若无精神的目标是盲目的，精神追求若无本能的发动是空洞的。”过去是压制了本能，现在是消解了精神，这两个极端都是错误的，也是不真实的。那么，如何过上真实而自由的生活呢？我们要学会用减法，清空芜杂的内存，在用好保存键的同时，还要用好删除键。

不要陷入别人的评论中

很多时候我们会迷信权威，其实权威并不等于真理。在学习过程中，我们可能会迷信一位老师、一位学者的言论；在工作中，我们可能会迷信一位领导、一位前辈的评价。可是事实上他们未必正确，我们应该相信自己的眼睛，相信自己的判断。如果在权威面前一味地随声附和，我们就只能生活在他们的影子里，不但不会发展，而且会更落后。

世界著名交响乐指挥家小泽征尔在一次欧洲指挥大赛的决赛中，按照评委会给他的乐谱在指挥演奏时，发现有不和谐的地方。他认为是乐队演奏错了，就停下来重新演奏，但仍不如意。这时，在场的作曲家和评委会的权威人士都郑重地说明乐谱没有问题，而是小泽征尔产生了错觉。面对一众音乐大师和权威人士，他思考再三，突然大吼一声：“不，一定是乐谱错了！”话音刚落，评判台上的评委们立刻报以热烈的掌声。

原来，这是评委们精心设计的圈套，想以此来检验指挥家们在发现乐谱错误并遭到权威人士“否定”的情况下能否坚持自己的正确判断。前两位参赛者虽然也发现了问题，但终因迷信权威而遭到淘汰。小泽征尔则不然，因此，他在这次世界音乐指挥家大赛中摘取了桂冠。

不要迷信权威，不要陷入别人的评论中不能自拔，只有自己相信自己，才能让别人也相信你。

一大清早，鹤就爬起来，拿起针线要在自己的白裙子上绣一朵花，以显示自己的娇艳美丽。刚绣了几针，孔雀探过头来问她："鹤妹，你绣的什么花呀？"

"我绣的是桃花，这样能显出我的娇媚。"鹤羞涩地一笑。

"咳，干吗要绣桃花呢？桃花是易落的花，不吉利。还是绣朵月月红吧，又大方，又吉利！"鹤听了孔雀姐姐的话觉得有理，便把绣好的桃花拆了改绣月月红。正绣得入神时。只听锦鸡在耳边说道："鹤姐，月月红花瓣太少了，显得有些单调。我看还是绣朵牡丹吧，牡丹是富贵花呀，显得雍容华贵！"

鹤觉得锦鸡妹妹说得对，又把绣好的月月红拆了，开始绣起牡丹来。绣了一半，画眉飞过来，在头上惊叫道："鹤姑娘，你爱在水塘里栖息，应该绣荷花才是，为什么要去绣牡丹呢？这跟你的习性太不协调了，荷花是多么清淡素雅啊！"鹤听了，觉得也对，便把牡丹拆了改绣荷花……

可是，每当鹤快绣好一朵花时，总有姐妹提不同的建议。她绣了拆，拆了绣，直到现在白裙子上还是没有绣上任何花朵。

自己的事情只有自己最清楚，主见在这个时候显得尤为重要。自己的绣花针是用来绣自己喜欢的图案的。无论何时何地你必须保持你自己的独立自主，不要被任何人所控制，不管他们的意图是多么善良。不要盲目听命于那些充满善意的人，对于那些一直在做好事的人，那些经常劝告你要这样那样的人，你所要做的只是听他们讲，然后谢谢他们的好意。

要听命于你自己的心，那才是你唯一的老师。人们时常在判断你，如果你没有经过详察就接受了他们的观念，那么你将为人们的各种判断所累，而且还会将那些判断放在另外的人身上，让这种循环继续下去。

如果你想要独立自主，你要做的第一件事就是听命于自己，但不要判断你自己，而要成为你自己。一旦你接受了自己，你就能够接受别人。

我们可以学着把整个过程倒转过来：你先接受自己，那将能够使你有能力接受别人。而别人则会因为有人接受他们而感受到接受的美，然后他们也就会开始接受别人。

多年前，作家艾迪初次到纽约，马克·吐温请他吃饭，陪客有30多个，都是当时的显贵。吃饭的时候，艾迪越想越害怕。“你难道不舒服吗？”马克·吐温问。“我怕得要死，”艾迪说，“我知道他们会要我演讲，也知道到时候我会站不起来，即使站起来脑子也会不听我使唤。他们会不会因此讥讽我，对我品头论足？我会不会很没面子？”

“艾迪，”马克·吐温对艾迪说，“别怕，别太在意他们怎么说，你也不可能阻止别人说什么。他们自己都不在乎自己曾经说过什么，你又何必对此耿耿于怀？而且，他们又没有给你过高的要求，他们也没有指望你有什么惊人的评论。所以，不要给自己心理压力，无论你说什么，都应该无须顾忌这些人的嘴巴。”

从此以后，艾迪站起来讲话再没害怕过。

我们并没有自己想象的那么重要。西方有句谚语说：“20岁时，我们顾虑别人对我们的想法。40岁时，我们不理会别人对我们的想法。60岁时，我们发现别人根本就没有想到我们。”

当你做某一件事时，总会碰上一些人无端的非议，甚至是刻薄的指责。对付这种人最好的方法就是保持沉默，只管走自己的路。不必想办法制止他们，他们叫嚷了一阵后，自然会收场的。

坚持己见，不要被别人所左右

失败的原因可以归结出千百条，成功的原因往往却只有一个——坚持。

坚持的含义很广泛：逆境中的坚持，等待中的坚持，前途渺茫时的坚持，以及跌倒爬起来从零开始的坚持……

有位哲人曾说："当别人建议你不能做这个，不能做那个时，你不要理睬他们。当你遇到挫折时，把它当做一次机会，而不是世界末日。你需要做的，是尽快超越它们。如果一直坚信自己的梦想会实现，你就一定会取得成功。"

事实的确是这样。

玛丽亚·伊瓦涅斯在1996年登上了《财富》杂志名人排行榜，而且还是排行榜中唯一一个白手起家，属下有两个不同的公司登上《财富》500强排行榜的公司总裁。在她刚刚步入该领域时，许多人都认为她不可能在这个领域取得任何成绩。

在哥伦比亚，当伊瓦涅斯只是一个十几岁大的孩子的时候，他的父亲就让她参加了一个电脑学习班。

1973年，她还在美国上大学学习计算机专业的时候，伊瓦涅斯就产生了一个念头，那就是在拉丁美洲销售电脑。虽然在拉丁美洲电脑的标价是1万美元，非常昂贵，但是电脑还是越来越普及了。伊瓦涅斯想要投入这种革命性的浪潮中来。

在当时，美国个人电脑的价格在8000美元左右，而拉丁美洲的个人电脑价格却要昂贵得多。她想：为什么不在拉丁美洲销售个人电脑，来开发这个非常有前景的市场呢？1980年，她将自己的想法和许多主要的电脑公司交流过，并请求给她一个机会，在自己的国家销售他们的电脑。

"他们告诉我不要提这事，"伊瓦涅斯回忆说，"电脑销售执行经理们说，拉丁美洲正处于经济危机之中，许多国家都十分贫穷，那儿的人们没有钱来买电脑。因此，他们认为拉丁美洲的市场太小了，根本不值得他们去开拓。"

但伊瓦涅斯并不这么认为。当别人的眼睛里只看到各种局限性时，她却看到了各种市场机会。她认为："即使这个市场只有100万美元的承受能力，对我来说也已经足够了，我能从中挣到钱。而且由于它很小，所以，就不会有什么人去竞争这个市场。"

当时她只有23岁，没有任何销售和市场经验，而且是个女性，这些是她见过的经理们认为对她不利的三个因素。但是，她却清楚地知道两件事：其一是在美国电脑比较便宜，其二就是拉丁美洲需要便宜的电脑。她满怀希望而又乐观地与一位银行家接触，请求从他那儿得到一笔贷款，银行家提出要看她的商业计划。伊瓦涅斯从来没有听说过商业计划这类的东西。她接触的第二位银行家要求看她的市场销售计划。同样，她还是不知道市场销售计划究竟是什么。于是，她就试着直接与代理商联系，许多人根本就不想见她，只有两个人带着怀疑听了她的想法。她问他们："你们现在在拉丁美洲的销售额是多少？"他们说："零，一点儿没有。"伊瓦涅斯对他们说："我能每年在拉丁美洲销售价值你们公司1万美元的产品。"

为达到目的，伊瓦涅斯不得不答应所有订货必须预先付款。就这样，一家电脑公司在没有承担任何风险的情况下，给了她9个月的境外代理商资格。

她的第二步就是与旅行社联系。伊瓦涅斯的要求非常简单："为我在迈阿密飞往阿根廷的班机上订个座位，在每个我不必支付额外停靠费用的主要城市停靠。"这就是伊瓦涅斯设计的市场推广计划。说实在的，她自己都不知道会有什么样的结果，她说："无知有时是值得庆幸的，或许能带来意想不到的结果，我真的不知道自己会碰到些什么。"

由于没有任何的销售推广经验，伊瓦涅斯所有的行动向导就是自己的目标和信念。她在哥伦比亚下了飞机，住进了一家宾馆，立即拿起了当地的电话号码本，开始给当地的电脑零售商们打电话。"当时我想，广告做得越大的公司，它们的规模和业务量一定也非常大。所以，我打电话时首选那些广告做得最大的公司。"

第二天，伊瓦涅斯的约会被安排得满满当当，她飞奔着赶往一个个约会。在20世纪80年代，拉丁美洲思想观念还很落后，许多商人还很不习惯与女人做交易，尤其是与一个看上去只有18岁、娇小而年轻的金发女郎。但她用自己年轻人特有的热情和自己的教育背景以及丰富的电脑知识，将可能产生的不利因素全部转化成了自己的优势。伊瓦涅斯这样描述了她后来的客户当时对她的反应："他们对一个女人谈论的他们不知道的、当时最新的技术和事物非常着迷。他们的反应令人非常满意，因为我有很棒的产品，而且我提供的价格很有优势，这使他们可以和一些大的经销商竞争了。"

在三个星期的行程中，伊瓦涅斯旋风般地穿行于厄瓜多尔、智利、秘鲁和阿根廷。在每个国家，她都用同样的办法来推销她手上的产品。"我原本计划销售10万美元的产品，要一年后才能返回美国，出乎意料的是，我仅仅用三个星期的时间就接到了价值10万美元的订单和预先付款的现金支票。"这对于在大学计算机实验室教课每小时挣6美元的人来说，简直是个天文数字。

渐渐地，伊瓦涅斯的销售额超了百万，甚至是几百万。在其后的五年里，伊瓦涅斯的销售额达到了令人震惊的1500万美元。就这样，她成立了自己的公司——国际高科技公司。1987年，在《财富》杂志登载的500家发展最快的公司的排行榜上，伊瓦涅斯的"国际高科技公司"排在了第55位。1988年，伊瓦涅斯卖掉了公司，继续开展这方面的业务，三年后销售额达到7000万美元。

后来，伊瓦涅斯又组建了一个新的公司开始向非洲销售电脑。市场专家们又一次告诉她说非洲太穷了，根本就不适合个人电脑销售。尤其是在那样一个男人占绝对统治地位的社会里，一个外国女性在非洲销售电脑就更不可能了。那时的伊瓦涅斯早已经习惯这些消极的反应了。她认为这些专家们的目光非常短浅，相信自己对未来趋势的预见。1991年，她仅仅带了一份产品目录和一张地图就乘飞机到了肯尼亚首都内罗毕，开始了她的销售活动。她住进宾馆后，又拿起电话号码本开始联系当地的经销商。两个星期后，她带着15万美元的订单飞了回来……

奇怪的是：伊瓦涅斯每次要做一件事，总会有专家出面劝阻，诚恳地对她说“那是不可能的”。而每次，她都是在不可能的情况下成功了。因此，有时候某些专家的论断也是可以推翻的！

其实，某些“专家”只是某些定律、公式与逻辑的化身，他们根本不明白这世界上有很多事情是任何公式、定律都无法解释的。当他们化身成权威的形象，对于你的所作所为指手画脚的时候，他们就是用所谓的“真理”来阻止奇迹的产生。如果你能够看清这一点，你就能够逆风而上，创造成功。

别让旁人决定你的一生

一个六神无主、无所适从的人的一生就像风向标，注定会很累，因为它永远在风的控制下忙忙碌碌，摇摆不定。

但是拥有自己志向的人,却有着一个不可动摇的坐标。他们有自己的方向，绝不会摇摆不定。

信念守恒的人，始终如一，孜孜不倦，他们从不为潮流所迷惑，而是步步为营，永不停步地朝着自己的目标努力；风向标式的人则很容易被人言所改变或击倒。

某天，有个年轻人来到集市上，买了一只山羊，他牵着羊，走在街上。

几个骗子看见了，其中一个对他说：“你牵着这只狗干什么？”

“别开玩笑，这是一只山羊。”

他牵着没走几步，迎面又过来一个骗子。

“你为什么牵着狗哇？你要这狗干吗？”

“这是山羊！”他冒火了。

不过，他开始动摇了：会不会真是一条狗呢？他低头看看这只长着黑胡子的东西，猜疑：狗？这明摆着是一只山羊嘛！不过……

又走了几步，他听见有人在喊：“喂，小心，别让这条狗咬着！”

“天哪，我真糊涂！”这人终于大叫起来，“我怎么会把它当成山羊买来啊！”他信了骗子的话，把山羊扔在大街上了，那几个骗子捉住山羊，吃了一顿烤羊肉。

当然,这是一个故事。不过现实生活中常常会有这种情况：你要做一件事，拿到了一个好项目，决定做下去，然而，身边的人一致认为“不保险”、“不可为”。于是，你相信了他们的话，结果是你把一只肥羊当做瘦狗放掉了。

正所谓众智成愚,当你没有自己坚定的信念,而随别人的意见左右摆动时，只能让很多本来可行的事，莫名其妙地变成了“不行”。

善于思考的人是不会被别人左右的，许多人在关键的时刻往往会有种不知如何是好的慌张，这时候的你，要学会冷静思考，千万不要让别人的言行指导你的思维,别人为你作的决定也许会使你悔恨终生,为了对你的人生负责，就不要让别人决定你的选择。

有个人曾讲过这样一段自己的经历和感受：

有一次他搭乘飞机，坐在他旁边的是一个非常喜欢抱怨的人。那天，当空中小姐前来询问他们晚餐要吃鸡肉还是牛肉的时候，他回答“鸡肉”，那人则表示“都可以”。

过了一会儿，空姐端来了这个人的鸡肉，端给另一人一份牛肉。这个人说那天他那份鸡肉晚餐好吃极了，而那位吃牛肉的人却在足足有20分钟的时间里不断地抱怨自己的牛肉有多难吃。可是，他完全不了解，这顿难吃的晚餐其实是他自己决定的。在他的想法里，也许他认为这是空姐帮他挑的晚餐，但实际上是他自己将选择权交给别人的。

你是否曾经埋怨过别人？但事实上你可能错怪了别人，是你的决定使你面临今天的结果。现实生活中我们往往是这样，该你作决定的时候，你没有去作，而是把选择权让给了别人。更可悲的是，还有一些人根本就不知道自己有权选择，而是轻易将选择权拱手让人。

千万不要成为这样的人。实际上，没有人比你更了解自己，更知道自己需要什么。作出你自己的选择吧，把命运掌握在自己手中，不要让旁人决定你的一生。

坚持本色，实现价值

世界上的每个人都是独一无二的，都是珍贵的个体。有时你没有成功，是因为你没有找准自己的位置，实现自己的价值。

不要埋怨自己无能或者社会不公。想一想为什么别人就可以成功，可以快乐地生活而你不能，那是因为他们坚持了自己的本色，通过努力实现了自己的价值。

某天，一位年轻人对老师说："老师，我觉得自己什么事也干不好。没有人看重我，我该怎么办呢？"

老师说："孩子，我很同情你的遭遇，但不能帮你，因为我必须先处理好自己的问题。"老师停顿了一会儿，然后说："如果你愿意帮我，我就可以很快处理好问题，然后也许就能帮你了。"

"好吧。"年轻人犹豫了一会儿，但还是答应了。

于是老师坐下来，从手指上脱下一枚戒指交给年轻人说："你到集市上把这枚戒指卖了，因为我需要钱还债。换回的钱越多越好，无论如何不能少于1个金币。"

年轻人到了集市，但是，听年轻人说戒指的最低价不能少于1个金币后，集市上的人有的哈哈大笑，有的说年轻人头脑发昏，只有一位慈祥的老太太告诉年轻人他要价太高了。年轻人穿过集市，到处兜售戒指，但没人肯出1个金币。年轻人只好灰心丧气地回到老师身边。

年轻人说："老师，对不起，我没能完成你的要求。也许我可以卖到2个或3个银币，但我觉得那不应该是这枚戒指的真正价值。"

"年轻的朋友，你说得太对了。"老师笑着说，"你再去一趟珠宝店，没人比珠宝商更清楚它的价值了。你跟珠宝商说我要把戒指卖掉，问他能出多少钱，但不要真卖戒指，问完价格后你把戒指带回来。"

珠宝商仔细看了看戒指后说："告诉你的老师，如果他想卖戒指，我最多可以给他58个金币。"

"58个金币！"年轻人惊呼。

"对。"珠宝商说，"如果不着急的话，我可以出70个金币，可是如果你着急脱手……"

年轻人兴奋地跑回去，将发生的一切告诉老师。"坐下，"老师说，"你就像这枚戒指，珍贵、独一无二，只有专家才能真正判定你的价值。你怎能期望生活中随便一个人就能发现你真正的价值呢？"老师说着将戒指套回手指上，"我们所有人都像这枚戒指，珍贵、独一无二，不过，我们进入生活的市场后却希望毫无经验的人肯定我们的价值。"

生活的多彩也给了每个人众多的人生选择，也许你一时不被人看重，或在茫茫人海中显得很平凡，但任何时候都不能消沉失望。因为每个人都是独一无二的，每个人都有自己本身的价值，当你选对了地方，你也会成为无价之宝。

当然，这种位置不会一直在等待着你，它需要你自己去发现，努力学习进步，让自己变得更强更好。

掩饰真实的自我是一种做作，透露出的是不自信。很多人为了赢得别人的喜爱和尊敬，就不断地对自己说："一定要在开始就给别人留下好印象！"但是，他们又不知道如何才能投合别人的心意。越是想取悦他人，就越想在各个方面都展现出优秀或者可爱的一面。这种心理让他们觉得没有人会欣赏自己真实的一面，甚至害怕别人发现真实的自己。其结果，自然是适得其反。

两名可爱的少女在街边的人行道上谈笑。在一旁观察良久的导演高兴不已，她们的表情和笑声多么富有感染力啊。两个女孩长得都很可人，尤其是那位高一点的，一双又大又亮的眼睛很是迷人，她的脸上散发着青春的光芒。这不正是自己物色的演员的最佳人选吗？他立即带着跟随而来的摄影组走过去。

明白了导演的意图，意识到镜头正对着自己，那位高个子女孩立即收起了刚才兴高采烈的表情，把一双手端放在腹前。

不难看出，她是在竭力让自己显得更高雅一些。她压抑着内心的喜悦，凝视着前面的镜头，可是一时之间她却不知道应该说什么好了，只好僵着脖子，紧绷着下巴，先前活泼的神色在瞬间消失得无影无踪。她看上去就像橱窗里摆放的模型。

最后，导演选用了那个美丽的高挑少女的女伴，一个之前相比之下略为逊色的女孩。

“我这样决定只是因为她一听到有机会成为演员，就高兴得蹦跳起来，摇晃着她那位正在镜头前摆高雅姿态的朋友。”导演这样说，“一个不能自然表现自己的演员，是一个很糟糕的演员！”

把人生比拟为一场戏是再合适不过的。每个人在不同场合中扮演不同的角色，聪明的“演员”会在角色间自如切换，表现自我。

可是有谁规定了母亲就必须慈祥，父亲就必须严厉？也没有哪个条款规定明星必须高雅。

许多歌星之所以能够成名，一个共同的原因是，他们都保有自己的特色。简单地说，每个人都有自己的特点，而且是真真实实存在着的本色。这个真实的自我是你和别人相处时展示出的基本姿态。

生活中不乏这样的例子。本来开朗大方的女孩却装出矜持而文静的淑女模样，以为这样大家就都会喜欢自己了；明明已经是徐娘半老的女性偏偏想借助犹存的风韵扮青春少女的可爱，殊不知自己的稳重端庄正是别人所欣赏的；温文尔雅的男子不惜学着动口骂人、挥舞拳脚，仅仅为了充点豪气……事例不可胜数，也许你就是这些例子的典范，那就请你记住：想用从他人那里模仿来的优点替换自己本色的念头是错误而愚蠢的。

模仿别人是一件辛苦却又得不偿失的事情。卡耐基曾经写过一本关于公开演讲的书。一开始他借用别的作者的观点，花了一年的时间进行庞杂的选编和整理工作。可是当稿子摆放在他面前时，他觉得那些堆砌的观点没有任何生命力。后来他结合自己的经验和观察，写出了特别受欢迎的书。

众所周知，率直和坦诚更让人乐于接受，做作和伪装永远遭人唾弃。而保持自己的本色就是率直和坦诚的表现，掩饰自我就是典型的做作和伪装。

每个人都应该明白这样一个道理：做人最重要的是坚持自己的本色。要知道“一家之言”要比“人云亦云”更好。

当你想当的人，做你想做的事

一个樵夫上山去打柴，看见一个人在树下躺着乘凉，就忍不住问他：“你为什么不去打柴呢？”

那人不解地问："为什么要去打柴？"

樵夫说："打了柴好卖钱呀。"

"那么卖了钱又有什么用呢？"

"有了钱你就可以享受生活了。"樵夫满怀憧憬地说。

乘凉的人笑了："那么你认为我现在在做什么？"

在现代社会中，所有的人都显得很忙碌。我们被竞争挤压着，争着读书，争着工作，争着赚钱，争着出国，在众多的压力下，我们不知不觉中离真正的快乐，甚至真正的生活越来越远。

人类具有一种先天性的趋同心理，普遍认为即使是无聊的事，如果是大家一起去做也会显得有意思许多。我们往往不怕自己错了，而是深深地害怕只有自己一个人错了，也就是孤独地错。成千上万的人一起走向毁灭时，每个人不需要多大的勇气就可以走下去。当希特勒站在他的士兵们面前说"为我们的民族而战"的时候，摩拳擦掌的人其实并不是勇士，但是如果有一个人说"我不想去"，那么他才是真的勇士——这需要不可估量的勇气。

弗洛伊德说："简直不可能不得出这样的印象：人们常常运用错误的判断标准——他们为自己追求权力、成功和财富，并羡慕别人拥有这些东西。他们低估了生活的真正价值。"与存在于我们内心的东西相比，周围的一切其实都是微不足道的。

乔达摩·悉达多生于公元前6世纪，父亲是释迦族国王。国王为了让王位后继有人，就禁止他离开皇宫并以宫廷无尽的奢华和享受诱惑他，极力把他同任何不幸的事物隔开。

然而，有一天，他终于走出了皇宫。他坐在皇家马车中，车外的景象使他惊呆了——一个他从没见过的非常衰老的女人。继续前行，他又遇到一个奄奄一息的病人和一个没有双腿、在路边行乞的残疾人。乔达摩吃惊地领悟到，每个人都会受到病痛的折磨。

后来，他们又遇到了一列抬着尸体的送葬队伍，当他知道每个有生命的物体都将会死去时，他深深地震惊了。

就在他心绪不宁，被病、老、死所困时，他遇到了一位老人。老人注视着他，并对他很平静地微笑。

"在人世的苦海中，这个人为什么还会欣喜？"乔达摩惊问。

"他是一位圣者，"赶车人答道，"他已经获得了真理并因此得到了解脱。"

这些新的发现，唤起了乔达摩内心深处对人类的深刻同情以及对现在受到庇护的特权的厌恶。这些使他越来越感到强烈的不安。

虽然他已经是一个好丈夫、好父亲，但是在他思想深处，有着无法摆脱的不完美的感觉，有着对不幸人们的不断增长的、难以抗拒的"同体大悲"。

当他认真地倾听自己内心深处的声音后，他决定离家修行，带着解脱生死的宏愿，为获正果，矢志不渝。就这样，他毅然抛弃了自己熟悉和钟爱的一切，开始了求道生活，那年他才29岁。

出家后，乔达摩过着同以往完全不同的生活。他先后向两位大师学习，接受苦行方式，努力通过苦修和无为来寻求人生的真理。

经过许多年的修行，最后，乔达摩来到一棵菩提树下，修成了正果，进入了高深的境界。自此，乔达摩成为佛陀（觉悟者），人们称他为释迦牟尼——释迦族的圣人。

我们并非要求每个人都去做出家修行的僧侣，只是建议你找一个宁静的时刻，检视自己的心灵，抛开世俗世界的声音，只倾听自己的心声，听听它想要追求的究竟是什么。

我们经常听到类似的事：一名公司副总裁放弃了3万的月薪而去做了木匠，一个律师辞去了工作去从事写作，等等。他们也许是真正知道自己想要什么又敢于去要的人。抛开大多数人孜孜以求的名利、地位，毕竟需要非凡的勇气。

我们每个人都想感受自我的价值，这是生命的重心，但我们却一直朝错误的方向努力。我们以为自我的价值需要别人认可才行，所以我们对自己的人格修修补补。我们时时以别人的标准来审视我们自己，反而忽略了心中真正的渴求。

我们每个人都应该有自己为人处世的准则，并且坚持这一准则。我们不应在乎别人认为我们该做什么，但我们应非常在乎我们认为自己该做什么。

我们经常按别人的反应来决定自己的为人处世，而不是按照自己的意愿去行动。尤其是在向"成功"、"幸福"之类美丽的字眼跋涉的路上，一切似乎已经有了约定俗成的标准。

我们每一个人都要对自己的生活设定一个标准，它不是人云亦云的标准，而是自己真正想要的标准。只要我们自己认为有意义，就一定要坚持下去。

这就是我们每个人成功的实质。

走自己的路，活出自己的精彩

人来到这世间，就像树叶一样，没有完全相同的。我们无须羡慕任何人，更不要把自己的幸福寄托在他人身上。不管你目前的境遇如何，只要你有勇气面对自己，敢于开创自己的人生道路，那么即使前途多么渺茫，你只管向前走就是了，最终你是可以活出自己的幸福的。

就是如此，人的一生就应该为自己而活，学着喜欢自己，不要太在意别人怎么看或怎么说，别和自己过不去，活出自己幸福。诗中有画、画中有诗的女画家席慕蓉以至性为人称道。她的“只要建立快乐的人生，快乐的人生人人可得”的经验使人豁然领悟。

《伊索寓言》中有这样一个故事：

一个老头和一个小孩子用一头驴子驮着货物去赶集。赶完集回来，孩子骑在驴上，老头儿跟在后面。路人见了，都说这孩子不懂事，让老年人徒步。孩子就忙下来，让老头儿骑上。于是路人又说老头儿怎么忍心自己骑驴，让小孩子走路。老头儿听了，又把孩子抱上来一同骑。骑了一段路，不料路人却说他们太残酷，两个人骑一头小毛驴，把小驴都快压死了，两人只好都下来。可是人们又都笑他们是呆子，有驴不骑却走路。老头儿听了，对小孩子叹息道：“没法子了，看来我们只剩下一条路：咱们两人抬着驴子走吧！”

正因为老头儿不能坚持自己的原则，总是被路人的言行所左右，最终落得个左也不是，右也不是，徒增烦恼。

社会中，我们毕竟不是孤立存在的个体，我们的一言一行总会对周围的人、周围的世界产生一定的影响，这也就必然会受到来自周围世界的评论。这些评论可能是褒扬，也可能是非难。但不论是褒扬还是非难，都有理解与不理解、公正与歪曲的成分在。所以，对于这些评论，不能一概地接受。

许多人做起事情来就像上述故事中所讲的老头儿和孩子，一件事想做得面面俱到，别人叫他怎么做，他就怎么做，谁有意见，就听谁的。可是面面俱到的结果呢？却是没有人满意，反而也将自己置于无所适从的境地。

处处想面面俱到，既想讨好每一个人，又想不得罪每一个人，那是绝对不可能的。因为我们不可能顾及每一个人的面子和利益，你认为顾到了，别人却不一定这么认为，甚至有的人根本不会领情。再者，每一个人对同一件事的感受和看法都有所不同，你让这个人满意，就会令那个人不满意。你想做得面面俱到的结果最后只有两种可能：要么自己累得半死；要么被人捏住软肋，任人摆布。

与其这样我们何不明智一点，快乐地做我们自己？按照自己的意愿去做人做事，我们就不必勉强改变自己，不必费心掩饰自己。这样，就能少一些精神的束缚，多几分心灵的舒展，就能少一点不必要的烦恼，多几分人生的快乐与轻松。

查理·卓别林刚刚参加拍电影的时候，导演让他模仿德国当时一名著名的喜剧演员，可他表演一直都不出色，直到找出了属于他自己的戏路，才成为举世闻名的喜剧大师。在欧文·柏林与乔治·格什温两人相识的时候，柏林已是有名望的作曲家，而格什温还仅是个每星期只能赚35块钱的无名小卒。柏林非常欣赏格什温的才华，愿付3倍的价钱聘请他为音乐助理。但后来柏林却说："你最好别接受这份工作，否则你可能会变成一个二流的柏林；假如你秉持本色努力奋斗下去，你会成为一个一流的格什温。"格什温牢记柏林的忠告，努力奋斗，最终成了美国当代著名的音乐家。

相反，忘记了"我是谁"，硬要去改变自己，戴着面具去应付人生，所有的烦恼就会接踵而至。设法掩饰自己本就要付出许多的心力，而一旦没有掩饰好，便会更糟。对于做人来说，与其把心力花在这上面，还不如索性识我真相，见我真人，知我真本色。

大千世界，芸芸众生，一个人一种活法，无论是谁，都有自己的生活方式，有自己的生活原则，因而，这个世界才多姿多彩。古人说："凡事岂能尽如人意，但求无愧我心。"只要我们的生活方式不违背社会的总体需要和规律，就无须在意别人的说三道四，你要活出你自己的幸福。